天津市科协资助出版

镁合金生物材料制备及表面处理

崔春翔 赵立臣 著

科学出版社

北 京

内 容 简 介

本书主要阐述了镁合金中间相析出及表面处理与可控生物降解等生物特性的关系,微弧氧化陶瓷涂层在基础电解液中的晶体生长机理、耐蚀性特性及镁合金/陶瓷涂层的可控生物降解特性。

本书可供材料、生物、冶金等相关领域研究人员、高等院校相关专业师生阅读和参考。

图书在版编目(CIP)数据

镁合金生物材料制备及表面处理 / 崔春翔,赵立臣著. —北京:科学出版社,2013.11
ISBN 978-7-03-038985-5

Ⅰ.①镁… Ⅱ.①崔…②赵… Ⅲ.①镁合金-生物降解-研究 Ⅳ.①TG146.2

中国版本图书馆 CIP 数据核字(2013)第 254825 号

责任编辑:吴凡洁 / 责任校对:郭瑞芝
责任印制:吴兆东 / 封面设计:耕者设计工作室

科 学 出 版 社 出版

北京东黄城根北街 16 号
邮政编码:100717
http://www.sciencep.com

北京厚诚则铭印刷科技有限公司印刷
科学出版社发行 各地新华书店经销

*

2013 年 11 月第 一 版 开本:720×1000 1/16
2025 年 5 月第七次印刷 印张:15 1/2
字数:299 000

定价:68.00 元
(如有印装质量问题,我社负责调换)

前　言

本书是作者课题组承担国家科技创新项目、科技部国际合作项目、河北省及天津市自然科学基金生物材料领域系列研究项目的最新研究成果的总结,特别注意吸收了近几年国内外本领域最新的研究成果。主要内容包括:生物降解镁合金发展历史和现状概述,生物降解镁合金的合金设计、冶炼制备方法、微观组织观察与分析,镁合金中间相析出与表面处理与可控生物降解等生物特性的关系与规律,镁合金生物降解材料和镁合金表面原位合成陶瓷涂层可控生物降解材料的制备原理,微弧氧化陶瓷涂层在基础电解液中的生长特征和耐蚀性研究,添加剂对纯镁微弧氧化陶瓷涂层显微结构和性能的影响,生物医用 Mg4Zn 合金微弧氧化陶瓷涂层的制备及性能研究,材料微观组织和材料界面微结构生物相容、生物降解等生物特性方面的关系与规律的研究与探讨等内容。

本书由活跃在材料科学教学科研一线的教师和博士生编写。全书共分 11 章,其中第 3~7 章和第 11 章由河北工业大学崔春翔教授撰写;第 1 章和第 8~10 章由河北工业大学赵立臣博士撰写。全书由崔春翔教授统稿。本书参考了一些国内外生物材料科学领域及材料腐蚀与防护学科领域的学术期刊、兄弟院校的相关教学参考书目及其他材料科学方面的专著,并得到天津市科学技术协会 2013 年度自然科学学术著作出版基金的宝贵资助和科学出版社的大力支持,河北工业大学材料学院金属材料工程系的老师对本书的编写提出了许多宝贵意见,谨在此一并致谢。

本书的系列研究工作得到了科技部国际合作项目(项目编号:2010DFA51920)、天津市科技支撑计划重点项目(项目编号:09ZCKFX03800)、河北省科技支撑计划重点项目(项目编号:09215102D)、河北省自然科学基金项目(项目编号:E2010000125 和 E2009000102)和河北省基础研究计划重点项目(项目编号:11965151D)的资金支持,部分试验研究工作得到了河北工业大学河北省新型功能材料重点实验室的大型实验仪器运行经费的支持,在此表示感谢。在成书过程中曾得到河北工业大学材料学院检测中心的戚玉敏博士、刘双进老师和王洪水老师在扫描电镜观察、X 射线检测中给予的支持和帮助,在本书相关试验过程中王清周博士、步绍静博士、姜延飞老师给予了无私的帮助和支持,在镁合金熔炼过程中硕士研究生黄楠、苏永超和杨浩做了大量的材料制备等工作,本科生耿云亮、王倩等在试验过程中付出了的辛勤劳动,在此一并表示感谢!

　　本书可作为高等院校材料科学与工程专业、金属材料工程专业、冶金专业和生物材料专业教师和研究生的参考书,对从事生物材料发展和应用的科技人员和企业管理人员也有一定的参考价值。

著　者

2013 年 10 月

目　　录

第1章 绪 论

1.1 引 言

随着人类文明不断进步、经济持续发展和生活水平的日益提高,人类对自身的医疗康复事业越来越重视。与此同时,由于社会人口剧增、人口老龄化日趋严重以及疾病、自然灾害、交通事故、运动创伤、局部战争等的频繁发生,人们意外伤害剧增,使得人们对用于人体组织和器官再生与修复的生物医用材料的需求迅速增长。生物医用材料不仅关系到人类的健康,而且其制品在世界市场上价格昂贵,附加值高,是技术密集型产业,因此发展用于人体组织和器官再生与修复的生物医用材料不仅具有重大社会效益,还具有巨大的经济效益。

生物医用材料(biomedical materials)又称生物材料(biomaterials),是用于生物系统疾病的诊断、治疗、修复或替换生物体组织或器官,增进或恢复其功能的材料[1]。目前已使用的生物医用材料种类繁多,一般可分为有机材料、无机材料和金属材料三大类。有机材料主要指高分子聚合物,如聚乙烯、聚乙烯醇、聚酰胺、聚乳酸、聚甲基丙烯酸甲酯、聚乙酸乙烯酯等。无机材料主要指生物陶瓷材料,如生物玻璃(SiO_2-P_2O_5-CaO-Na_2O)、羟基磷灰石(HA)、磷酸钙盐等。金属材料主要指不锈钢、钴基合金、钛及钛合金、镍-钛形状记忆合金、镁和镁合金以及金、银、铂等医用贵金属。这些材料已广泛应用于人体硬组织(如骨骼、牙齿、关节)和软组织(如皮肤、乳房、食道、呼吸道、膀胱等)器官的修复和替换,并在心血管材料(如人工心脏瓣膜、血管、心血管内插管等)以及分离、过滤、透析膜材料(如血液净化、肾透析以及气体选择性透过材料等)等领域获得了广泛的应用。

在生物医用材料植入体内后,有些材料并不需要长期留在体内,而只需短期或暂时起作用,如用于骨折内固定、骨缺损修复、肌腱修补等的材料以及医用手术缝合线、药物控释的载体材料等。随着组织或器官的修复与再生,这些材料能够逐渐被降解、吸收或排泄,从而避免了二次手术给患者造成的痛苦。另外,在组织工程①中,需要在载体上培养组织细胞并逐渐生长成组织器官(如软骨或骨、肝、血管等),而载体材料则会缓慢降解,最终完全被新生组织所代替。可降解生物医用材

---

① 组织工程(tissue engineering)是指应用工程科学和生命科学的原理与方法,以分子生物学、细胞生物学、生物工程学和临床医学为基础,设计构造、改良、培育和保养活组织,用以修复或重建组织器官的结构,维持或改善组织器官功能的一门新兴交叉学科。

料就是为了适应这类医学应用的需要而发展起来的。

可降解生物医用材料一般泛指在生物体内可降解与吸收的材料[2]。按照材料的组成和性质不同,可降解生物医用材料主要包括可降解生物医用高分子材料、可降解生物陶瓷材料、可降解生物医用金属材料等[3-5]。

1.2　可降解生物医用高分子材料

可降解高分子材料存在多种降解方式,如光降解、热降解、臭氧降解、机械降解、放射线降解以及生物降解等[6,7],其中生物医用高分子材料在体内的降解主要是生物降解。高分子材料的生物降解是指在自然界微生物或在人体及动物体内的组织细胞、酶和体液的作用下,经过水解、酶解等过程逐渐降解成低相对分子质量的化合物或单体,降解产物能被排出体外或参与体内的正常代谢而消失[3,8,9]。按材料的来源不同,可降解生物医用高分子材料可分为天然可降解高分子、微生物合成高分子和化学合成可降解高分子三大类[4,10-12]。

1.2.1　天然可降解高分子材料

天然可降解高分子材料是指来源于动植物或者人体内天然存在的大分子[13],如胶原蛋白、甲壳素、壳聚糖等。

1. 胶原蛋白

胶原蛋白(collagen)又称胶原,是动物体内含量最丰富的一种高分子蛋白质。在人体内,胶原蛋白约占蛋白质总量的 1/3,广泛分布于人体的各个组织器官,如皮肤、骨骼、软骨、韧带、角膜、各种内膜以及筋膜等。另外,在动物的皮肤与骨骼(如猪皮、牛筋)中也含有大量的胶原蛋白。

胶原蛋白是人体各种组织器官的重要组成部分,具有良好的生物相容性,还具有凝血功能,因此很适合用于人体组织器官的修复与再生[14]。在临床上,胶原蛋白的一个主要用途就是作为手术后伤口、溃疡以及烧伤等的敷料。与传统的伤口敷料(如纱布)不同,胶原蛋白与血小板作用产生凝血现象,因而能够快速控制流血(在 2~5 min 内)[15]。另外,胶原蛋白能够与伤口紧密结合,并能渗入新生组织中,促进伤口愈合过程中的细胞代谢,从而有效缩短伤口的愈合时间[15]。在整形和医学美容中,最常用到的胶原蛋白是注射性胶原蛋白液体。它是一种温敏性的凝胶,在室温下(25 ℃)是液体,而在体温下(37 ℃)会形成聚合胶体[14]。将胶原蛋白液体进行皮下注射后,不仅可对凹陷的皮肤起到支撑填充作用,还能诱导受术者自身组织的构建,并且逐渐生成的新生组织将与周围正常皮肤共同协调,从而起到矫形或消除皱纹的作用[14]。在组织工程上,胶原蛋白可作为组织工程的支架,该支架具有天然的三维空间结构,可为种子细胞的黏附、增殖、分化提供足够的空间,并能保障细胞获取足够的营养,进行营养物质交换以及排出废物,从而使细胞能在预定设计的三维支架上生长,最终构筑出新的组织[12]。人工皮肤就是胶原蛋白在组织工程中应用最古老且最成功的范例[15]。通过在胶原蛋白表层接种患者本人的表皮细胞再放回患者体内,患者的纤维芽细胞、毛细血管就会长入胶原蛋白的多孔网内从而逐步形成真皮层[15]。除了以上的应用以外,胶原蛋白在医用手术缝合线领域也获得了广泛的应用[16,17]。

2. 甲壳素/壳聚糖

甲壳素又称甲壳质或几丁质,化学名为聚(1,4)-2-乙酰氨基-2-脱氧-β-D-葡萄糖,也称为聚(N-乙酰基-D-葡糖胺),是一种多糖类的高分子,其结构式如下:

甲壳素(chitin)在自然界中广泛存在于菌类、藻类、植物的细胞壁以及虾、蟹、昆虫的外壳中,是自然界产量仅次于纤维素的第二大生物资源。壳聚糖(chitosan)是甲壳素脱去部分乙酰基后的衍生物。对于甲壳素及其衍生物,它们除了具有良好的生物相容性和生物可降解性外,还具有许多特殊的生理机能。例如,甲壳素及其衍生物能够抑制革兰阳性菌、革兰阴性菌、白色念珠菌等多种细菌的生长,具有广谱抗菌活性;能促进凝血和血栓的形成,具有止血作用;能够有效促进伤口愈合;能够降低血脂、血糖和胆固醇;能够强化机体免疫力以及抑制肿瘤等[4,14,18-23]。甲壳素及其衍生物所具有的这些优异生物特性使得它们在可降解生物医用材料领域获得了广泛的应用。

在临床上,甲壳素和壳聚糖非常适用于作为伤口敷料来治疗烧伤、烫伤、溃烂以及皮肤移植等形成的伤口[14,21,22,24]。在组织工程中,壳聚糖可作为良好的支架材料用于人工皮肤、软骨组织等的构建[14,24-27]。这是因为壳聚糖具有很好的细胞黏附性,且其本身就是细胞生长因子,可以控制细胞的增殖和生长[24,25]。此外,壳聚糖还具有较好的机械性能,并且容易形成多孔结构[24,28,29]。在药物控释体系中,甲壳素和壳聚糖由于没有毒性,且具有良好的生物相容性和生物可降解性,非常适用于作为药物控释的载体材料。目前已可将甲壳素和壳聚糖做成颗粒状、片状、薄膜、微球、微囊等形态对药物进行控制释放[20,24,25,28,30,31]。除以上应用以外,甲壳素和壳聚糖还可用作可吸收医用缝合线。壳聚糖类缝合线具有强度高、柔韧性好、易于缝合和打结以及抗菌消炎、促进伤口愈合等药理作用[16,24,28]。

1.2.2　微生物合成高分子材料

微生物合成高分子材料是由微生物通过各种碳源发酵制成的一类高分子材料,主要包括微生物聚酯、微生物多糖和聚乳酸,该类高分子材料具有良好的生物相容性并且能完全生物降解[9,32,33]。

在微生物合成高分子材料中,具有代表性的是聚 β-羟基烷酸系列聚酯(poly-hydroxyalkanoates,PHAs)。PHAs 是原核微生物在碳、氮营养失衡的情况下,作为碳源和能源储存于生物体内[34,35],其结构通式如下[34,36-38]:

$$\left[O-\underset{\underset{R}{|}}{CH}-CH_2-\underset{\underset{\|}{O}}{C} \right]_n$$

式中,R 大多为不同链长的正烷基,也可以是支链的、不饱和的或带取代基的烷基[36]。当 R 为甲基时,单体为 β-羟基丁酸(hydroxybutyrate,HB),其聚合物为聚 β-羟基丁酸酯(polyhydroxybutyrate,PHB);当 R 为乙基时,单体为 β-羟基戊酸(hydroxyvalerate,HV),其聚合物为聚 β-羟基戊酸酯(polyhydroxyvalerate,PHV)。此外,在一定条件下两种或两种以上的单体还能形成共聚物,如由 3-羟基丁酸(3HB)和 3-羟基戊酸(3HV)聚合生成的聚 β-羟基丁酸戊酸酯(PHBV)共聚物。目前已经发现 PHAs 至少有 125 种不同的单体结构,并且还在不断发掘新的单体[34],其中 HB 的聚合物 PHB 是发现最早、研究最多并且存在最广的一种[34,35,37]。PHB 是 1925 年由法国人 Lemoigne 在巨大芽孢杆菌(Bacillus mega-terium)细胞中发现的。自那以后,人们相继在包括光能自养、化能自养和异养菌在内的 65 个属 300 多种微生物细胞内发现了 PHB 的存在[35,39,40]。目前用于 PHB 研究和生产用的菌种主要有真养产碱肝菌(Alcaligenes eutrophus)、固氮菌(Azotobacter)、假单胞菌(Pseudomonas)等[40]。

PHB 最吸引人的优点是完全可降解性。在生物机体内,PHB 容易被水解成单体 β-羟基丁酸,而 β-羟基丁酸是人体血液内所固有的成分,不会引起生理反应[37]。最终,β-羟基丁酸经酮酵解为 CO_2 和 H_2O [37,41]。除了能够完全生物降解外,PHB 还具有良好的生物相容性以及特有的刺激局部新骨形成的压电性[34,37]。这些优异性能使 PHB 在医用可吸收缝合线、药物控释系统的载体材料以及软骨组织工程、骨组织工程、皮肤组织工程、心脏瓣膜组织工程、血管组织工程和神经组织工程等领域获得了一定的应用[34,37,42]。

1.2.3　化学合成可降解高分子材料

与天然高分子和微生物合成高分子材料相比,利用化学方法合成高分子材料可以从分子化学的角度设计分子主链的结构,并通过仔细控制单体比率、温度等条件预先设计与调控高分子材料的物理性能、机械性能以及材料的降解时间,以满足不同的需要[6,9,43-46]。另外,化学合成高分子材料还具有生产重复性好且可大批量生产的特点[43,45,46]。

目前利用化学方法合成的可降解高分子材料种类较多,根据聚合物分子主链上官能团的不同,可分为聚酯类高分子、分子链上具有酯基和其他杂原子官能团的高分子以及分子主链或侧链上含有其他不稳定官能团的高分子三大类[47]。

1. 聚酯类高分子

聚酯类高分子材料是目前可生物降解聚合物中的主要类型。该类聚合物由于具有与微生物合成可完全降解的聚 β-羟基丁酸酯(PHB)相类似的结构,即在大分子主链中也含有对水不稳定的酯键,所以可通过简单的水解使其主链断裂,最终代谢为 CO_2 和 H_2O[43,47-49]。

$$-R_1-\overset{\displaystyle O}{\underset{\displaystyle \|}{C}}-O-R_2- \xrightarrow{\text{水解}} -R_1COOH + -R_2OH$$

另外,该类聚合物无毒并且还具有良好的生物相容性、血液相容性以及良好的加工成型性能[46,49],使得其在可降解生物医用材料领域获得了广泛应用。其中研究最多、应用最广的是脂肪族聚酯,如聚乙醇酸(PGA)、聚乳酸(PLA)、聚己内酯(PCL)及其共聚物等。

1) 聚乙醇酸

聚乙醇酸(polyglycollic acid,PGA)又称聚羟基乙酸或聚乙交酯,是最简单的线性脂肪族聚酯,其结构式如下:

$$\left[O-CH_2-\overset{\displaystyle O}{\underset{\displaystyle \|}{C}} \right]_n$$

PGA 是第一种用作可吸收手术缝合线的聚合物[18]。早在 1970 年 PGA 医用缝合线就已经商品化,商品名称为 Dexon。PGA 具有较高的亲水性而使其降解速率较快,从而导致 Dexon 的机械强度在体内耗损较快[50-53]。例如,在一般条件下,PGA 在组织内 14 天后强度会下降 50% 以上[18]。因此 PGA 一般只适合 2~4 星期伤口就能愈合的外科手术[50,51]。

2) 聚乳酸

聚乳酸(polylactic acid,PLA)又称聚丙交酯,其结构式如下:

$$\left[\!-O\!-\!CH\!-\!\overset{\displaystyle O}{\overset{\|}{C}}\!-\!\right]_{\!n}$$
$$\underset{CH_3}{}$$

由于聚乳酸的单体——乳酸分子中含有一个不对称的碳原子,存在两种旋光异构体(D-型和 L-型),因此聚乳酸也存在聚-D-乳酸(PDLA)、聚-L-乳酸(PLLA)和聚(D,L)-乳酸(PDLLA)等几种。其中 PLLA 和 PDLA 是半结晶的聚合物,而 PDLLA 则是非结晶聚合物。由于非晶态的聚合物比结晶态的容易水解[6,52],所以 PLLA 和 PDLA 较 PDLLA 更难于水解,因而具有更长的降解时间和更好的强度耐久性[18,53,54]。除了结晶度会影响高聚物的生物降解性外,聚乳酸的降解时间还随相对分子质量的增大而延长[52,54]。例如,在相对分子质量低于 2500 时,聚乳酸在生理盐水中浸泡几周就会分解;但相对分子质量在 10 万以上时,聚乳酸不易分解,可作为强度材料使用;当相对分子质量达到 100 万以上时,即使将其在空气中放置一年以上也无任何变化[54]。

高相对分子质量的聚乳酸在可降解生物医用材料领域应用非常广泛,目前较多用于医用可吸收缝合线、药物控释的载体材料、骨科固定材料、人造韧带、人造皮肤、人造血管等[45,54-57]。

3) 聚己内酯

聚己内酯(polycaprolactone,PCL)也是线性的脂肪族聚酯,其结构式如下:

$$\left[\!-OCH_2CH_2CH_2CH_2CH_2\!-\!\overset{\displaystyle O}{\overset{\|}{C}}\!-\!\right]_{\!n}$$

与其他聚酯材料相比,聚己内酯最突出的特征是具有超低的玻璃化转变温度($T_g = -60\,℃$),因此在室温下呈橡胶态[44-46,57]。关于 PCL 的降解性,最初人们只认为 PCL 能被微生物降解,后来发现 PCL 在生理条件下也可通过水解降解,且降解的 PCL 分子片段可被吞噬细胞吞噬后在细胞内降解,降解产物最后随机体的正常代谢排出体外[43,46,57,58]。由于 PCL 是一种半结晶聚合物,且其分子中含有较长的亚甲基链段,因此 PCL 的降解速率比 PGA 和 PLA 慢得多[46,50,58]。例如,相对分子质量为 10 万左右的 PCL 在体内完全吸收需要 3 年左右,而吸收相同相对分子质量的 PDLLA 只需要 1 年[58]。由于 PCL 降解速率非常慢,且多种药物在 PCL 中具有良好的通透性,因此它非常适合制成长效、可植入药物的控释载体[6,50,57]。例如,Capronor™ 是使用期一年的长效避孕药剂,其使用的载体——埋植胶囊就是 PCL[50,57]。

2. 分子链上具有酯基和其他杂原子官能团的高分子

分子链上具有酯基和其他杂原子官能团的高分子是指在聚酯的主链上引入酰

胺基、醚键、氨基甲酸酯基等的高聚物[47]。通过控制引入的杂原子官能团的种类与数量,从而能够改善聚酯的力学性能、亲水性以及降解速率[47]。根据引入官能团的不同,该类高聚物一般包括聚酰胺酯、聚醚酯和聚氨酯等。这些聚合物一般仍是通过酯键的水解进行降解的。

1) 聚酰胺酯

聚酰胺酯[poly(ester amide)s,PEAs]是一类分子中既含有酯键

$$ (—C\overset{\text{O}}{\overset{\|}{C}}—O—C—) $$ 又含有酰胺键($—C\overset{\text{O}}{\overset{\|}{C}}—NH—C—$)的改性聚酯高分子材料。脂肪族聚酯是化学合成可生物降解聚合物中最重要的材料之一,但却具有较差的热性质和机械性能[59]。与脂肪族聚酯相比,脂肪族聚酰胺具有更高的热稳定性、更高的模量以及更好的机械性能,但其水解降解速率太慢以至于不能将其称为可生物降解聚合物[59,60]。聚酰胺酯由于既含有酯键又含有酰胺键,因此同时具有聚酯和聚酰胺的某些优良特性,如其分子链中的酯键赋予聚合物降解性能,酰胺键的存在又提高了聚酯的力学性能[47,61]。利用含有酯的二元胺类与二羧酸或其衍生物进行缩聚,或者利用缩酚酸肽类进行开环聚合可制备多种聚酰胺酯[60],其中含有 α-氨基酸基团的脂肪族聚酰胺酯既具有生物相容性又具有生物降解性而成为一种潜在的可降解生物医用材料,如用来制备医用可吸收缝合线、组织工程支架或医疗设备[60,62]。

2) 聚醚酯

聚醚酯[poly(ester ether)s,PEEs]是一类分子中既含有酯键($—C\overset{\text{O}}{\overset{\|}{C}}—O—C—$)又含有醚键($—C—O—C—$)的改性聚酯高分子材料。当将亲水性的醚键引入聚酯的主链上后,聚酯的亲水性、热性质和机械性能都会发生变化。目前对用于可降解生物医用材料的聚醚酯研究较多的是脂肪-芳香族共聚聚醚酯,如聚乙二醇/聚对苯二甲酸丁二醇酯嵌段共聚物(PEG/PBT)。PEG/PBT 的典型制备方法是以聚乙二醇(PEG)、丁二醇、对苯二甲酸二甲酯为原料,以钛酸丁酯为催化剂采用熔融缩聚的方法制备的。PEG/PBT 的结构式如下:

$$ \left[OC\!-\!\bigcirc\!-\!CO(CH_2)_4\right]_x \left[OC\!-\!\bigcirc\!-\!CO\!-\!(CH_2CH_2O)_n\right]_y $$

硬段(PBT)　　　　　　软段(PEGT)

其中聚对苯二甲酸丁二醇酯(PBT)为疏水性的硬段,聚乙二醇对苯二甲酸酯(PEGT)为亲水性的软段。通过调整 PEG/PBT 的质量比和软段、硬段的长度就会得到一系列具有不同形貌和机械性能的聚醚酯[62-64]。PEG/PBT 嵌段共聚物发

生水解时,PEG 和 PBT 之间的酯键会发生断裂,降解产物为 PEG 和低相对分子质量的 PBT[65,66]。PEG 本身无毒,可代谢排出体外;PBT 除部分被排出体外,还可能促进磷酸钙成核[65,67]。另外,降解产物还具有酸性低、不易引起受体组织炎症反应及排异反应,具有良好的生物相容性[68-70]。目前,PEG/PBT 嵌段共聚物已经用于骨、软骨、皮肤、鼓膜等组织工程的三维支架和药物控释体系的载体材料[62,63,65]。

除 PEG/PBT 外,张勇等[71]以熔融缩聚法向 PEG/PBT 共聚体系中添加 1,4-环己烷二甲醇,引入芳香族聚对苯二甲酸环己烷二甲醇酯(PCT),合成了聚对苯二甲酸丁二醇酯-co-聚对苯二甲酸环己烷二甲醇酯-b-聚乙二醇(PBT-co-PCT-b-PEGT,PTCG)嵌段聚酯醚。初步研究表明[72],PTCG 无细胞毒性,且由 PTCG 制备的三维支架能满足组织工程血管支架的要求。另外,陈祝琼等[73]将 1,4-环己烷二甲酸引入 PEG/PBT 共聚体系中,合成了聚对苯二甲酸丁二醇酯-co-聚环己烷二甲酸丁二醇酯-b-聚乙二醇嵌段共聚物(DA)。研究表明,DA 无急性细胞毒性,能够满足生物医用材料对细胞毒性的要求,具有良好的生物相容性[73]。

3) 聚氨酯

聚氨酯(polyurethane,PU)是指大分子主链上含有重复的氨基甲酸酯基团($-\overset{H}{\underset{}{N}}-\overset{O}{\underset{}{C}}-O-$)的高聚物,其结构式如下:

$$\left[R-O-\overset{O}{\underset{}{C}}-\overset{H}{\underset{}{N}}-R'-\overset{H}{\underset{}{N}}-\overset{O}{\underset{}{C}}-O \right]_n$$

通常聚氨酯主链由玻璃化转变温度(T_g)低于室温的柔软链段(软段)和玻璃化转变温度(T_g)高于室温的刚性链段(硬段)嵌段而构成[74,75]。软段由低聚物多元醇(如聚酯、聚醚)构成,是材料的连续相,极性弱;硬段由二异氰酸酯①和小分子扩链剂(如二胺和二醇)反应生成的链段构成,极性强[74-76]。硬段中—CO—NH—官能团的存在使分子链间形成大量的氢键,相互间作用力强,所以硬段常以晶态存在[76]。聚氨酯的硬段和软段由于在极性上存在差异以及硬段本身的结晶导致它们在热力学上不相容,从而具有自发分离的倾向,即硬段容易聚集在一起形成微区,分散在软段形成的连续相中,这种现象称为微相分离[74-77]。与其他可降解生物医用材料相比,微相分离结构是聚氨酯的一个主要物理特征。微相分离结构对聚氨酯的性能具有重要影响,特别是对生物相容性的影响。由于微相的表面结构与生物膜极为相似,存在着不同的表面自由能分布状态,从而改进了材料对血清蛋

---

① 异氰酸酯是异氰酸的各种酯的总称,若以—NCO 基团的数量分类,包括单异氰酸酯 R—N=C=O 和二异氰酸酯 O=C=N—R—N=C=O 及多异氰酸酯等。

白的吸附力,抑制了血小板的黏附,减少了血栓的形成,使得聚氨酯具有良好的生物相容性[74,75,77-79]。除微相分离会影响聚氨酯的生物相容性外,聚氨酯的表面性质(如形貌、亲水性以及化学成分等)对其生物相容性的影响也不容忽视。目前可采用多种方法(如物理吸附、化学接枝等)对聚氨酯表面进行改性以提高其生物相容性[74,75,77-79]。

与前述聚醚酯类似,聚氨酯也可以通过选择不同的嵌段和调节软硬段之间的比例从而合成一系列具有不同性能的共聚物以满足不同要求。例如,聚酯容易在生物体内水解,因此软段为聚酯的聚氨酯较软段为聚醚的聚氨酯更容易降解。常用的聚酯有 PLA、PGA、PCL 及其共聚物等。以这些聚酯作为软段的聚氨酯,软段部分除具有很好的生物降解性外,由于其在体内的降解产物为 CO_2 和 H_2O,可通过肾脏和肺安全排出,因此还具有很好的生物相容性。

目前已商品化的用于生物医用材料的聚氨酯主要是以芳香族 4,4'-甲烷二苯基二异氰酸酯(MDI)为硬段的聚醚型聚氨酯,如 Biomer®、Pellethane® 以及 Cardiothane® 等[76,80]。研究表明,这类聚氨酯的硬段 MDI 在体内降解时会产生能强烈致癌且可诱导基因突变的物质 4,4'-甲烷二苯基二胺(MDA)[76,81]。为了避免致癌物质 MDA 的产生,研究人员利用脂肪族的 4,4'-甲烷二环已基二异氰酸酯(HMDI)为硬段代替芳香族的 MDI 合成了新的聚氨酯,商品名为 Tecoflex[76,81]。Tecoflex 由于不含苯环结构,因而不会产生致癌物质 MDA。但 HMDI 不含苯环结构而缺乏结晶性,使得以 HMDI 为硬段的聚氨酯与以 MDI 为硬段的聚氨酯相比机械性能较差,且在体内降解时表面容易开裂。

需要注意的是,以 MDI 和 HMDI 为硬段的聚氨酯主要用于人工心脏及其辅助装置等[77,82],在使用过程中不希望这类聚氨酯发生降解,否则容易引发事故。例如,文献曾报道了聚醚型聚氨酯心脏起搏器导线由于在体内发生降解,体液进入材料内部而导致起搏电路发生短路[75,78]。

为了将聚氨酯应用于组织工程,就需要聚氨酯具有较好的生物降解性,且降解产物对人体细胞或组织无害,为此就需要选择新的二异氰酸酯作为硬段。Zhang 等[83]利用赖氨酸基二异氰酸酯(LDI)为硬段合成了新的聚氨酯。该材料作为组织工程的细胞外基质材料具有诸多优点,如:①降解产物为无毒的赖氨酸、乙醇和丙三醇;②降解产物不会显著影响周围环境的 pH;③表面易于连接生物试剂,如转化生长因子(TFG)等;④易于加工成型;⑤表面与细胞界面友好,非生物特异作用小[76,83]。这些优异性能使得该聚氨酯在组织工程中的广泛应用获得可能。

总之,聚氨酯材料以其良好的生物相容性、优异的机械性能、易加工成型以及性能可控等优点,使得其作为生物医用材料的研究非常活跃,已在人工心脏及其辅助装置、人造血管、人工软骨、人工皮肤以及药物控释载体等方面获得了应用[77,82]。

3. 分子主链或侧链上含有其他不稳定的官能团的高分子

分子主链或侧链上含有其他不稳定的官能团的高分子是指将不稳定的官能团如碳酸酯基、氨基酸酯基、酸酐基等引入大分子主链或侧链上，通过这些不稳定基团的分解以达到降解目的的高分子材料[47]。

1) 脂肪族聚碳酸酯

聚碳酸酯(aliphatic polycarbonates, APCs)是对应于碳酸聚酯的总称，指主链上含有

$$\left[O-R-O-\overset{O}{\underset{\|}{C}} \right]_n$$

基团的高聚物。根据结构式中 R 的不同，聚碳酸酯又可分为脂肪族、脂肪-芳香族和芳香族聚碳酸酯[84]，其中脂肪族聚碳酸酯的结构式如下：

$$\left[H_2C-\overset{R}{\underset{\|}{CH}}-O-\overset{O}{\underset{\|}{C}}-O \right]_n$$

1969 年，Inoue 等[85]首先发现 CO_2 和环氧化合物在有机金属催化剂的作用下通过开环聚合能生成脂肪族聚碳酸酯，其反应式如下：

$$nH_2C-CHR + nCO_2 \xrightarrow{\text{催化剂}} \left[H_2C-\overset{R}{CH}-O-\overset{O}{C}-O \right]_x \left[H_2C-\overset{R}{CHO} \right]_y$$

在合成 APC 时，由于 CO_2 的反应活性低，并且人们通常希望得到碳酸酯单元和醚单元高度交替排列的共聚物，因此开发具有催化效率高、选择性高、成本低并且能使反应在更温和的条件下进行的催化剂就成为合成 APC 的一个主要研究课题[84,86,87]。目前已开发了锌类、稀土类、铝盐类等多种催化剂用于 APC 的合成[84,86,87]。

在 APC 的主链上存在着酯基(—CO—O—)，使得 APC 具有一定的生物降解能力，并使 APC 较易发生水解[86,88]，并且 APC 中存在的酯基越多，其水解能力越强[89]。APC 发生水解时，其链节一旦开始分解，整个分子链很快全部分解，分解过程既有无规断链，也有解拉链式的降解，分解产物一般是低聚物和环状的碳酸酯[84,88]。除可生物降解外，APC 本身毒性小，具有较好的生物相容性[84,86,87]。这些特性使 APC 有望在可降解生物医用材料领域获得一定的应用，如用于可吸收手术缝合线以及药物控释的载体材料等[86,87,90,91]。

2) 氨基酸类聚合物

氨基酸(amino acid)是既含有氨基(—NH_2)又含酸性基团的有机化合物，其中 α-氨基酸是蛋白质的主要组分，是生物体中最重要的氨基酸。组成蛋白质的 α-氨基酸都是由一个氨基、一个羧基、一个氢原子和一个侧链基团连接在同一个碳原

子上(α碳原子),其结构通式如下:

$$
\begin{array}{c}
\mathrm{COOH} \\
| \\
\mathrm{H-C-NH_2} \\
| \\
\mathrm{R}
\end{array}
$$

其中甘氨酸($\mathrm{H_2N-CH_2-COOH}$)是最简单的氨基酸,它的侧链基团是氢原子。若氨基从α位顺次向相邻的碳原子移动,则相应的氨基酸被称为β-,γ-,δ-氨基酸等。这些氨基酸并不存在于蛋白质中,而是在生物体内以游离状态存在(如β-丙氨酸、γ-氨基丁酸),因此也被称为游离氨基酸。

氨基酸类聚合物通常可分为三类:聚氨基酸、假聚氨基酸和氨基酸-非氨基酸共聚物[92]。

(1) 聚氨基酸(polyamino acid)。聚氨基酸是指氨基酸之间通过酰胺键

$$
\begin{array}{c}
\mathrm{O} \\
\| \\
(\mathrm{-C-NH-},
\end{array}
$$
也称肽键)相连形成的长链聚合物,如聚谷氨酸、聚天冬氨酸、聚赖氨酸等。该类聚合物具有良好的生物相容性和生物降解性,其降解产物为天然的小分子氨基酸,易被机体吸收和代谢,因此用它作生物医用材料具有其他材料不可比拟的优越性。目前聚氨基酸已在手术缝合线、人工皮肤,尤其是药物控释系统方面获得研究和应用[93-97]。

但是聚氨基酸作为可降解生物医用材料使用也存在如下一些问题[57,98-101]:① 聚氨基酸的溶解性差别较大,除聚谷氨酸外,其他的氨基酸聚合物很难溶于水或常规的有机溶剂;② 聚氨基酸在水媒介中容易产生不可预测的吸水以及溶胀行为;③ 聚氨基酸分子内部存在重复酰胺键,结晶度较高,玻璃化转变温度(T_g)以及熔融温度(T_m)很高甚至没有明显的T_g,熔融加工时容易热分解,导致成型加工困难;④ 聚氨基酸中的酰胺键在主链中反复出现影响它的机械性能;⑤ 聚氨基酸的降解是通过酰胺键(肽键)的酶解来实现,因此聚氨基酸的降解行为主要取决于生理环境中酶的活性,而酶的活性又是因人而异的,因而很难重现和控制它在体内的降解速率。上述这些缺点使得早期的聚氨基酸研究没有开发出有应用价值的产品。

(2) 假聚氨基酸(pseudo-polyamino acid)。传统聚氨基酸的一些缺点主要与大分子主链中重复的酰胺键有关。因此,用非酰胺键选择性地取代聚氨基酸中的酰胺键,使主链上的酰胺键与非酰胺键交替排列,从而材料既保留了天然氨基酸生物相容性好、无毒、无异体反应的优点,同时又避免了聚氨基酸的诸多缺点[53,101-103]。习惯上将这类聚氨基酸称为假聚氨基酸。

假聚氨基酸可以使用线性肽或环肽为单体材料,通过聚合反应制备。黄霞等[104]以L-酪氨酸为原材料合成环二肽,并以环二肽为聚合单体合成了主链上同

时包含水解键和酶解键的碳酸酯,其单体和聚合物的结构式如下:

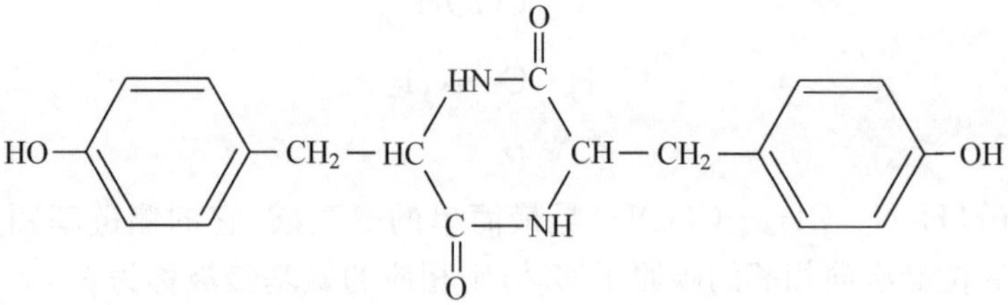

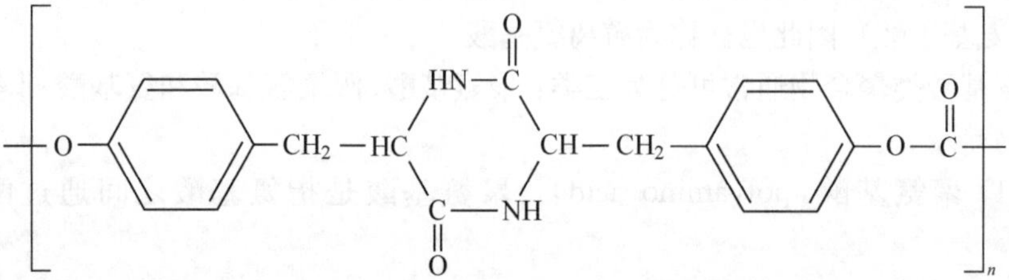

可见,在这种聚碳酸酯的主链上酰胺键与非酰胺键是交替排列的。研究表明[104],这种聚碳酸酯与聚酪氨酸相比具有较低的玻璃化转变温度与较高的热降解温度,从而为其热成型处理提供了较宽的温度范围。另外,该聚合物主链上因为同时具有酯键与酰胺键而表现出较好的水解性能[104]。

(3) 氨基酸-非氨基酸共聚物。除可通过用非酰胺键代替酰胺键来改善聚氨基酸的性能外,也可通过氨基酸与非氨基酸共聚的方法向聚合物中引入特定结构,从而把不同材料的优点结合起来,改善聚合物的性能。目前已合成了多种氨基酸-非氨基酸的共聚物,如聚氨基酸-聚乳酸共聚物、聚氨基酸-聚乙二醇共聚物、聚氨基酸-甲壳素(壳聚糖)共聚物等,其应用涉及药物控释剂、透析膜、人工肺等领域[98-100,102]。

3) 聚酸酐

聚酸酐(polyanhydrides,PAs)是指单体通过酸酐键(—C—O—C—)连接起来的聚合物。酸酐键具有降解活性,非常容易水解,水解产物为羧酸。聚酸酐的降解是以表面溶蚀方式①进行的,这种降解方式使得聚酸酐非常适宜作为药物控释的载体材料。这是因为当生物医用材料以表面溶蚀方式降解时,药物的释放速率

---

① 降解材料的溶蚀有两种方式[105]:整体溶蚀和表面溶蚀。整体溶蚀是指水分子能够很快进入材料内部,所有大分子链都有机会与水接触,因而发生整体无规则的水解降解。目前已知的降解材料绝大部分属于这种。但若材料的憎水性很强时,水分子很难渗透进入材料内部,只有材料表面的分子有机会与水接触。此时,如果大分子链中含有极易水解的化学键,则与水接触的表面分子很快降解,形成一层一层从外到内的溶蚀形式,这种降解方式称为表面溶蚀。显然,形成表面溶蚀的化学特征必须是强疏水性材料,同时分子中要有极易水解的化学键。只有为数很少的材料属于这种降解方式。

正比于聚合物的溶蚀速率,这就避免了药物瞬间大量进入体液的可能性,增加了释药体系的安全性[46,106]。另外,这种降解方式还使得聚合物本身在降解过程中的整体性和机械强度的持久性得以维持[53]。除此之外,毒理学的研究还表明,聚酸酐具有良好的生物相容性,其在体内的细胞毒性极小,无致炎、致热、致突变和致畸等严重病变[106]。

目前已合成的聚酸酐种类较多,有脂肪族聚酸酐、芳香族聚酸酐、聚芳香脂肪酸酐和交联聚酸酐等[106,107]。用于合成各类重要聚酸酐的二元羧酸单体如下所示[106,107]：

$$HOOC—(CH_2)_n—COOH \qquad HOOC—CH=CH—COOH$$

$n=8$,癸二酸(SA) 富马酸(FA)

$n=10$,十二烷二酸(DA)

$$H_3C—(CH_2)_7—CH—(CH_2)_{12}—COOH$$
$$H_3C—(CH_2)_7—CH—(CH_2)_{12}—COOH$$

二聚脂肪酸(FAD)

$$HOOC—\bigcirc—O—(CH_2)_n—O—\bigcirc—COOH$$

$n=1$ 双(对羧基苯氧基)甲烷 (CPM)

$n=3$ 1,3 双(对羧基苯氧基)丙烷 (CPP)

$n=6$ 1,6 双(对羧基苯氧基)己烷 (CPH)

$$HOOC—O—(CH_2)_n—O—\bigcirc—COOH$$

$n=1$ 对羧基苯氧基乙酸(CPA)

$n=4$ 对羧基苯氧基戊酸(CPV)

$n=8$ 对羧基苯氧基辛酸(CPO)

对于由上述单体均聚或共聚合成的聚酸酐,其降解速率的差别是比较大的。例如,脂肪族聚酸酐几天之内就能完全降解,而芳香族聚酸酐的降解则慢得多,完全降解需要几年[43]。两者混合共聚形成的混合聚酸酐的降解速率比较适中,且可通过调节两者的比例来调节降解时间以满足不同的需要。例如,聚[1,3-双(对羧酸苯氧基)丙烷-癸二酸],即 P(CPP-SA)共聚物,通过调节疏水性单体 CPP 在聚酸酐中的比例,其降解时间可从几天延长到几年[106]。

目前用于药物控释系统的聚酸酐主要有 P(CPP-SA)、P(CPH-SA)、P(FAD-SA)以及 P(FA-SA)等几类[106]。

1.3　可降解生物陶瓷材料

1.3.1　生物陶瓷材料简介

生物陶瓷泛指与生物体或生物化学相关的陶瓷材料。根据使用情况,生物陶瓷可分为与生物体相关的植入类陶瓷和与生物化学相关的生物工程类陶瓷两大类[108,109]。植入类陶瓷是指通过将其植入体内从而使生物体机能得以恢复或增强的陶瓷,在使用时与生物体组织发生直接接触;生物工程类陶瓷是指用于固定酶、分离细菌和病毒或作为生物化学反应的催化剂等使用的陶瓷,在使用时不直接与生物体组织发生接触[108]。一般狭义的生物陶瓷指的是与生物体相关的植入类陶瓷。作为一种无机非金属材料,生物陶瓷由于具有良好的生物相容性、无毒性、稳定的物理化学性质以及容易通过加热灭菌等优点而越来越受到人们的重视[108-112]。目前生物陶瓷材料主要用于人体硬组织的修复与替换,已在骨科、整形外科、牙科、口腔外科、耳鼻喉科以及普通外科等领域获得了广泛应用。

生物陶瓷按其与生物体组织的反应程度可分为生物惰性陶瓷、生物活性陶瓷和可降解生物陶瓷三类。

生物惰性陶瓷是指在生物体内与组织几乎不发生反应或反应很小的陶瓷,如氧化铝、氧化锆、氧化镁、氧化硅以及氮化硅等[113,114]。这类陶瓷的主要特点是具有较高的机械强度,在生理环境中耐蚀性好、磨损率低,可长期置于生理环境中而保持化学性质稳定[108,110,112,115]。它们植入人体后与组织的结合仅依靠组织长入植入体不平整的表面所形成的机械嵌合[115]。鉴于以上特点,这类陶瓷主要作为永久性替代物应用于临床骨科以修复骨缺损[116]。

生物活性陶瓷是指在生理环境中通过其表面发生的生物化学反应从而与生物体组织形成牢固化学键结合的陶瓷,如生物活性玻璃、羟基磷灰石等[110,113,115]。这类材料在生物体内基本不被吸收,但会有微量溶解,溶解物为对机体无害的离子,能参与体内代谢,并对新骨生成有刺激和诱导作用[108,116]。

可降解生物陶瓷是指在生物体内随时间推移能逐步被降解和吸收,最终被新生骨组织所取代的陶瓷,如磷酸钙等[108,113,115,116]。该类陶瓷也属于生物活性陶瓷的一种,并因其可降解性成为最接近于骨缺损修复和替代的理想材料之一。

1.3.2　可生物降解与吸收陶瓷

可生物降解与吸收陶瓷是一种暂时性的替代材料,当将其植入体内后会被逐渐降解和吸收,并且降解产物能参与骨缺损局部的骨重建,降解产生的空间又为新生骨组织的长入提供了条件。随着降解和吸收的进行,植入物逐渐消失,骨组织不断长入,最终植入物完全被新生的骨组织所取代,完成了缺损部位的骨修复。

最早使用的生物降解陶瓷是石膏。石膏虽然具有良好的生物相容性,但吸收速度太快,与新生骨生长速率不匹配,通常在新生骨未长成就消耗殆尽,因而会造成塌陷[113,117]。目前广泛应用的可降解生物陶瓷是一系列磷酸钙类陶瓷,包括 α-磷酸三钙[α-tricalcium phosphate, α-TCP, α-Ca$_3$(PO$_4$)$_2$]、β-磷酸三钙[β-TCP, β-Ca$_3$(PO$_4$)$_2$]、磷酸四钙[tetra calcium phosphate, TTCP, Ca$_4$(PO$_4$)$_2$]、磷酸氢钙(dicalcium phosphate anhydrous, DCPA, CaHPO$_4$)和无定形磷酸钙(amorphous calcium phosphate, ACP)等,其中 β-TCP 是应用最广泛的可降解生物陶瓷。

1. 影响生物陶瓷降解的因素

影响生物陶瓷降解的因素既包括材料自身的因素又包括体内生理环境的因素。

生物陶瓷自身的很多因素会对其降解产生影响,其中主要因素是溶解性。这是因为可降解陶瓷材料的溶解性与它们的降解速率和程度有直接关系[118],许多影响材料溶解性的因素都会对材料的降解性能产生影响。影响溶解度的主要因素是材料的化学成分,如 β-磷酸三钙(β-TCP)在水溶液和体液中的溶解度是羟基磷灰石(HA)的 $10\sim15$ 倍,HA 是人体骨骼和牙齿的主要成分,几乎不降解,而 β-TCP 植入体内后会发生降解和吸收,并逐渐被新生骨组织所替代。几种常见磷酸盐的溶解度次序依次为无定形磷酸钙≫磷酸氢钙>磷酸四钙>α-磷酸三钙>β-磷酸三钙≫羟基磷灰石[118]。除化学组成会影响材料的溶解性外,陶瓷的形态(如颗粒、多孔或致密体等)以及多孔陶瓷的气孔尺寸、联通程度、孔隙度等均会对溶解性产生影响,进而影响材料的降解[119,120]。一般低密度、高孔隙率、颗粒状或粉末状材料的溶解度比高密度、低孔隙率、块状或柱状的大[118],因而也具有更好的降解性。例如,可降解的 β-TCP 主要是多孔型和颗粒型的,而致密的 β-TCP 在生理环境中可保持稳定。Klein 等[121]研究发现含 60% 微孔($\varphi<5$ μm)的 β-TCP 植入 $3\sim6$ 个月有明显吸收,而含大孔($200\sim500$ μm)者吸收不明显,反应滞后至少 2 个月。另外,陶瓷材料中的杂质元素也会对其降解产生影响,如 Al^{3+} 取代 β-TCP 中的 Ca^{2+} 会加速其降解,而 Mg^{2+} 取代 β-TCP 中的 Ca^{2+} 会降低其降解能力。

除生物陶瓷自身的多种因素会对材料的降解产生影响外,陶瓷材料植入体内后会直接与体液、血液或软组织发生接触,因此随着宿主的个体差异、植入部位等不同都会对材料的降解产生不同程度的影响[119]。

2. 生物陶瓷的降解机理

关于以磷酸钙为代表的可降解生物陶瓷在体内的降解机理,国内外学者进行了广泛的研究。现在一般倾向于认为磷酸钙多孔陶瓷在体内的降解主要有两条途径:在体液中的溶解降解和细胞介导的降解[118,122-126]。

1) 在体液中的溶解降解[119,120,126,127]

生物陶瓷植入体内后,在体液的冲刷、侵蚀、磨耗等作用下发生解体,分散成细小颗粒并发生溶解。植入区的体液中含有一些乳酸盐、柠檬酸盐以及酸性水解酶等酸性代谢产物,造成局部的弱酸性环境,从而促进了 β-TCP 的溶解。β-TCP 的溶解过程可用下式表示:

$$Ca_3(PO_4)_2 \xrightarrow{H^+} Ca^{2+} + 2CaHPO_4 \xrightarrow{H^+} 3Ca^{2+} + 2PO_4^{3-}$$

陶瓷溶解过程中向周围环境释放钙离子、磷离子,会引起局部区域这些离子的浓度升高并达到过饱和,从而使这些离子与体液中的其他离子(如 Ca^{2+}、Mg^{2+}、CO_3^{2-}、HPO_4^{2-}、PO_4^{3-})结合,在材料表面沉积出磷灰石微结晶体或无定形产物。

需要注意的是 β-TCP 单纯以溶解方式发生降解的速率很慢,如其在生理盐水中每周的溶解量仅为 1.52 $\mu g/g$,远远不能满足生物降解和骨转化的需求,因此单纯的溶解不是 β-TCP 降解的主要因素。β-TCP 的降解主要是细胞介导降解。

2) 细胞介导降解[122,126-130]

以细胞为介导的降解,主要是通过巨噬细胞和破骨细胞对陶瓷材料的降解和吸收实现的。

巨噬细胞是一种具有趋化性的细胞,当 TCP 陶瓷植入体内后,大量的巨噬细胞迅速向植入部位聚集。当巨噬细胞接近陶瓷颗粒时,若陶瓷颗粒较小,巨噬细胞将伸出细小的突起将这些颗粒包裹并吞噬到细胞内进行降解,降解过程中产生的钙离子和磷离子可被转移到细胞外。一般每个巨噬细胞会吞噬多个细小颗粒。若陶瓷颗粒较大,巨噬细胞无法将其吞噬时,巨噬细胞将利用它们的突起紧密贴附于这些颗粒的表面,并向被贴附的区域释放溶酶体酶和分泌 H^+,造成局部高酸环境,从而使该区域内的材料发生降解。可见,巨噬细胞对 β-TCP 的降解既包括细胞内降解(吞噬)又包括细胞外降解。

破骨细胞对 TCP 陶瓷的降解是以细胞外吸收的方式进行的。与巨噬细胞对陶瓷颗粒的细胞外降解类似,破骨细胞与材料接触后,其众多的指状突起与陶瓷颗粒黏附形成一个封闭的细胞外吸收区。破骨细胞内代谢产生的 CO_2 溶于 H_2O 中并在碳酸酐酶(CA)的催化作用下形成碳酸 H_2CO_3,进而电离为 H^+ 与 HCO_3^-,如下式所示:

$$CO_2 + H_2O \xrightarrow{CA} H_2CO_3 \xrightarrow{CA} H^+ + HCO_3^-$$

H^+ 在细胞膜上的质子泵作用下可转移至细胞外封闭的吸收区,形成局部酸性环境,使 TCP 发生降解。另外,破骨细胞中丰富的酸性水解酶也可向吸收区分泌,从而促进 TCP 的降解。

3. 降解产生的 Ca^{2+} 在体内的代谢途径

戴红莲等[123]的研究表明,β-TCP 植入体内后发生降解产生的 Ca^{2+} 在体内的代谢主要有三条途径:一部分 Ca^{2+} 迅速进入血液,通过血液循环分布到肝、肾、脑、心、肺、脾和胃等各脏器组织中进行代谢,这部分钙不会在脏器中积累导致组织钙化,只是一个参与机体钙的代谢过程;一部分 Ca^{2+} 通过肾和肠进入尿和粪便中排出体外;大量的 Ca^{2+} 则沉积于机体的"钙库"(骨组织)中,或参与植入部位新骨的钙化或参与其他骨组织的新陈代谢,从而构成生命组织的一部分。

1.4　可降解生物医用金属材料

可降解生物医用金属材料由于具有良好的机械性能和可降解性,在骨折内固定材料、血管支架等领域具有广阔的应用前景。但由于金属材料在体内的降解是基于其在体内的生理腐蚀[3,131,132],所以传统的生物医用金属材料如不锈钢、钛及钛合金等由于具有良好的耐蚀性而不能作为可降解金属材料。另外,考虑到生物相容性的因素,适宜作为可降解的生物医用金属材料仅局限于有限的几种金属及其合金,如纯铁及其合金、锌基合金、纯镁及其合金等。

1.4.1　可降解纯铁

铁是人体内含量最多的微量元素,成人体内含 $4\sim5$ g 铁,其中大约 70% 存储于血红蛋白中。血红蛋白的主要功能是将新鲜的氧气运送到身体的各组织。铁缺乏时则不能合成足够的血红蛋白,从而造成缺铁性贫血。另外,在许多生理过程涉及的酶中,铁还起着必不可少的辅助因子作用。最重要的是纯铁本身是一种易腐蚀的金属材料,这使得纯铁及其合金有望成为一种潜在的可降解生物医用金属材料。

在将纯铁作为可降解生物医用金属材料方面,学者们进行了一些研究。Peuster 等[132]将纯铁(>99.5%)经激光切割制成的血管支架植入微型猪的下行主动脉中进行长达一年的体内生物相容性试验。结果表明,由纯铁制备的血管支架具有良好的生物相容性,没有发生局部或全身的毒性反应。另外,Mueller 等[131]研究了纯铁支架的降解产物铁离子对平滑肌细胞的影响。结果表明,纯铁血管支架通过降解释放出的铁离子能够降低血管平滑肌细胞的增殖速率,从而有效抑制术后再狭窄的发生。但是,Peuster 等[132]的研究还显示纯铁血管支架在体内的降解速率较为缓慢,一年后血管支架大部分仍保持完整(一般需要支架在 6 个月内保持结构的完整性即可)。这虽然能够避免因降解过快而导致过多的支架碎片引起的栓塞,但相对于临床可降解支架的理想降解速率来说,纯铁支架的降解仍是偏慢的。因此纯铁作为可降解支架下一步研究的重点是如何加快其在体内的降解速率。

1.4.2　可降解锌基合金

除铁基材料外,陆红梅[133]还研究了几种 Zn-Mg 合金可降解生物医用金属材料。锌是人体内必需的微量元素,具有良好的耐蚀性;而镁是人体内必需的常量元素,在体内的耐蚀性则非常差。通过向锌中加入适量的镁元素制备得到的 Zn-Mg 二元合金,有可能成为潜在的可降解生物医用金属材料。为此陆红梅设计并制备了 Zn-35Mg、Zn-40Mg、Zn-45Mg 和 Zn-48Mg 四种 Zn-Mg 合金。在模拟体液中浸泡 4 个月后,这四种合金均发生了严重的降解,表明这四种合金在模拟体液中的降解速率过快。但陆红梅没有研究向锌中加入少量的镁(如镁含量低于 35%)得到的 Zn-Mg 合金是否具有更好的耐蚀性,是否具有更适宜的降解速率。

1.4.3　可降解纯镁及其合金

1. 镁及镁合金作为生物医用金属材料的优势

镁及镁合金由于具有密度小、比强度和比刚度①高、抗冲击、减震性好、电磁屏蔽能力强、尺寸稳定性高并且能够 100% 完全回收利用等优异性能而在航空航天、汽车、摩托车、自行车、3C 产品(计算机、通信、家电)以及国防军工等领域获得了广泛应用[134-138]。近年来随着对镁及镁合金研究的深入,人们发现镁及镁合金有望成为最有潜力的可降解生物医用金属材料。这是因为与其他传统的金属基体内植入材料相比,镁及镁合金具有如下优势:

(1) 镁资源丰富,价格低廉。镁是地球上储量排位第八的丰富元素,其在地壳中的含量约为 2.7%,在海水中的含量约为 0.13%。目前镁锭的价格在 2 万元/t 以下,而钛锭的价格则在 10 万元/t 以上。

(2) 镁及镁合金的密度为 $1.74\sim2.0$ g/cm³,与人体自然骨的密度($1.8\sim2.1$ g/cm³)非常接近[139,140]。在同样体积的条件下,镁基植入物较其他金属植入物轻许多。

(3) 镁及镁合金的弹性模量为 $41\sim45$ GPa,是金属基植入物中与人体自然骨的弹性模量($3\sim21$ GPa)最接近的[139,140]。这就使得镁基植入物与骨组织之间由于弹性模量的不匹配而产生的应力屏蔽效应得到有效的消除。而应力屏蔽效应会减少对新骨生长的刺激和骨重建,降低植入物的稳定性,是影响骨折愈合最重要的负面因素之一[139,141,142]。

① 比强度是指材料强度与其密度的比值;比刚度是指材料弹性模量与其密度的比值。

（4）镁具有良好的生物安全性和生物相容性。镁是人体新陈代谢必不可少的一种矿物元素，并在体内大量存在[139,140]。正常成年人体内含有 20～28 g 的镁，其中大部分（60%～65%）分布于骨组织中[139,143,144]。若体内镁含量不足则会引发多种疾病，如高血压、心血管病等。因此，为了维持体内镁的正常含量，每天需摄入 300～350 mg 的镁[145]。如果摄入的镁超出了正常需求量，过量的镁可通过尿液排出[140,143]，不会对人体造成伤害。另外，镁基植入物在动物体内的植入试验发现镁离子能够增强成骨细胞的活性，促进植入物周围新骨的生成，并且不会对心、肝、脾、肾等重要脏器造成损害[146-149]。

（5）镁在体内可生物降解。镁基植入物植入体内后可通过腐蚀而逐渐溶解、吸收、消耗或排出体外[140]。

由此可见，镁及镁合金所具有的这些优异性能使得它较其他金属更适于作体内可降解的植入材料。

2. 生物医用纯镁及镁合金的腐蚀问题

镁及镁合金虽然作为可降解生物医用材料具有诸多优点，但目前镁及镁合金在临床上的应用还不多。这主要是因为镁的化学性质极其活泼，耐蚀性较差，尤其在含有 Cl^- 的环境中（如人体内的生理环境）耐蚀性更差。图 1.1 为纯镁在 37 ℃ 3.5% NaCl 溶液中浸泡 5 天后的 SEM 照片。可见，纯镁经 NaCl 溶液浸泡后短时间内已被严重腐蚀。另外，文献[139]介绍了一些镁或镁合金植入体内后植入物随时间变化情况的例子。其中一例植入物植入体内仅 8 天就发生了分解，有些植入物存在了 3～5 周，大部分植入物的机械完整性保持了 6～8 周。而为了使受伤的骨组织有足够的时间愈合，植入物需要至少保持 12 周的机械完整性[139]。可见相对于骨组织的愈合速度，镁或镁合金的降解速率过快。

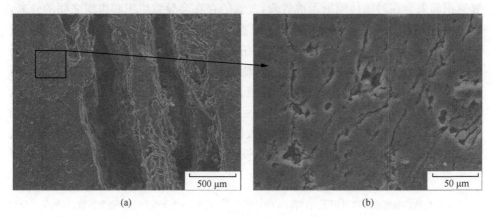

(a)　　　　　　　　　　　　　　　　(b)

图 1.1　纯镁在 37 ℃ 3.5% NaCl 溶液中浸泡 5 天后的 SEM 照片

镁之所以具有较差的耐蚀性,首先是因为镁在自然条件下形成的氧化膜疏松,其致密度系数 $\alpha^{①}$ 仅为 0.779,因而无法对基体产生良好的保护作用[150]。而具有良好耐蚀性的金属钛,其氧化物的致密度系数 α 则接近于 2,氧化膜非常致密,能够对基体金属起到良好的保护作用。其次,镁的标准电极电位为 −2.375 V,负于一般的实用金属,因此具有较大的腐蚀倾向。当镁合金中含有标准电极电位高于 −2.375 V 的金属杂质(如 Fe、Ni、Cu)时,镁合金的耐蚀性会变得特别差。再次,腐蚀环境中也存在一些能影响镁腐蚀速率的因素。若腐蚀环境中含有 Cl^-,则镁的腐蚀会加快,且 Cl^- 浓度越高,镁的腐蚀速率越快[151,152]。这主要是因为 Cl^- 能将镁表面对镁的腐蚀起到抑制作用的 $Mg(OH)_2$ 转变成更易溶解的 $MgCl_2$[139,147]。另外,腐蚀环境的 pH 对镁腐蚀速率的影响也很大。文献[153]报道 MgO 和 $Mg(OH)_2$ 能稳定存在的 pH 范围分别为 pH≥13.83 和 pH≥11.46,因此当周围环境的 pH 低于 11.46 时,MgO 和 $Mg(OH)_2$ 均会发生溶解,导致镁的腐蚀加剧,并且随着 pH 的降低腐蚀速率逐渐升高。因此在中性溶液环境下,镁的耐蚀性能变得极差[154]。

综合以上几种因素可知,镁具有较差的耐蚀性,除了与材料自身的因素有关外,还与腐蚀环境中的 Cl^-、pH 等有直接关系。而在人体生理环境内,不仅含有大量的 Cl^-,而且体液的 pH 约为 7.4,在手术后还会因代谢过程和吸收过程引起的继发性酸液过多症导致体内局部环境的 pH 低于 7.4,这些因素都会导致镁基植入物在体内的腐蚀加剧[146]。

需要注意的是,镁基植入物在体内发生腐蚀的同时,因腐蚀还会引起其他次生危害。镁在水溶液中发生腐蚀,总的腐蚀反应为

$$Mg + 2H_2O \longrightarrow Mg(OH)_2 + H_2 \qquad (1.1)$$

可见,若镁在体内腐蚀过快将在短时间内生成较多氢气和 $Mg(OH)_2$。析出的氢气累积起来会在种植体附近形成气囊,气囊的存在会导致组织和组织之间的分离,进而引起组织坏死、延缓手术部位的愈合[139]。另外,短时间内生成的大量 $Mg(OH)_2$ 会造成局部环境 pH 升高,使植入体附近溶液严重碱化。文献[155]指出即使在 pH=4 的酸性溶液中,植入体附近的 pH 也会高达 10 以上。在这样高 pH 的作用下,骨细胞无法顺利黏附在植入体上,并影响植入体周围细胞的生长,甚至引起碱中毒[139,149]。

通过以上分析可知,镁基植入物在人体环境内的快速腐蚀以及由此引起的氢气析出和局部环境严重碱化是当前镁及镁合金作为可降解生物医用材料使用亟待

---

① 氧化物的致密度系数可用下式计算:$\alpha = \dfrac{G_{MO}/\rho_{MO}}{G_M/\rho_M}$。式中,$\alpha$ 为氧化物的致密度系数;G_M、G_{MO} 分别为金属及其氧化物的相对分子质量;ρ_M、ρ_{MO} 分别为金属及其氧化物的密度。若致密度系数 $\alpha<1$,表明生成的氧化物本身结构疏松,不致密;若致密度系数 $\alpha>1$,表明生成的氧化物本身结构致密[150]。

解决的主要问题。

3. 生物医用纯镁及镁合金的腐蚀防护

由于纯镁和镁合金作为可降解生物医用材料使用亟须解决的主要问题是其在体内腐蚀过快以及由此引起析氢和局部环境碱化问题,因此当前生物医用镁基植入物研究的重点集中在如何降低其腐蚀速率,提高耐蚀性。目前用于生物医用纯镁及镁合金的腐蚀防护方法主要有成分净化处理、合金化处理以及表面涂层改性处理等。

1) 成分净化处理

当含有杂质元素的镁或镁合金与腐蚀环境接触时,杂质元素会与活泼的基体金属形成微电偶发生电偶腐蚀从而导致基体金属加剧腐蚀[156]。杂质元素中对镁或镁合金耐蚀性破坏最大的是 Fe、Cu 和 Ni。在相同的含量下,这三种元素对镁或镁合金耐蚀性的危害程度依次为 Ni>Fe>Cu。需要注意的是杂质元素对镁或镁合金耐蚀性的破坏程度是与其在材料中含量的多少密切相关的,即杂质元素在镁或镁合金中都有各自的容许极限,如 Fe、Ni 和 Cu 在纯镁中的容许极限分别为 170 ppm[①]、5 ppm 和 1000 ppm。当材料中的杂质含量低于其容许极限时,材料的腐蚀速率都较低,一旦杂质含量高于其容许极限时,材料的腐蚀速率则会急剧增大[157]。

文献[156]研究了纯度分别为 99.9%(0.049%[②] Fe,0.003% Cu,0.0001% Ni)和 99.95%(<0.003% Fe,0.001% Cu,0.0002% Ni)的铸态纯镁在 0.9% NaCl 溶液中的腐蚀行为。结果表明,低纯度的铸态纯镁在 NaCl 溶液中腐蚀 30 天后其表面形成很深的点蚀坑,且坑与坑之间已经联通,而高纯度镁的腐蚀则相对较轻。文献[140]研究了商业纯镁(CP-Mg:0.02% Fe,<0.002% Cu,<0.002% Ni)和高纯镁(HP-Mg:~0.0045% Fe,<0.002% Cu,<0.002% Ni)在 Hank's 溶液中的析氢速率,结果表明商业纯镁的析氢速率为 26 mL/(cm² · d),而高纯镁的析氢速率仅为 0.008 mL/(cm² · d)。该结果说明高纯镁(HP-Mg)较商业纯镁(CP-Mg)在 Hank's 溶液中具有更好的耐蚀性。这是因为根据反应方程式(1.1)可知,每析出 1 mol 氢气相当于溶解 1 mol 的镁,因此可通过测量镁的析氢速率来测量镁的腐蚀速率。

综合上述试验结果可见,通过提高镁的纯度,降低杂质元素 Fe、Cu 和 Ni 在材料中的含量可有效提高镁的耐蚀性。

2) 合金化处理

向镁中添加合金元素的主要目的是提高镁合金的耐蚀性,但同时还应考虑所

---

① 1 ppm=10⁻⁶。
② 书中若无特别说明,"%"在同类情况下均表示质量分数。

添加的合金元素应具有良好的生物相容性。例如,Al 元素在体内蓄积后会导致细胞毒性和细胞功能障碍,引起骨软化、贫血和神经紊乱等症状[158,159],因此 Al 不适宜作为镁的合金化元素。实际上,既能提高镁合金的耐蚀性,同时又具有良好生物相容性的合金元素的数量很少。Song[140]通过对多种元素分析后认为,只有 Ca、Zn、Mn 以及非常少量的低毒稀土元素能够满足要求。

Song[140]研究了 Mg1.0Zn、Mg2.0Zn0.2Mn 和 ZE41(约 4% Zn,约 1% RE)三种镁合金在 Hank's 溶液中的析氢速率,结果如表 1.1 所示。可见,Mg-Zn 合金的耐蚀性较商业纯镁有了大幅度的提高。

表 1.1　商业纯镁和镁合金在 Hank's 溶液中的析氢速率

镁合金	CP-Mg	Mg1.0Zn	Mg2.0Zn0.2Mn	ZE41
析氢速率/[mL/(cm² · d)]	26	0.280	0.012	1.502

Zhang 等[160]研究了纯镁(99.99%)和 Mg6Zn 合金在模拟体液(SBF)中的耐蚀性,结果如表 1.2 所示。可见,无论是电化学测量还是体外浸泡试验均表明 Mg_6Zn 合金具有更好的耐蚀性。

表 1.2　纯镁和 Mg6Zn 在体外的降解速率[160]

材料	电化学测量 /(mm/a)	浸泡试验/(mm/a)	
		3 天	30 天
Mg	0.20	0.43±0.04	0.10±0.07
Mg6Zn	0.16	0.20±0.05	0.07±0.02

另外,材料学家还对 Mg-Zn-Mn[161,162]、Mg-Zn-Mn-Ca[163]、Mg-Zn-Y[164]、Mg-Ca[147,165]、Mg-Y-RE[166]等镁合金进行了研究。这些合金有些耐蚀性较好,有些耐蚀性则较差,这主要与所添加合金元素的种类与数量以及合金中第二相的种类、数量及其在合金中的分布等有关。

需要注意的是镁的合金化不仅会影响镁的耐蚀性,还会对镁起到强化作用。表 1.3 列出了几种生物医用镁合金的拉伸强度。

表 1.3　变形镁和镁合金的拉伸强度

合金	变形 Mg	Mg-Zn[160]	Mg-Ca[147]	Mg-Zn-Mn[161]	Mg-Zn-Y[164]
拉伸强度/MPa	200	280	240	280	266

3) 表面涂层改性处理

为了提高生物医用纯镁和镁合金的耐蚀性,最有效的方法之一是对镁或镁合金进行表面涂层改性处理。由于涂层能够将基体金属与周围环境隔离,因而能够对基体金属起到保护作用。为了使涂层能够对基体金属起到有效的保护作用,表面涂层应均匀一致、与基体结合牢固、无孔且能自愈合[167,168]。除此之外,表面涂层还应具有良好的生物相容性。

(1) 高分子涂层表面改性。高分子涂层表面改性是指在纯美或镁合金表面涂覆一层高分子材料从而提高基体金属耐蚀性的表面改性方法。许多天然和合成的高分子材料(如甲壳素、壳聚糖、聚乙醇酸、聚乳酸等)由于具有良好的生物相容性和生物降解性,作为可降解生物医用材料(如手术缝合线、人工皮肤等)而广泛使用。但这些材料由于力学性能较差而不适于作为承重部位的植入物。若将这些高聚物作为镁或镁合金的涂层材料将有利于提高基体金属的耐蚀性,延长基体金属在体内的存在时间。

赵常利等[169]以聚丙交酯-乙交酯聚合物(PLGA)为涂层材料,将其溶于氯仿中,采用浸涂提拉法在 Mg-Zn 合金表面获得了厚度为几十微米致密的 PLGA 涂层。在生理盐水中进行的电化学测量和浸泡试验结果均表明涂覆了 PLGA 的 Mg-Zn 合金的耐蚀性获得了极大的提高,降解周期显著延长。

需要注意的是采用浸涂提拉法在金属表面获得的涂层虽能提高基体金属的耐蚀性,但由于其与基体的结合仅是机械嵌合,所以涂层与基体金属之间的结合力较低。

(2) 金属镀层表面改性。金属镀层表面改性是指在纯镁或镁合金表面镀上一层金属材料从而提高基体金属耐蚀性的表面改性方法。由于金属钛既具有良好的耐蚀性同时又具有良好的生物相容性,因此作为镁或镁合金的表面镀层金属材料,纯钛是一个理想的选择。

Zhang 等[170]采用离子镀的方法在纯镁表面沉积一层厚度约 10 μm 的纯钛涂层。在生理盐水中进行的电化学测试结果表明,沉积纯钛涂层后纯镁的腐蚀电位较沉积前提高了约 300 mV,腐蚀电流密度较沉积前降低了一个数量级,纯镁的耐蚀性获得了极大的提高。

但是需要注意的是在纯镁表面沉积的钛涂层必须足够致密,能够将基体金属与腐蚀环境完全隔离。否则钛涂层不仅无法起到对基体的腐蚀防护作用,而且还会加速镁的腐蚀。这是因为钛的标准电极电位较镁的高很多,当覆盖着不致密钛涂层的镁与腐蚀环境接触时,很容易形成大阴极(钛)、小阳极(镁)的腐蚀微电池,从而加速阳极镁的腐蚀。另外,镁的快速腐蚀还会在钛涂层与基体镁的界面处产生大量氢气,氢气泡的逸出会导致钛涂层被迅速破坏。

(3) 碱热处理表面改性。碱热处理表面改性是指将镁或镁合金在某种碱性的盐溶液中浸泡一段时间进行碱处理,之后在较高的温度下保温一段时间进行热处理的表面改性方法。镁或镁合金经碱处理后会在其表面沉积一层碱处理层,该涂层一般较疏松且存在许多缺陷,因此无法将基体金属与腐蚀环境有效隔离[171-174]。在随后的热处理过程中,疏松的碱处理层在高温作用下发生熔化或半熔化从而结成一体,同时伴随着基体金属的氧化,最终在基体金属表面形成一层致密的保护膜[171-174]。

高家诚和 Li 等[171-173]以 pH=9.3 的过饱和 NaHCO₃-MgCO₃ 溶液为碱处理液,将纯镁浸泡于其中 24 h 进行碱处理,之后在 773 K 的温度下保温 10 h 进行热处理。碱热处理后试样的 XRD 分析及 SEM 观察表明在镁表面生成了一层很薄的致密的 MgO 膜层或 MgCO₃ 和 Mg(OH)₂ 的混合物膜层。随后进行的模拟体液(SBF)浸泡试验表明,经过碱热处理后的纯镁较未经碱热处理的纯镁具有更强的耐蚀性。

Gu 等[174]也采用碱热处理的方法对 Mg-Ca 合金(1.4% Ca)进行了表面改性处理。Gu 等采用的碱处理液为 NaHCO₃、Na₂CO₃ 和 Na₂HPO₄ 三种,将 Mg-Ca 合金分别浸入三种碱处理液中浸泡 24 h 进行碱处理,之后在 773 K 的温度下保温 12 h 完成热处理。经三种不同碱液进行碱热处理后的 Mg-Ca 合金表面均生成了一层很薄的致密涂层,XRD 分析表明涂层中主要含有 MgO。在模拟体液(SBF)中进行的浸泡试验和电化学测试表明,经过三种碱液碱热处理后的 Mg-Ca 合金的耐蚀性均较未经碱热处理的 Mg-Ca 合金有了显著的提高。另外,Gu 等[174]还对碱热处理后的 Mg-Ca 合金进行了体外细胞毒性评估试验。结果表明,经过三种碱液碱热处理的 Mg-Ca 合金均对 L-929 细胞没有毒性。

(4)磷酸钙涂层表面改性。磷酸钙包括羟基磷灰石(hydroxyapatite,HA)、磷酸八钙(octacalcium phosphate,OCP)和二水磷酸氢钙(dicalcium phosphate dehydrate,DCPD)等[175]。其中羟基磷灰石是人体骨骼和牙齿的主要无机成分,在人体内的生理环境中溶解度最低,具有很高的稳定性。磷酸钙由于无毒并具有良好的生物活性、生物相容性以及骨诱导性,广泛用于骨植入体的涂层材料[176]。

Cui 等[175]以 Ca(NO₃)₂、NaH₂PO₄ 和 NaHCO₃ 组成的过饱和钙化溶液为沉积液,将 AZ31 镁合金浸入 37 ℃的沉积液中,一段时间后在合金表面沉积了一层磷酸钙涂层。XRD 分析结果表明,该涂层主要由 HA 组成,并含有少量的 OCP 和 DCPD。在 3% NaCl 溶液中的浸泡试验结果表明,覆盖有磷酸钙涂层的 AZ31 镁合金在 NaCl 溶液中浸泡 11 天后仅发生轻微腐蚀,而未覆盖磷酸钙涂层的 AZ31 镁合金则被严重腐蚀。试样在 NaCl 溶液中浸泡 15 天后的质量测量结果表明,覆盖磷酸钙涂层的 AZ31 镁合金的质量损失百分率约为未覆盖磷酸钙涂层的镁合金的 1/5。

Song 等[177]以 pH=4.3 的 Ca(NO₃)₂、NH₄H₂PO₄ 和 H₂O₂ 的混合溶液为沉积液,采用电沉积的方法于室温下在 AZ91D 镁合金表面沉积了一层 CaHPO₄ · 2H₂O 和 Ca₃(PO₄)₂ 的沉积层。该沉积层在 80 ℃ 1 mol/L NaOH 溶液中浸泡 2 h 后完全转变为 HA 涂层。在模拟体液中进行的电化学测量结果表明,覆盖 HA 涂层的 AZ91D 镁合金的腐蚀电流密度 I_{corr} 为 $3.65×10^{-5}$ A/cm²,较未覆盖 HA 涂层的

AZ91D 镁合金的腐蚀电流密度(I_{corr}＝2.97×10^{-4} A/cm^2)降低了一个数量级。

Xu 等[178]以 pH＝4.0～4.5 的 H_3PO_4、$Ca(H_2PO_4)$•$2H_2O$、$Zn(H_2PO_4)$•$2H_2O$、$NaNO_3$、$NaNO_2$ 的混合溶液为磷化液，采用磷化处理的方法于 60～65 ℃条件下在 Mg-Mn-Zn 合金表面生成一层主要成分为 $CaHPO_4$•$2H_2O$ 的磷化层。在生理盐水中进行的电化学测量结果表明，经磷化处理 50 min 的 Mg-Mn-Zn 合金的腐蚀电流密度 I_{corr} 为 2.96 $\mu A/cm^2$，较未经磷化处理的 Mg-Mn-Zn 合金的腐蚀电流密度(I_{corr}＝41.05 $\mu A/cm^2$)降低了一个数量级。在模拟体液中进行的浸泡试验结果同样表明，经磷化处理后的 Mg-Mn-Zn 合金具有更好的耐蚀性。另外，浸泡试验还表明，磷化层中的 $CaHPO_4$•$2H_2O$ 在浸泡过程中将逐渐转变为更稳定的 HA，从而大大提高表面涂层的生物相容性。

综合上述的试验结果可知，磷酸钙作为镁或镁合金的涂层材料可显著提高镁或镁合金的耐蚀性，有效降低镁或镁合金在高氯离子溶液中的降解速率。

(5) 微弧氧化涂层表面改性。微弧氧化(micro-arc oxidation，MAO)是指在普通阳极氧化的基础上，将铝、钛、镁等阀金属(valve metal)[①]或其合金置于电解质溶液中，当外电压超过一定的值时，阳极表面会出现电晕、辉光、火花放电、微弧放电等现象，这种微区放电现象在阳极表面不同位置不断重复出现，并且随着过程的进行，放电火花的形态、颜色和数量都发生明显变化，最终在材料表面原位生成陶瓷涂层的表面处理技术[179,180]。微弧氧化技术由于突破了普通阳极氧化的低电压限制，将阳极氧化工作区从法拉第区引到高压放电区，因此与普通的阳极氧化涂层相比，微弧氧化陶瓷涂层的许多性能，如硬度、耐磨性、耐蚀性以及与基体金属的结合强度等均有显著提高[181-183]。

Hsiao 等[184]以 KOH、Na_3PO_4、KF 和 $Al(NO_3)_3$ 的混合溶液为电解液，采用微弧氧化的方法在 AZ91D 镁合金表面制备了一层 MAO 涂层。XRD 分析结果表明，该涂层主要由 MgO 组成。在 3.5% NaCl 溶液中的浸泡试验和电化学测量结果均表明，该涂层能有效减缓 AZ91D 镁合金在高氯离子溶液中的降解速率。

Shang 等[183]以 $NaAlO_2$、NaOH 以及少量的蒙脱土和阿拉伯树胶的混合溶液为电解液，采用微弧氧化的方法在 AZ91D 镁合金的表面制备了一层 MAO 涂层。在 3.5% NaCl 溶液中的电化学测量结果表明，覆盖 MAO 涂层的 AZ91D 镁合金的腐蚀电流密度 I_{corr} 为 3.921×10^{-7} A/cm^2，较未覆盖 MAO 涂层的 AZ91D 镁合金的腐蚀电流密度(I_{corr}＝3.395×10^{-5} A/cm^2)降低了两个数量级。另外，在 3.5% NaCl 溶液中的浸泡试验结果同样表明，覆盖 MAO 涂层的 AZ91D 镁合金具有更高的耐蚀性。

---

① 阀金属是指像铝、钛、镁、锆、铌、钽等金属，在阳极氧化初期金属表面能够形成阻挡层，该阻挡层具有整流作用，只能通过阴极电流，起到类似于阀门的作用，因此这类金属被称为阀金属或整流金属[180]。

　　Chen 等[181]以 Na_2SiO_3、Na_2WO_4、KOH 和 Na_2EDTA 的混合溶液为电解液，采用微弧氧化的方法在 AZ31 镁合金的表面制备了一层 MAO 涂层。XRD 分析结果表明，MAO 涂层主要由 MgO、$MgAl_2O_4$ 和 $MgSiO_3$ 组成。在 3.5％ NaCl 溶液中的电化学测量结果表明，覆盖 MAO 涂层的 AZ31 镁合金的腐蚀电流密度 I_{corr} 为 0.152 mA/cm^2，约为未覆盖 MAO 涂层的 AZ31 镁合金的腐蚀电流密度的 1/3。

　　Duan 等[182]以 Na_2SiO_4 和 KOH 的混合溶液为电解液，采用微弧氧化的方法在 AZ91D 镁合金的表面制备了一层 MAO 涂层。在 3.5％ NaCl 溶液中的电化学测量结果表明，覆盖 MAO 涂层的 AZ91D 镁合金的腐蚀电流密度 I_{corr} 为 2.962×10^{-7} A/cm^2，较未覆盖 MAO 涂层的 AZ91D 镁合金的腐蚀电流密度（$I_{corr} = 3.176 \times 10^{-5}$ A/cm^2）降低了两个数量级。

　　综合上述的试验结果可知，在镁合金表面制备的 MAO 涂层对于提高镁合金的耐蚀性、降低镁合金在高氯离子溶液中的降解速率具有显著效果。

1.5　本书的主要内容

　　目前纯镁和镁合金作为可降解材料用于体内植入存在的主要问题是它们在人体内生理环境中的降解速率过快，从而导致受伤的骨组织尚未完全愈合时，植入的镁或镁合金已发生严重降解，丧失了其应有的强度和机械完整性。为此，本书的主要研究阐述内容是根据镁合金心血管材料等生物镁合金材料的研究现状，设计能够调节生物腐蚀速率的可控生物降解镁合金，并改进处理工艺来实现调控生物镁合金的生物腐蚀速率并研究其生物相容性。通过微弧氧化在镁合金表面原位合成制备生物陶瓷涂层的方法来提高镁和镁合金的耐蚀性，减缓并调控其在人体体液环境中的降解速率，为研制新一代能够调节生物腐蚀速率的可控生物降解镁合金提供理论依据。具体内容如下：

　　(1) 能够调节生物腐蚀速率的可控生物降解镁合金的成分设计、配料与熔炼。

　　(2) 对制备的可控生物降解镁合金试样进行组织观察、结构分析和力学性能测试。

　　(3) 可控生物降解镁合金的生物腐蚀试验，研究阐明其溶液 pH 变化与可控质量损失之间的规律。

　　(4) 可控生物降解镁合金的生物相容性研究，并分析阐明其 Ca/P 沉积机理。

　　(5) 确定适宜的微弧氧化基础电解液的化学成分和配比。试验证明组成电解液的化学元素是生物无毒且具有良好的生物相容性，并利用正交试验确定最优的基础电解液的成分配比。

　　(6) 试验研究与理论分析微弧氧化的电参数、电解液的温度以及微弧氧化时间对陶瓷涂层耐蚀性的影响,从而确定适宜的微弧氧化工艺。

(7) 研究阐明微弧氧化过程中陶瓷涂层的生长机理。

(8) 试验研究向基础电解液中添加不同种类添加剂后制备的微弧氧化陶瓷涂层的耐蚀性。

(9) 试验研究微弧氧化陶瓷涂层的生物相容性、微弧氧化陶瓷涂层的组织微结构与生物相容性的关系。

(10) 研究阐明元素合金化对镁合金耐蚀性的影响机理。

(11) 研究阐明微弧氧化对镁合金耐蚀性的影响机理。

第 2 章　试验材料、设备及方法

2.1　试验材料

2.1.1　镁合金原材料

所使用的商业铸态纯镁锭和纯锌锭的纯度均为 99.95%,具体化学成分如表 2.1 和表 2.2 所示。所用的纯锡为课题组用区域熔炼法提纯的纯度为 99.996% 高纯锡棒。

表 2.1　商业铸态纯镁的化学成分

成分	Mg	Fe	Si	Ni	Cu	Al	Mn	Cl	其他
含量/%	99.96	0.003	0.01	0.001	0.002	0.01	0.01	0.003	0.001

表 2.2　商业铸态纯锌的化学成分

成分	Zn	Pb	Cd	Fe	Cu	Sn
含量/%	99.947	0.02	0.02	0.01	0.002	0.001

2.1.2　Mg 合金熔炼覆盖熔剂的化学成分

熔炼 Mg-Zn 合金所使用的覆盖熔剂的化学成分如表 2.3 所示。

表 2.3　覆盖熔剂的化学成分[185]

试剂名称	相对分子质量	含量/%	生产厂家
$MgCl_2$	95.21	≥99.5	天津市化学试剂六厂三分厂
KCl	74.55	≥99.5	天津市致远化学试剂有限公司
NaCl	58.44	≥99.5	天津市北方天医化学试剂厂
MgO	40.30	≥98.0	天津市北方天医化学试剂厂

2.1.3　纯镁及镁合金金相试样的化学抛光液和浸蚀剂

制备纯镁及镁合金金相试样所使用的化学抛光液和浸蚀剂的化学成分分别如表 2.4 和表 2.5 所示。

表 2.4 制备纯镁及镁合金金相试样化学抛光液的化学成分

试剂名称	相对分子质量	含量/%	生产厂家
HNO_3	63.01	65.0～68.0	天津市大茂化学试剂厂
C_2H_5OH	46.07	≥99.7	天津市滨海科迪化学试剂有限公司

表 2.5 制备镁及镁合金金相试样浸蚀剂的化学成分

试剂名称	相对分子质量	含量/%	生产厂家
CH_3COOH	60.05	≥99.5	天津市化学试剂三厂
C_2H_5OH	46.07	≥99.7	天津市滨海科迪化学试剂有限公司

2.1.4 微弧氧化电解液的化学组成

用于配制微弧氧化电解液的化学试剂如表 2.6 所示。

表 2.6 配制微弧氧化电解液所用试剂

试剂名称	相对分子质量	含量/%	生产厂家
$NaOH$	39.997	≥96.0	天津市致远化学试剂有限公司
$Na_2SiO_3 \cdot 9H_2O$	284.22	19.3～22.8(以 Na_2O 计)	天津市北方天医化学试剂厂
$Na_2B_4O_7 \cdot 10H_2O$	381.37	≥99.5	天津市致远化学试剂有限公司
$N(CH_2CH_2OH)_3$	149.19	≥99.0	天津市致远化学试剂有限公司
CaO	56.08	≥98.0	天津市塘沽邓中化工厂
$CaCO_3$	100.09	≥98.0	天津市致远化学试剂有限公司

2.1.5 制备羟基磷灰石的化学试剂

制备羟基磷灰石所使用的化学试剂如表 2.7 所示。

表 2.7 制备羟基磷灰石所使用的试剂

试剂名称	相对分子质量	含量/%	生产厂家
P_2O_5	141.94	≥98.0	天津市赢达稀贵化学试剂厂
$Ca(NO_3)_2 \cdot 4H_2O$	236.15	≥99.0	天津市博迪化工有限公司

2.1.6 材料耐蚀性检测试剂

试样的耐蚀性检测试剂为三种溶液的组合,即生理盐水、HNO_3-$KMnO_4$点滴液和模拟体液(SBF)。

生理盐水用于对试样进行电化学测量和浸泡试验,从而用来检测试样的耐蚀性。

HNO₃-KMnO₄点滴液在点滴试验中用于快速检测微弧氧化(MAO)涂层耐蚀性,其具体化学成分如表 2.8 所示。

表 2.8　点滴液的化学成分[186]

试剂名称	相对分子质量	含量/%	生产厂家
$KMnO_4$	158.04	≥99.5	天津市致远化学试剂有限公司
HNO_3	63.01	65.0~68.0	天津市大茂化学试剂厂
去离子水	18.02	—	—

模拟体液用于对试样进行电化学测量和浸泡试验来检测试样耐蚀性,其化学成分如表 2.9 所示。

表 2.9　模拟体液的化学成分[187]

试剂名称	相对分子质量	含量/%	生产厂家
$NaCl$	58.44	≥99.5	天津市北方天医化学试剂厂
$NaHCO_3$	84.01	≥99.8	天津市化学试剂三厂
KCl	74.55	≥99.5	天津市致远化学试剂有限公司
$K_2HPO_4 \cdot 3H_2O$	228.22	≥99.0	天津市致远化学试剂有限公司
$MgCl_2 \cdot 6H_2O$	203.30	≥98.0	天津市化学试剂六厂三分厂
HCl	36.46	36~38	天津市大茂化学试剂厂
$CaCl_2$	110.98	≥96.0	天津市博迪化工有限公司
Na_2SO_4	142.04	≥99.0	天津市化学试剂三厂
$(CH_2OH)_3CNH_2$	121.14	≥99.0	中国医药(集团)上海化学试剂公司
去离子水	18.02	—	—

2.1.7　溶血试验所用的试剂

用于测定试样血液相容性的溶血试验所用的试剂如表 2.10 所示。

表 2.10　溶血试验所用的试剂

试剂名称	相对分子质量	含量/%	生产厂家
$K_2C_2O_4 \cdot H_2O$	184.23	≥99.5	天津市致远化学试剂有限公司
生理盐水	—	—	天津市津兰药业有限公司
健康人体血液	—	—	—

2.2　试　验　设　备

2.2.1　镁合金熔炼制备设备

镁合金熔炼制备所用的设备如表 2.11 所示。

表 2.11　镁合金熔炼制备所用的设备

设备名称	生产厂家
DK77 系列电火花数控线切割机床	泰州市锋陵动力机械厂
OHAUS 电子天平	深圳永兴莱电子仪器有限公司
SP-25AB 高频感应加热设备	深圳市双平电源技术有限公司
SRJX-8-13 箱式电阻炉	天津市中环实验电炉有限公司
内径 $\phi20$ 的钢制模具	—
石墨坩埚	—

2.2.2　镁合金热处理及机械性能测试设备

镁及 Mg-Zn 合金热处理及机械性能检测用设备如表 2.12 所示。

表 2.12　镁及 Mg-Zn 合金热处理及机械性能检测设备

设备名称	生产厂家
DK77 系列电火花数控线切割机床	泰州市锋陵动力机械厂
玻璃试管	—
酒精喷灯	—
2XZ-1 型旋片真空泵	浙江黄岩求精真空泵厂
SRJX-8-13 箱式电阻炉	天津市中环实验电炉有限公司
SHT5305 型微机控制电液伺服万能试验机	武汉顿杰测量仪器有限公司
HMV-2T 显微硬度计	日本岛津(SHIMADZU)公司

2.2.3　纯镁表面合成 MgO 薄膜制备设备

采用热处理的方法在纯镁表面制备 MgO 薄膜所用的设备如表 2.13 所示。

表 2.13　通过热处理在纯镁表面制备 MgO 薄膜所用的设备

设备名称	生产厂家
DK77 系列电火花数控线切割机床	泰州市锋陵动力机械厂
KQ5200DB 型数控超声波清洗器	昆山市超声仪器有限公司
SRJX-8-13 箱式电阻炉	天津市中环实验电炉有限公司

2.2.4　制备羟基磷灰石制备设备

制备羟基磷灰石所用设备如表 2.14 所示。

表 2.14　制备羟基磷灰石所用设备

设备名称	生产厂家
OHAUS 电子天平	深圳永兴莱电子仪器有限公司
2003-10 恒温磁力搅拌器	常州国华电器有限公司
KQ5200DB 型数控超声波清洗器	昆山市超声仪器有限公司
101-1A 型数显电热鼓风干燥箱	上海锦屏仪器仪表有限公司通州分公司
SRJX-8-13 箱式电阻炉	天津市中环实验电炉有限公司

2.2.5　纯镁及镁合金表面微弧氧化设备

对纯镁和镁合金进行微弧氧化处理所用的设备如表 2.15 所示。

表 2.15　镁及镁合金微弧氧化所用设备

设备名称	生产厂家
DK77 系列电火花数控线切割机床	泰州市锋陵动力机械厂
KQ5200DB 型数控超声波清洗器	昆山市超声仪器有限公司
101-1A 型数显电热鼓风干燥箱	上海锦屏仪器仪表有限公司通州分公司
OHAUS 电子天平	深圳永兴莱电子仪器有限公司
SW172001SL-1A 直流稳定电源	上海稳压器厂
2003-10 恒温磁力搅拌器	常州国华电器有限公司
石墨棒	—
水浴槽	自制
温度计	—

2.2.6　材料显微组织观察及相结构分析仪器

对试样进行显微组织观察、相结构鉴定等所用的仪器设备如表 2.16 所示。

表 2.16　试样进行显微组织观察、相结构鉴定等所用的仪器设备

设备名称	生产厂家
BX41RF 奥林巴斯金相显微镜	Olympus Optical Co Ltd
ETD-200 小型金离子溅射仪	北京意力博通技术发展有限公司
Philips XL30 型扫描电镜及 EDΔX 能谱仪	Royal Dutch Philips Electronics Ltd
JEOL 100CX-Ⅱ透射电镜	JEOL
Philips X'Pert 30 型 X 射线衍射仪(Cu 靶)	Royal Dutch Philips Electronics Ltd
Bruker D8 FOCUS 粉末 X 射线衍射仪(Cu 靶)	Bruker AXS

2.2.7 材料耐蚀性检测仪器设备

用于对试样进行耐蚀性检测所用的仪器设备如表 2.17 所示。

表 2.17 试样进行耐蚀性检测所用的仪器设备

设备名称	生产厂家
LK3200A 电化学综合测试系统	天津市兰力科化学电子高技术有限公司
232 型饱和甘汞电极	上海精密科学仪器有限公司
石墨棒	—
DZKW-4 电子恒温水浴锅	北京市中兴伟业仪器有限公司
PH SCAN10 防水袖珍 PH 计	Bante Instrument Co Ltd
DNP-303-3 型电热恒温培养箱	宁波江南仪器厂
秒表	—

2.2.8 陶瓷涂层 TG-DSC 分析设备

对微弧氧化陶瓷涂层进行 TG-DSC 分析所使用的设备为美国 TA 公司的 SDT Q600 热分析仪。

2.2.9 材料溶血试验仪器设备

试样进行溶血试样所用的仪器设备如表 2.18 所示。

表 2.18 试样进行溶血试验所用的仪器设备

设备名称	生产厂家
LD5-2A 低速离心机	北京雷勒尔离心机有限公司
721s 可见分光光度计	上海佳之测电子设备有限公司
DZKW-4 电子恒温水浴锅	北京市中兴伟业仪器有限公司

2.3 试验方法

2.3.1 镁合金的熔炼

熔炼 Mg-Zn 合金所用的原料为商业铸态纯镁锭、纯锌锭和纯锡棒,原料纯度均在 99.95% 以上。熔炼过程中采用高频感应加热设备进行加热,并使用德国 ElrasalC 覆盖熔剂和自制覆盖熔剂对镁熔体进行保护。ElrasalC 覆盖熔剂的具体配方如表 2.19 所示。

表 2.19　ElrasalC 覆盖熔剂的化学成分[185]

成分	MgCl$_2$	KCl	NaCl	MgO
含量/%	46	44	7	3

配制好的覆盖熔剂需在氧化铝研钵中研磨,以使各组分混合均匀,然后在箱式电阻炉中 150 ℃温度下烘干 2.5 h 除去其中的水分。该覆盖剂熔体在 730 ℃时密度为 1.159 g/cm³,黏度为 8.50 mPa·s,表面张力为 90.56 N/m,说明覆盖剂熔体具有较小的密度、黏度和表面张力,符合镁合金覆盖剂的性能要求[185]。

熔炼镁合金的具体工艺流程如图 2.1 所示。熔炼前,先在坩埚内壁及底部均匀撒上一层覆盖剂,然后装入镁锭,并在镁锭上也撒上一层覆盖剂。之后使用高频感应加热设备进行加热。当坩埚发红、纯镁融化后,向镁熔体中加入锌块,并将熔体充分搅拌以使合金元素均匀分布。搅拌结束后将合金熔体静置保温一段时间,之后将熔体浇注到已预热至 200 ℃的钢制模具中。

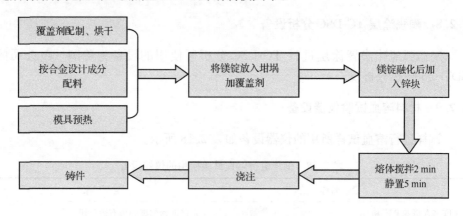

图 2.1　制备 Mg-Zn 合金流程图

2.3.2　镁合金的热处理

由于热处理能够改变铸态镁合金的显微组织并使得合金元素重新均匀分布,所以需对铸态镁合金进行适当的热处理。

镁合金进行热处理时,为了防止镁合金被严重氧化,需采取适当的防护措施。在热处理之前,先将镁合金置于玻璃试管中并利用真空泵将试管抽真空,当达到一定真空度后再继续抽真空的情况下利用酒精喷灯将玻璃试管封住,从而将镁合金封于密闭的具有一定真空度的玻璃试管中。之后再将封有镁合金的玻璃管在箱式电阻炉中进行热处理。

熔炼的生物镁合金分为两大类,其中,第一类为可控生物降解 Mg-Sn 合金,其合金设计、冶炼、微观组织与相结构及生物特性将在后续章节详细介绍。第二类为 Mg-Zn 合金,是用来研究在其表面微弧氧化涂层处理的可控生物体液腐蚀材料的基体合金,具体成分为 Mg-4% Zn,其中 Zn 元素的摩尔分数为 1.52%。根据 Mg-Zn 合金二元相图(图 2.2),Mg-Zn 合金的固溶处理温度设定为 380 ℃。具体热处理的工艺如图 2.3 所示。

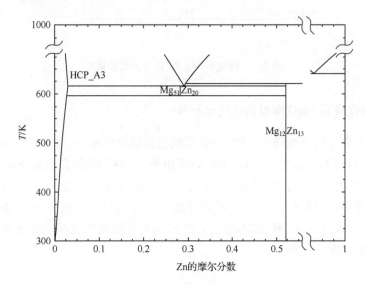

图 2.2 Mg-Zn 合金二元相图

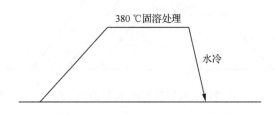

图 2.3 Mg-Zn 合金热处理工艺示意图

2.3.3 镁合金的力学性能测试

纯镁和镁合金的拉伸强度于室温下使用 SHT5305 型微机控制电液伺服万能试验机测定,拉伸试样如图 2.4 所示,拉伸速率为 0.2 mm/min。纯镁和镁合金的硬度值使用岛津 HMV-2T 显微硬度计测量,所加载荷为 1.961 N(20 g),作用时间为 15 s。

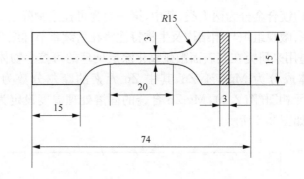

图 2.4　纯镁和 Mg-Zn 合金的拉伸试样

2.3.4　纯镁表面 MgO 薄膜的合成与制备

首先将商业铸态纯镁(99.95%)锭用线切割机床切成 10 mm×10 mm×2 mm 的薄片,之后用不同粒度(grit)的 SiC 砂纸由粗至细打磨试样,直至 SiC 砂纸的粒度达到 2000 为止。将打磨好的试样置于无水乙醇中超声清洗 10 min 后于暖空气中晾干。使用 SRJX-8-13 箱式电阻炉对试样进行热处理。热处理的温度分别为 400 ℃、450 ℃和 500 ℃,保温时间均为 10 h,热处理结束后试样空冷至室温。具体热处理工艺如图 2.5 所示。

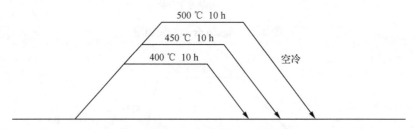

图 2.5　在纯镁表面制备 MgO 薄膜的热处理工艺示意图

2.3.5　羟基磷灰石的制备

作为微弧氧化电解液添加剂的羟基磷灰石(HA)粉末采用溶胶-凝胶方法制备,并以 $Ca(NO_3)_2 \cdot 4H_2O$ 和 P_2O_5 分别作为 Ca 和 P 的前驱体。制备 HA 粉末的工艺流程如图 2.6 所示。首先将一定量的 $Ca(NO_3)_2 \cdot 4H_2O$ 和 P_2O_5 分别溶于无水乙醇中分别配制浓度为 0.5 mol/L 的 $Ca(NO_3)_2$ 乙醇溶液和 0.15 mol/L 的 P_2O_5 乙醇溶液。再将 P_2O_5 溶液滴加到等体积的 $Ca(NO_3)_2$ 溶液中,磁力搅拌 30 min 后即得到 Ca/P 为 1.67 的无色透明 HA 溶胶。将此溶胶超声处理 2 h 后,在 70～80 ℃的干燥箱中干燥足够长时间,待乙醇完全蒸发后即得到白色泡沫状的蓬松 HA 干凝胶。最后,将 HA 干凝胶在高温下烧结一定时间后即得到灰色的HA 粉末。

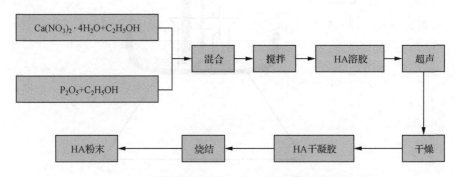

图 2.6　使用溶胶-凝胶方法制备羟基磷灰石粉末的流程图

2.3.6　纯镁及 Mg-Zn 合金的微弧氧化

1. 微弧氧化电解液的配制

进行微弧氧化所使用的基础电解液的化学成分为 NaOH、$Na_2SiO_3 \cdot 9H_2O$ 和 $Na_2B_4O_7 \cdot 10H_2O$。配制基础电解液的溶剂为去离子水,配制过程中应在一种试剂完全溶解后再加入下一种试剂。在配制好基础电解液后,根据试验安排可向基础电解液中加入不同种类的添加剂。

2. 纯镁及 Mg-Zn 合金微弧氧化试样的制备

进行微弧氧化所使用的材料为商业铸态纯镁和 Mg-Zn 合金。首先用线切割机床将纯镁或镁合金切割成 10 mm×10 mm×2 mm 的薄片,之后在试样的其中一个 10 mm×10 mm 表面上连接一根铜导线,再将整个试样除另一个 10 mm×10 mm 的表面外全部用环氧树脂封住。用不同粒度的 SiC 砂纸由粗至细打磨试样未被环氧树脂封住的表面,直至 SiC 砂纸的粒度达到 2000 为止。最后将打磨好的试样置于无水乙醇中超声清洗 10 min 后于暖空气中晾干备用。

3. 微弧氧化装置

进行微弧氧化的装置如图 2.7 所示。微弧氧化过程中,以试样为阳极,石墨棒为阴极,采用恒电流方式进行微弧氧化。

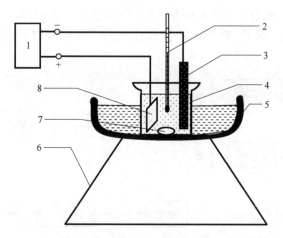

图 2.7　微弧氧化装置示意图

1. 直流电源；2. 温度计；3. 石墨棒；4. 电解槽；5. 水浴槽；6. 磁力搅拌器；7. 磁搅拌子；8. 试样

2.3.7　材料的显微组织观察与相结构分析

1. 纯镁及 Mg-Zn 合金金相组织的观察

首先将纯镁及 Mg-Zn 合金的金相试样用不同粒度的 SiC 砂纸由粗至细打磨，直至 SiC 砂纸的粒度达到 2000 为止。再使用 10％硝酸酒精抛光液进行化学抛光，抛光时间一般为 30～60 s。化学抛光后试样变得特别光亮，在光学显微镜下基本看不到划痕。化学抛光后，再使用 3.2％的乙酸酒精对试样进行腐蚀，腐蚀时间一般控制在 10 s 左右。腐蚀结束后，立即用无水乙醇冲净试样并烘干，利用金相显微镜进行观察。腐蚀过程一般进行 2～3 次，即可清晰观察到试样的显微组织。

2. 试样的扫描电镜观察

使用 Philips XL30 型扫描电镜(SEM)对试样的表面和截面形貌进行观察，并利用扫描电镜自带的 EDΔX 能谱仪附件进行表面和截面的化学成分分析。在进行 SEM 观察前，若试样的导电性不好，还需在试样表面进行喷金处理。

3. 试样的透射电镜观察

在纯镁及 Mg-Zn 合金表面制备的微弧氧化(MAO)陶瓷涂层可使用透射电镜(TEM)进行形貌观察并进行选区电子衍射分析。用刀片将试样表面的 MAO 涂层刮下，在玛瑙研钵中经过充分研磨后即可进行 TEM 试样制备和 TEM 观察与分析。

4. 试样的相结构分析

对试样进行相结构分析时，使用 Philips X' Pert 30 型 X 射线衍射仪和 Bruker D8 FOCUS 粉末 X 射线衍射仪。一般块状样品使用 Philips X' Pert 30 型 X 射线衍射仪，粉末样品使用 Bruker D8 FOCUS 粉末 X 射线衍射仪。

2.3.8　材料的耐蚀性测试

1. 点滴试验

点滴试验是用来快速检测 MAO 涂层耐蚀性的。根据 HB5061-77 标准，点滴液的组成为 0.05 g $KMnO_4$、5 mL HNO_3（密度 1.42 g/cm^3）和 95 mL 去离子水[186]。试验时，首先用蜡笔在试样表面相对中间部位画出一个圆圈，并向圈中滴加 1～2 滴点滴液。当点滴液穿透涂层与基体镁或镁合金接触后，点滴液中的 HNO_3 迅速与 Mg 反应并产生氮氧化物 NO_x 等还原性物质。还原性物质随即将点滴液中的 Mn（Ⅶ）还原为 Mn（Ⅱ），同时点滴液的颜色逐渐由紫色转变为无色。点滴液由紫色完全转变为无色的时间即为点滴时间。点滴时间越长，说明 MAO 涂层的耐蚀性越好。

2. 电化学测量

对试样进行动电位极化曲线测量使用 LK3200A 电化学综合测试系统，以饱和甘汞电极（SCE）作为参比电极、石墨棒为对电极（辅助电极），试样为工作电极，扫描速率为 1 mV/s。电化学测量的试验装置如图 2.8 所示。

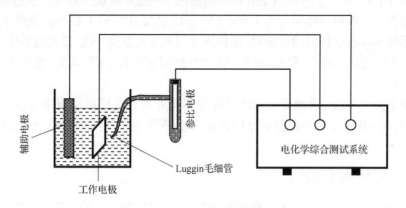

图 2.8　极化曲线测量装置示意图

极化曲线测量中使用的腐蚀介质为生理盐水或是模拟体液（SBF）。配制 1000 mL 模拟体液的配方如表 2.20 所示。具体配制方法如下：

首先在塑料烧杯中加入 700 mL 去离子水,然后将烧杯置于 37 ℃ 水浴中,按照表 2.20 中的顺序将 NaCl、NaHCO$_3$、KCl、K$_2$HPO$_4$·3H$_2$O 和 MgCl$_2$·6H$_2$O 依次加入去离子水中(每加入一种试剂要待其完全溶解后再加入下一种试剂)。接着向烧杯中加入 39 mL 1.0 mol/L HCl 溶液,之后再继续加入 CaCl$_2$ 和 Na$_2$SO$_4$。待加入的试剂全部溶解后,向烧杯中加去离子水直至溶液容积达到 900 mL。当溶液温度达到 37 ℃ 后,加入 (CH$_2$OH)$_3$CNH$_2$ 作为缓冲液调节溶液的 pH 至 7.4。最后将烧杯中的溶液移入 1000 mL 容量瓶中并最终稀释至 1000 mL。

表 2.20　配制 1000 mL 模拟体液的配方[187]

顺序	试剂	数量	容器
1	NaCl	8.035 g	称量纸
2	NaHCO$_3$	0.355 g	称量纸
3	KCl	0.225 g	称量纸
4	K$_2$HPO$_4$·3H$_2$O	0.231 g	称量纸
5	MgCl$_2$·6H$_2$O	0.311 g	称量纸
6	1.0 mol/L HCl	39 mL	量筒
7	CaCl$_2$	0.292 g	称量纸
8	Na$_2$SO$_4$	0.072 g	称量纸
9	(CH$_2$OH)$_3$CNH$_2$	6.118 g	称量纸

3. 浸泡试验和模拟体液腐蚀失重试验

试样进行浸泡试验时,浸泡介质可以使用生理盐水或模拟体液。浸泡时,试样的暴露面积与溶液的体积比为 1 cm^2 : 20 mL,且浸泡在 37 ℃ 的恒温条件下进行。当使用模拟体液进行浸泡试验时,模拟体液应每两天更换一次,浸泡过程中可检测溶液 pH 的变化。浸泡试验结束后,用去离子水轻轻冲洗试样表面,然后在室温下干燥备用。

质量损失方法:将抛光后的试样经过不同处理后在模拟体液中浸泡 8 天,用 620D 数显 pH 计检测溶液酸碱度的变化,并同时用电子天平观察镁合金试样质量损失情况。

2.3.9　材料的溶血试验

试样的血液相容性使用溶血试验进行评价,具体步骤可按以下次序进行:

(1) 稀释血的准备。抽取 8 mL 健康人体血液,向其中加入 0.5 mL 20 g/L 的草酸钾抗凝血剂,然后再加入 10 mL 生理盐水进行稀释即得到稀释血。

(2) 测试组试样吸光度的测定。首先将试样浸入 10 mL 生理盐水(装于标准试管中)中于 37 ℃的恒温水浴中培养 30 min,之后将 0.2 mL 的稀释血加入其中,继续在 37 ℃的恒温水浴中保温 60 min。保温结束后,将标准试管以 2500 r/min 的转速离心分离 5 min。最后将试管中的上层清液移至比色皿中利用分光光度计在 545 nm 波长处测定吸光度。

(3)阳性组和阴性组吸光度的测定。阳性组吸光度采用 10 mL 蒸馏水加 0.2 mL 稀释血测定,阴性组吸光度采用 10 mL 生理盐水加 0.2 mL 稀释血测定。

(4)试样溶血率的计算。试样的溶血率可利用式(2.1)计算:

$$HR = \frac{OD_t - OD_n}{OD_p - OD_n} \times 100\% \qquad (2.1)$$

式中,HR 代表试样的溶血率;OD_t 代表测试组的吸光度值;OD_n 代表阴性组的吸光度值;OD_p 代表阳性组的吸光度值。

(5)试样溶血评价标准。根据 ISO 10993-4:2002 标准,若材料的溶血率≤5%,说明材料符合医用材料的溶血要求,不会导致严重的溶血反应;若材料的溶血率>5%,则说明材料会发生严重的溶血反应。

2.4　小　　结

本章主要介绍了可控生物降解镁及镁合金研究所用的试验原材料、试验设备和试验方法,其中试验原材料包括镁合金原材料、熔炼覆盖剂、微观组织与各类性能测试所用试剂材料;试验设备主要涵盖了镁合金的熔炼、热处理、表面涂层制备、组织观察与相分析、耐蚀性测试及各类生物特性检测仪器设备;试验方法与技术包括熔炼、热处理、微弧氧化表面涂层制备与羟基磷灰石的制备方法,材料显微组织观察与相结构分析方法,研究材料显微组织与材料可控生物降解特性之间的关系与规律的试验技术与分析方法。

第 3 章　镁锡合金的设计与制备

3.1　引　言

镁在自然界中的分布很广,居第 8 位,约占地壳质量的 2.35%,高于钛元素的含量(居第 9 位)。镁最早发现于 1774 年,1808 年英国化学家 Davy 从镁和汞的混合氧化物中提取出镁汞齐,并制备了少量含杂质的金属镁[188]。1883 年 Faraday 首次通过电解镁还原 $MgCl_2$ 制备出纯镁,从此镁工业上开始快速发展。由于镁及镁合金具有比强度、比刚度高,减震性、电磁屏蔽和抗辐射能力强,易切削加工等优点,在汽车、电子、电器、交通、航天、航空和国防军事工业领域具有极其重要的应用价值和广阔的发展前景。

3.1.1　镁的常见性质

镁为元素周期表中ⅡA 族碱土金属元素,原子序数为 12,基本性质如表 3.1 所示。纯镁是银白色金属、低熔点金属,密度小,属于轻金属。其晶体结构为密排六方,其晶轴 $c/a=1.623$,与理想密排六方 1.633 接近。

表 3.1　镁元素基本性质[188]

项目	数据	项目	数据
核外电子排布	$3s^2$	熔点/K	923 ± 1
相对原子质量	24.305	沸点/K	1380 ± 4
常见化合价	+2	晶体结构	密排六方
密度/(g/cm³)	1.738	电负性	1.31

与其他金属相比,镁及镁合金具有很多突出的工艺及性能特点:镁的密度仅为 1.738 g/cm³,是所有结构金属中密度最小的一种;在镁中加入不同的金属元素能够形成一系列具有各种性能的合金;熔点低,容易进行热成型,且能耗低;用作结构件时,质量轻,比强度高,减震和抗冲击性能好,容易切削加工,不易老化;有良好的导热性,无磁,电磁屏蔽能力强,在受到冲击和摩擦时不会产生火花,阳极氧化着色能力强;镁粉在燃烧时可以放出耀眼的白光并产生大量的热,还原性强,可用于提取活性金属如钛等。

3.1.2　镁的生物特性

金属镁除了具有优良的力学、光学、磁学性能外,还具有优良的生物特性。镁是人体不可缺少的元素之一,是人体内仅次于钾、钠、钙的细胞内正离子,是参与人体蛋白质、核酸、脂类、糖类等代谢以及神经肌肉传导收缩不可缺少的元素,人体中300 多种酶的代谢都由镁离子调节,缺少镁元素会使人体产生疲乏感,易激动、抑郁、心跳加快和易抽搐等。动脉硬化、心血管疾病、高血压、糖尿病、白内障、骨质疏松等均与缺镁有关。美国 RDN 新标准规定成年男子镁的日摄入量为 350 mg,女性一般为 180 mg[189]。

镁及镁合金具有良好的生物活性和生物相容性,正在越来越多地应用于临床医学。常用镁合金医用材料主要作为骨固定材料、口腔植入材料和冠状动脉支架材料。

由于镁及镁合金具有高的比强度和比刚度[纯镁的比强度为 133 GPa,比 Ti_6Al_4V 的比强度(260 GPa)更高],而其杨氏模量约为 45 GPa,更接近人体骨的弹性模量(20 GPa),能够有效降低应力遮挡效应。镁的密度仅为 1.738 g/cm^3,与人体骨的密度(1.75 g/cm^3)更为接近,可作为优良的骨固定材料[190]。

镁的机械性能及加工性能良好,如能通过改变镁合金的成分和表面处理工艺,使镁及镁合金具有良好的耐蚀性能,同时发展新的铸造成型如快速凝固等,因此可以考虑用镁及镁合金作为嵌体、冠修复及可摘局部义齿支架材料[190]。

镁及镁合金耐蚀性差,尤其是在中性和酸性条件下,但其腐蚀产物却可以作为必需元素被人体吸收。所以近期有研究者提出将镁及镁合金作为可降解血管支架材料。

3.2　镁锡合金的成分设计

3.2.1　目的

设计合金的目的是用于可生物降解的镁合金医用材料。首先应该要求材料无毒或者低毒。在此前提下,在不对镁合金的腐蚀性能产生影响的情况下加入合金元素,使其形成固溶体进而形成简单合金,增强镁的强度,同时根据加入元素的含量调整镁合金的晶轴比,提高其塑性,改善镁及镁合金常温下的可加工性,通过改变成分设计、制备工艺和热处理工艺可以改变镁合金基体中耐蚀中间相的数量、大小和分布,从而调控其在生物体液中的耐蚀性,为新一代可控生物降解心血管支架材料的研发提供试验数据和理论依据。

3.2.2　合金设计的元素选择

1. 无毒害元素的选择

对于设计生物医用材料,不仅要考虑合金元素对材料性能的作用,而且要仔细考察所用元素可能与人体产生的一系列生物效应。对人体而言,根据化学元素对人体的作用可分为必需元素、有害元素和有毒元素。必需元素是可以通过体内的某种或某些代谢过程进行调节,从而保持体内的动态平衡。而有害元素和有毒元素则不具备这种调节作用,它们只能在体内的某些组织器官内简单积累,从而影响正常的新陈代谢。所以作为生物医用材料的设计首先要选择无毒害元素。

人体日常活动中必需元素有 27 种: H、C、N、O、F、Na、Mg、Si、P、S、Cl、K、Ca、V、Cr、Mn、Fe、Co、Ni、Cu、Zn、Mo、Sn、As、Se、Br、I。而其中包括金属元素 Na、K、Ca、V、Cr、Mn、Fe、Co、Ni、Cu、Zn、Mo、Sn。但即使是人体必需元素,其在人体内的浓度也有一个最大极限,一旦超过这个极限,必需元素也会转化为有害元素。图 3.1 为纯金属细胞毒性,由图可见,Fe、Cu、Zn、Co、V 等元素都属于限制含量的元素。表 3.2 为这些限制元素在人体中的生物效应及过量反应。如果合金元素选择这些元素一定要控制其含量,而熔炼合金的过程中,合金元素蒸发量的多少不易控制,所以尽量不用这些严格限制含量的元素,即可用的无毒元素为 Na、K、Ca、

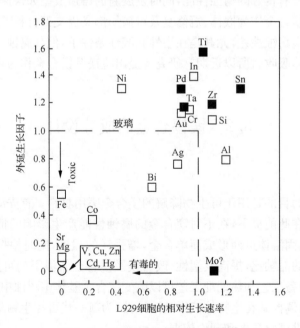

图 3.1　各种纯金属的细胞毒性[191]

Cr、Mn、Ni、Mo、Sn。

表 3.2　限制含量纯金属元素的人体生物效应及其特征[192]

元素	性质	作用	体内含量/mg	摄入量/(mg/d)	过量反应
Fe	必需元素	促进代谢,构成蛋白质	4×10^3	5	铁中毒,损害肝肾
Cu	必需元素	促进代谢,维持发育	100	3	铜中毒,溶血症
Zn	必需元素	参与代谢,构成酶类	2×10^3	2.2	锌中毒,致癌
Co	必需元素	参与酶类活动	1.1	0.3	影响心脏功能
V	必需元素	参与氧化还原反应	3×10^{-5}	2	钒中毒,损害肝脏

2. 可固溶元素的选择

根据合金设计的目的,即加入合金元素使其形成固溶体,增强镁的强度,所以除了要满足合金元素对材料性能的影响和无毒害作用的条件,合金元素还要能够与镁形成固溶体。而影响镁合金固溶体的因素很多,如晶体结构、原子价态和电化学因素等。

如果溶剂与溶质原子半径差不大于 15% 就会形成宽广固溶体(固溶度较大的固溶体),如图 3.2 阴影部分的元素。溶剂与溶质原子半径差越大,固溶度越有限。从图 3.2 中可见有 40 多种元素可能与镁形成无限固溶体,其中包括无毒害生物体

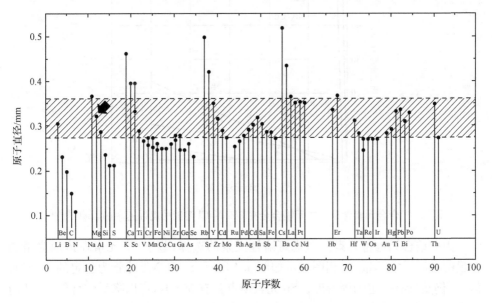

图 3.2　镁合金中固溶原子的直径及有利的尺寸因素[193]

必需元素 Zn、Sn。原子价态差异影响合金元素在镁中的固溶度,合金元素的原子价态与镁越接近,则其固溶度越大,趋向于无限固溶体。在原子尺寸因素有利的情况下,镁的强正电性对合金元素的影响非常大。镁同硅、锡等元素具有很强的化学亲和性,将形成稳定性很强的化合物,而镁同镉、锌具有相同的晶体结构而在镁中有很高的固溶度。

3. 镁合金腐蚀影响因素选择

合金元素的种类直接影响镁及镁合金的腐蚀性能,在镁合金腐蚀行为中,合金元素主要是以活性阴极相存在,通过微观原电池腐蚀形式和破坏镁的钝化膜层结构影响腐蚀性能。

合金元素对镁合金腐蚀性能的影响分为三类:第一类为无害元素,如 Na、Si、Pb、Sn、Mn、Al、Be、Ce、Pr、Th、Y 和 Zr 等元素,对镁和镁合金的腐蚀几乎没有影响;第二类为有害元素,如 Fe、Ni、Cu 和 Co 等元素,降低镁和镁合金的耐腐蚀性能;第三类为介于两者之间的元素,如 Ca、Zn、Cd、Ag 等元素,对镁和镁合金的耐腐蚀性能影响较小。图 3.3 为合金元素含量对二元镁合金在 3% NaCl 溶液中腐蚀速率的影响。

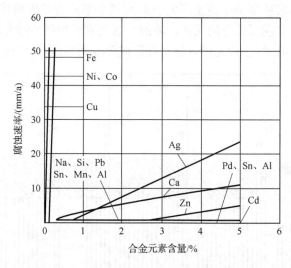

图 3.3　合金元素含量对二元镁合金在 3% NaCl 溶液中腐蚀速率的影响[189,194]

因此结合无毒害元素并考虑可溶性元素的选择,鉴于 Zn 元素在体内为限制含量的必需元素,Mg-Sn 相图显示如图 3.4 所示,Sn 和 Mg 尽管为稳定的化合物,但 Sn 仍然具有一定的固溶度。Sn 元素熔点只有 505 K,可以降低熔炼能耗,从而可选择 Sn 作为镁合金的添加元素,形成最简单的二元合金,测定其强度和硬度的变化。

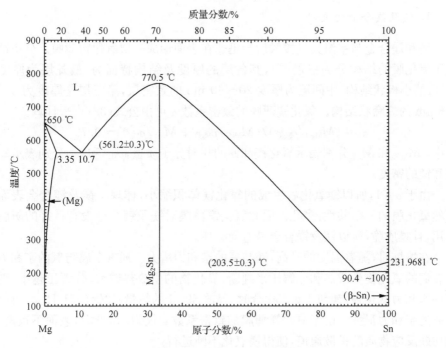

图 3.4 Mg-Sn 二元合金相图

3.2.3 合金成分的确定

通过合金设计的目的进行合金元素的选择,最终确定镁合金为 Mg-Sn 二元简单合金。从图 3.4 Mg-Sn 二元合金的相图上可看出,Sn 在 Mg 中有明显的固溶现象,转变点 561 ℃ 的饱和固溶度约为 14.5%(或 3.35%(原子分数)),温度降到 673 K 时,饱和固溶度快速下降到 4.4%,473 K 时饱和固溶度仅为 0.45%。Sn 在 Mg 中的饱和固溶度随温度的降低快速减少。结合 Sn 在 Mg 中的饱和固溶度,设计不同含 Sn 量的镁合金。

3.3 镁合金的制备

3.3.1 镁熔炼中的化学反应

镁及镁合金具有非常活泼的化学性质,可与绝大多数非金属元素发生化学反应。

1. 镁及镁合金的氧化

镁和镁合金与室温大气接触后会迅速在表面形成一层氧化物薄膜。分析结果显示氧化膜的结构分为三层[193]，其各层的厚度及结构特征为：最外层为厚度为 2 μm 的小板状结构，中间层为厚度 20～40 nm 的致密层，第三层是厚度为 0.4～0.6 μm 的蜂窝状结构。氧化镁薄膜的致密系数 α 可由公式(3.1)[194]计算。

$$\alpha = (M_{MgO}/\rho_{MgO})/(M_{MgO}/\rho_{MgO} + M_{Mg}/\rho_{Mg}) = 0.79 \qquad (3.1)$$

式中，M_{MgO} 和 M_{Mg} 分别表示氧化镁和镁的相对分子质量；ρ_{MgO} 和 ρ_{Mg} 分别表示氧化镁和镁的密度。

由于 $\alpha < 1$，所以镁氧化后生成的氧化镁体积缩小，休现了镁及镁合金表面的自然氧化膜的一个共性：多孔。因此氧化镁薄膜对镁及镁合金没有良好的防腐蚀作用，且膜质脆，所以镁及镁合金易遭受破坏。

在熔炼时，随着温度的升高，镁与氧的亲和力增大。通常金属与氧的亲和力可由它们的氧化物生成热和分解压来判断，氧化物的生成热越大，分解压越小，则与氧的亲和力就越强，镁与 1 g 氧化合时，释放 598 J 的热量，比铝(531 J)大，所以镁与氧的亲和力很强。由于氧化镁薄膜的致密系数 α 仅为 0.79 < 1，表面不致密，不能切断反应物质的扩散通道，使得镁氧化不断进行。

表 3.3 为镁及镁合金的氧化动力学曲线特征，金属表面膜生长的各种动力学曲线如图 3.5 所示。根据表 3.3，镁及镁合金的氧化动力学曲线在高温下基本呈直线型，而不是抛物线形。

表 3.3　不同温度下镁的氧化动力学曲线特征[195]

温度范围/K	<373	373～473	473～573	573～673	673～773	773～873	>923
氧化动力学曲线形状	对数	对数-抛物线	抛物线	抛物线-直线	抛物线-直线	直线	直线

镁的氧化与温度关系很密切，温度较低时，镁的氧化速率不大，这是由于温度低于 573 K 时，镁的氧化动力学曲线基本呈现抛物线形状，此时氧化速率与金属增重或膜厚度成反比，即随着时间的延长，随着氧化膜厚度增加，氧化速率越来越小，同时由于电化学反应的进行，镁离子与电子一起向氧化膜的外方向移动，使氧化膜继续生长；高于 673 K 时，镁合金的氧化速率与时间无关，氧化过程完全由反应界面控制，燃烧界面将以相当快的速度从表面向内部延伸，此时氧化速率变快，氧化膜的破裂、片状剥落和粉化开始发生；773 K 左右可以看到着火现象；超过 923 K 时氧化速率急剧增加，熔体一旦遇氧就会剧烈氧化而燃烧，放出大量的热。反应生成的氧化镁绝热性很好，使界面所产生的热量不能及时地向外扩散，进而提高了界面上的温度，这样恶性循环必然加速镁的氧化，燃烧反应更加剧烈。反应界面的温度越来越高，甚至达到 3123 K，大于镁的沸点(1380 K)，引起镁熔液大量气化，导

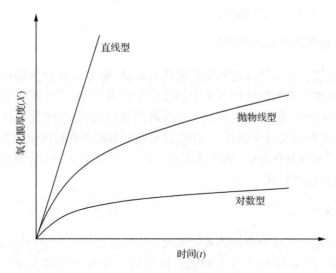

图 3.5　金属表面膜生长动力学曲线

致爆炸[189,192,195]。

2. 镁与水的反应

镁无论是固态还是液态均能与水发生反应,其反应方程式为

$$Mg + H_2O \longrightarrow MgO + H_2 \uparrow + Q \tag{3.2}$$

$$Mg + 2H_2O \longrightarrow Mg(OH)_2 + H_2 \uparrow + Q \tag{3.3}$$

室温下,反应速率缓慢,随着温度的升高,反应速率加快,并且 $Mg(OH)_2$ 会分解为水和 MgO,在高温时只生成 MgO。在相同条件下,镁与水之间的反应比镁与氧之间反应更加剧烈。当熔融镁与水接触时,不仅因生成氧化镁放出大量的热,并且反应产物氢与周围大气中的氧迅速作用生成水,水又受热急剧气化膨胀,结果导致猛烈的爆炸,引起镁熔液的剧烈燃烧与飞溅。所以熔炼镁合金时,与熔液接触的炉料、工具、熔剂等均应干燥[189,194,195]。

3. 镁与氮气的反应

镁与氮气发生反应的方程式为

$$3Mg + N_2 \Longrightarrow Mg_3N_2 \tag{3.4}$$

室温下反应速率极慢。当镁处于液态时,反应速率加快,高于 1273 K 时,反应很激烈。不过此反应比 $Mg\text{-}O_2$、$Mg\text{-}H_2O$ 反应要缓慢得多。反应产物 Mg_3N_2 是粉状化合物,不能阻止反应继续进行,同时 Mg_3N_2 膜也不能防止 Mg 的蒸发[189,192,195],所以 N_2 不能防止镁熔液的氧化和燃烧,即熔炼镁时不能使用氮气作为保护气氛。

由于镁合金易与周围介质氧、水、氮气反应,所以在熔炼时必须对镁合金进行保护，以防止金属的氧化或燃烧。

3.3.2　镁合金熔炼中的阻燃保护

为了防止镁合金在熔炼过程中的氧化和燃烧，需要对镁合金进行熔炼阻燃保护。目前在镁熔体表面的防护可采取的措施是多方面的，主要围绕以下几方面进行：①在反应气氛下处理熔体，在其上形成薄的保护层；②在惰性气体气氛下处理熔体；③以盐类熔剂覆盖于熔体上；④以抑制性元素添加在熔体上作为覆盖层。

不论采用哪种处理方式，其原理都是一致的，即采用某些成分隔绝高温镁与空气的接触，阻止镁的氧化。

1. 气体保护

气体保护是指在镁合金熔体表面覆盖一层惰性气体或者能与镁反应生成致密氧化膜的气体，从而隔绝空气中的氧。常用的主要保护气体是 SF_6、SO_2、CO_2、Ar_2、N_2 或它们的混合气体。

SF_6 气体的阻燃机理：SF_6 是目前熔炼镁合金比较常用的保护气氛，其密度比空气大 4 倍。高温下 SF_6 与空气一起作用于熔融镁生成 MgF_2（致密系数为 1.6）和 MgO，MgF_2 和 MgO 组成混合膜，这种表面膜连续、致密，对镁熔体具有保护作用。但是单纯的 SF_6 气体对镁熔体的保护作用仅能持续几分钟，所以很少采用纯 SF_6 作为熔炼镁合金的保护气氛。因此一般将 SF_6 与空气一起作用与镁合金熔体达到阻燃目的。但是，使用这种气体保护成本较高，更重要的是会产生有毒气体，还产生温室效应，这与环保要求不相符。

CO_2 气体的阻燃机理：CO_2 在高温下会与 Mg 发生反应[196,197]

$$2Mg + CO_2 \rightleftharpoons 2MgO + C \tag{3.5}$$

反应生成的无定形碳存在于 MgO 薄膜的空隙中，提高了镁熔体表面膜的致密系数，使其由 0.79 上升为 1.03～1.15。同时带正电的无定形碳能够强烈抑制镁离子穿过表面膜的扩散运动，降低液态镁的蒸发，从而阻止镁的氧化。但是这种阻燃剂的适应温度范围很低，一旦镁熔体的温度超过 973 K，随温度升高，熔体表面膜会变厚、变硬，致密度降低，最后发生开裂，这时表面膜失去对镁的保护作用，镁开始燃烧。

SO_2 气体的阻燃机理：SO_2 高温下与镁熔体发生反应[197]

$$3Mg + SO_2 \rightleftharpoons 2MgO + MgS \tag{3.6}$$

$$2Mg + SO_2 \rightleftharpoons 2MgO + S \tag{3.7}$$

反应生成物 MgS 和 MgO 会在镁熔体表面形成一层很薄且比较致密的具有金属光泽的 MgS-MgO 复合表面膜，阻止 SO_2 及其他腐蚀性气体对镁熔体的氧化。但是这种阻燃剂的适应温度不高，一旦熔体温度超过 1023 K，SO_2 会同镁熔体发生剧烈反应生成大量的氧化物夹杂,此时原来形成的氧化膜破裂失去对镁熔体的保护作用。

惰性气体的阻燃机理[197-201]:惰性气体不与镁发生反应,可以防止镁熔体的燃烧。但在这些气氛中,镁熔体不能形成防护性的表面膜,所以不能防止镁的蒸发。但镁在熔点以上时具有较高的蒸气压,在镁熔体表面存在大量的游离镁,一旦惰性气体中混有微量的腐蚀性气体便可以引起镁的氧化燃烧,在熔体表面形成氧化夹杂甚至引发熔体的恶性氧化燃烧。

2. 熔炼剂阻燃

熔炼剂简称熔剂,其阻燃机理是利用一系列低熔点、低密度的无机化合物在较低温度下融化为液态,借助表面张力在镁熔体表面形成一层连续、完整的覆盖层,隔绝空气和水汽,防止镁的氧化,或抑制其燃烧;另外,熔融溶剂对夹杂物有良好的润湿、吸附能力,并利用熔剂与金属熔体的密度差,把夹杂物随同熔剂自熔体中排除,从而保护镁合金熔体,并保证合金熔炼质量。

熔剂一般要满足以下要求:熔点要比镁合金低,在镁合金熔化之前借助表面张力包覆镁合金,防止其与腐蚀性物质接触;密度比镁合金小,以便于熔剂与熔体的分离,更有效地去除夹杂物;不含对金属液有害的杂质以及夹杂物;对环境无污染,原材料损耗低;原料来源广,价格低廉,不会明显增加合金材料的生产成本。根据以上要求,同时考虑熔剂的氧化亲和性应比镁合金更强,所以一般熔剂主要由 $MgCl_2$、KCl、CaF_2、$BaCl_2$ 等氯盐及氟盐的混合物组成,表 3.4 列出了熔剂主要成分的物理性能。

表 3.4　熔剂主要组成物的物理性能[195]

组成物	熔点/K	密度/(g/cm³)	黏度试验温度/K	黏度/(Pa·s)	表面张力试验温度/K	表面张力/(N/m)
$MgCl_2$	718	2.18	1024	4.69×10^{-3}	1006	135.8×10^{-3}
NaCl	800	2.17	1094	1.44×10^{-3}	1073	114.7×10^{-3}
KCl	772	1.99	1083	1.30×10^{-3}	1029	97.7×10^{-3}
$BaCl_2$	955	3.87	—	—		
CaF_2	1403	3.18	—	—		

在熔剂中起主要作用的部分是 $MgCl_2$。$MgCl_2$ 通常含有 6 个结晶水——$MgCl_2\cdot6H_2O$,加热时会去掉 2 个结晶水,成为 $MgCl_2\cdot4H_2O$,进而可发生水解反应,生成 MgO 及 HCl。高温下 $MgCl_2$ 还能部分与大气中的 O_2 及 H_2O 等反应,在镁熔体表面形成 HCl 及 Cl_2 的保护气氛,减缓了镁熔体的氧化。反应生成的 HCl 及 Cl_2 又能和镁迅速反应生成一层 $MgCl_2$,覆盖在无熔剂的镁熔体表面。

$$2MgCl_2 + O_2 == 2MgO + 2Cl_2 \tag{3.8}$$

$$MgCl_2 + H_2O == MgO + 2HCl \tag{3.9}$$

$$2HCl + Mg == MgCl_2 + H_2 \tag{3.10}$$

$$Mg + Cl_2 == MgCl_2 \tag{3.11}$$

液态 $MgCl_2$ 也能很好地润湿溶液表面的 MgO、Mg_3N_2，并将其包覆后转移到熔剂中，在熔体表面迅速铺展成一层连续、严密的熔剂层，消除了由氧化镁所产生的绝热作用，避免镁熔体表面温度急剧上升。另外 $MgCl_2$ 还在精炼过程中起主要作用[202]。

KCl 与 NaCl 是镁合金熔剂中不可缺少的，其主要作用是为了降低熔剂熔点、表面张力和黏度。此外，KCl 还可以提高熔剂的稳定性，抑制 $MgCl_2$ 加热脱水后的水解过程，减少 $MgCl_2$ 在脱水操作时的损失。KCl 使 $MgCl_2$ 的蒸气压下降，减少$MgCl_2$ 的蒸发损失[194-197]。

$BaCl_2$ 的密度大，主要是作为熔剂的增重剂，以增大熔剂与镁熔液之间的密度差，使熔剂与镁熔液更容易分离。$BaCl_2$ 的熔点为 960 ℃，黏度较大，能增加熔剂的黏度。

CaF_2 密度较大，而且熔点较高，可以作为增重剂和增黏剂；可用来提高熔剂的黏度和精炼性能，使熔剂与合金液有好的分离性。

MgO 可用作熔剂的稠化剂，以提高熔剂的黏度。

根据各个无机化合物所起的作用，表 3.5 列出了国内外常用的熔剂配料成分。

表 3.5　国内外常用熔剂成分[189]　　　　　（单位：%）

熔剂号	$MgCl_2$	$BaCl_2$	KCl	NaCl	CaF_2	$CaCl_2$	MgO
RJ-1	93	7	—	—	—	—	—
RJ-2	88	7	—	—	5	—	—
RJ-3	75	—	—	—	17.5	—	7.5
RJ-4	76	15	—	—	9	—	—
RJ-5	56	30	—	—	14	—	—
RJ-6	—	15	55	—	2	28	—
ElrasalB	40	—	20	40	—	—	—
ElrasalC	46	—	44	7	—	—	3

国内常用熔剂为 RJ-2，而德国的 ElrasalB 与 ElrasalC 性能优于 RJ-2。表 3.6 为这三种熔剂的性能参数。通过比较可以看出：RJ-2 熔剂的黏度最小，但是密度和表面张力值都较大；ElrasalB 的密度值最小，但是其表面张力和黏度最大；只有 ElrasalC 的密度、表面张力及黏度值都比较小，而且表面张力最小，能更好地符合镁合金熔剂性能的要求。

表 3.6　熔体熔剂物理性能参数[189]

熔剂号	密度/(g/cm³)	表面张力/(N/m)	黏度/(mPa·s)
RJ-2	1.508	98.75	7.50
ElrasalB	1.126	101.85	10.25
ElrasalC	1.159	90.56	8.50

3.4　小　结

　　根据元素可能与人体产生的一系列生物效应和合金元素在生物体内的各种生物作用及对诸合金元素对镁合金的显微组织、力学性能和耐蚀性能的影响机制,可选用合金元素 Sn 制备可控生物降解 Mg-Sn 合金。鉴于镁的活泼的化学特性,镁合金在熔炼时会与周围介质发生反应,甚至有爆炸的危险,所以要对镁合金熔炼时用到的各种工具及炉料进行烘干,另外还要对熔体进行阻燃保护,根据上述分析,这里选择熔剂阻燃保护,既保护环境又方便简单,根据各个熔剂的物理性能特点,宜选用熔剂 ElrasalC 为保护剂。

第4章 镁锡合金的微观组织及力学性能的研究

4.1 镁锡合金成分相及微观组织结构分析

4.1.1 镁锡合金成分及其相结构分析

根据 Mg-Sn 二元合金相图,加 Sn 的镁合金会生成 α-Mg 和 Mg_2Sn 两相。图 4.1 是 MS0 合金的 X 射线衍射图谱。由图 4.1 可以看出,MS0 合金由于成分只有纯镁,与此对应 X 射线衍射图谱只有一相 α-Mg。图 4.2 为纯镁和 Sn 按照不同配比制备的 MS1、MS2、MS3、MS4、MS5、MS10(Sn 含量分别为 1%、2%、3%、4%、5%、10%)合金对应的 X 射线衍射图谱,符合 Mg-Sn 二元合金相图(图 3.4)生成 α-Mg 和 Mg_2Sn 两相,且随着 Sn 含量的增加,Mg_2Sn 的量也不断增加。由于 MS1~MS5 合金的含 Sn 量很少,而其中的大部分 Sn 与 Mg 形成了固溶体(α-Mg 相),所以生成 Mg_2Sn 相很少,以至于 X 射线衍射图谱中 Mg_2Sn 相衍射峰的强度很低。而从 MS10 合金的 X 射线衍射图谱上可以看出 Mg_2Sn 相的含量明显增多,符合 Mg-Sn 二元合金相图含量计算原理。

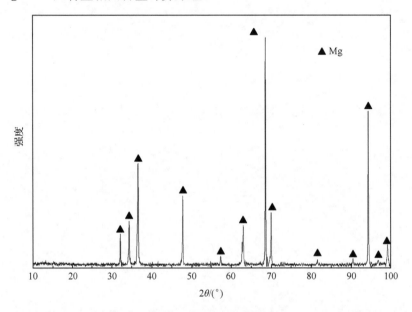

图 4.1 MS0 合金的 X 射线衍射图谱

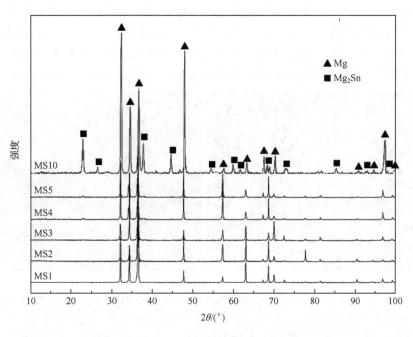

图 4.2　MS1~MS10 合金的 X 射线衍射图谱

4.1.2　镁锡合金微观组织分析

图 4.3 为纯镁 MS0 的金相照片,在本试验提供的铸造工艺条件下,纯镁(MS0)的铸锭组织完全由柱状晶组成,如图 4.3 所示,无论在铸锭组织的边缘还是心部均未能观察到等轴晶。

(a)　　　　　　　　　　　　　　　(b)

图 4.3　合金 MS0 的金相显微组织

(a) 铸锭组织的边缘;(b) 铸锭组织的心部

图 4.4 为加入不同 Sn 含量的镁合金金相显微组织照片。从图 4.4 中可以看出,在 Mg 中加入 Sn 以后,铸锭组织发生了显著的变化。与 MS0 不同,随着 Sn 的加入,铸锭心部出现等轴晶(图 4.5),并且粗大的柱状晶由形貌规则的树枝晶所取代。随着 Sn 含量的增加,等轴晶晶粒逐渐变小,细化了晶粒,当加入 Sn 含量为

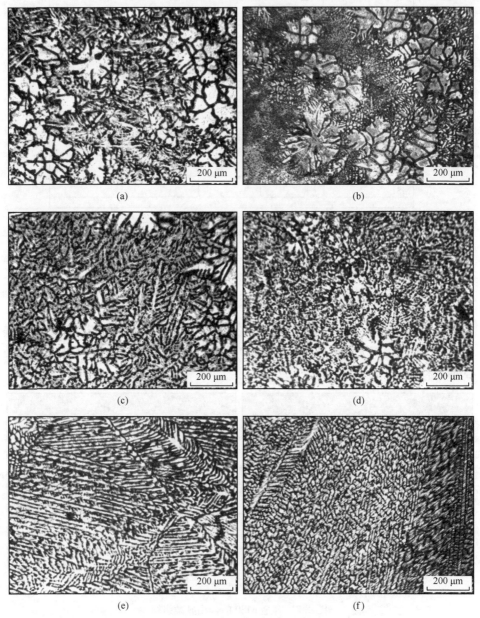

图 4.4　MS1～MS10 合金金相显微组织

(a) MS1;(b) MS2;(c) MS3;(d) MS4;(e) MS5;(f) MS10

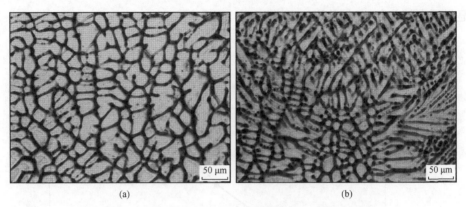

(a)　　　　　　　　　　　　　(b)

图 4.5　MS3 与 MS4 合金心部等轴晶的金相显微组织

(a) MS3；(b) MS4

10％时，晶粒又出现粗化现象。

　　图 4.6 为对加入 Sn 的镁合金的扫描电镜线分析结果。可以从图 4.6 中看出，晶界处含 Sn 量明显比晶内多。根据 X 射线分析结果可以判断合金是由固溶体 α-Mg 与析出的第二相晶界 Mg_2Sn 组成。

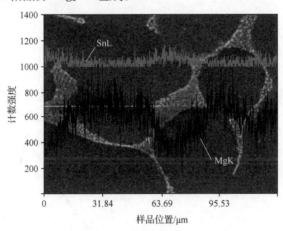

图 4.6　含 Sn 合金的扫描电镜线分析

4.2　合金力学性能研究

4.2.1　镁合金力学性能检测结果

1. 镁合金显微硬度试验结果

图 4.7 为 MS0～MS10 合金硬度与含 Sn 量的关系，由图 4.7 可以看出合金的

显微硬度随着含 Sn 量的增加而增加。

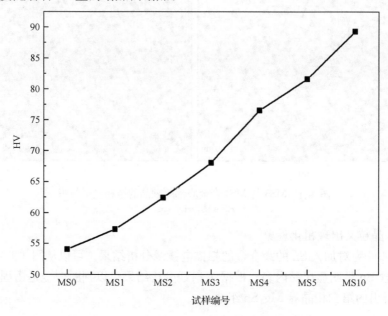

图 4.7　MS0～MS10 合金的显微硬度

2. 镁合金拉伸试验结果

图 4.8 为不同含 Sn 量合金抗拉强度的比较,图 4.9 为不同含 Sn 量的镁合金

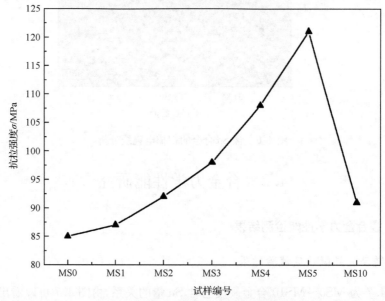

图 4.8　MS0～MS10 合金的抗拉强度

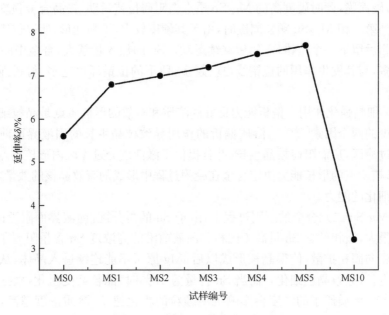

图 4.9　不同镁合金的延伸率比较

延伸率的比较,由图 4.8 和图 4.9 可以看出,当含 Sn 量≤5％时,合金的抗拉强度不断提高,延伸率不断增加,而当 Sn≥5％时,合金的抗拉强度和延伸率都急剧下降了。

4.2.2　镁锡合金力学性能分析

由力学试验结果可以看出,适量的 Sn 可以明显提高镁合金的力学性能,而过量的 Sn 则对合金力学性能不利,在本书的试验条件下,含 Sn 量为 5％的 MS5 综合力学性能最佳。

含 Sn 元素的镁合金力学性能的提高得益于 Sn 在镁中显著的沉淀强化和细晶强化作用。

(1) 第二相 Mg_2Sn 沉淀强化作用。合金元素在金属基体中的分布和存在形式决定了它在金属基体中所起的作用,由 Mg-Sn 二元相图可知,转变点 835 K 的饱和固溶度约为 3.35％(原子分数)(14.5％),温度降到 673 K 时,饱和固溶度快速下降到 4.4％,473 K 时饱和固溶度仅为 0.45％,室温下几乎为 0,这种 Sn 在 Mg 中的饱和固溶度随温度的下降快速降低的规律,除了使共晶反应中产生 Mg_2Sn 之外,还使得固溶态的 Sn 原子以 Mg_2Sn 的形式从过饱和的 α-Mg 中二次析出。

随着含 Sn 量的增加,合金中析出的二次 Mg_2Sn 相越来越多,而 Mg_2Sn 相为硬质相,硬而脆,此时硬度高的 Mg_2Sn 质点会阻碍位错运动,提高合金强度。当位错运动到第二相 Mg_2Sn 颗粒周围时,由于其硬度较大,不易变形,所以位错总是经过第二相后留下一个位错环,然后继续运动。Sn 的加入量越大,合金中的 Mg_2Sn 颗粒越多,与其发生作用的位错线也就越多,留下的位错环也越多,材料强化效果就越强。

(2) 细晶强化作用。偏析能力良好的溶质和有效的形核质点是晶粒细化过程必不可少的两个因素[203,204],溶质偏析的作用导致枝晶生长的固液界面前沿产生了成分过冷区,从而阻碍枝晶生长,并且提供了激活成分过冷区内形核质点的驱动力,而形核质点的形核能力决定合金在凝固过程中形成的有效晶核的数量,从而决定晶粒细化的能力。

在 Mg-Sn 二元合金的凝固过程中,由于 Sn 的再分配,固液界面附近的 Sn 含量相差很大,液相的含 Sn 量高于固相。固液前沿的高浓度 Sn 含量阻碍了 Mg 原子由液相向固相扩散,使得晶核形成以后,Mg 原子不能连续进入晶体,从而阻碍了晶粒生长,导致晶粒细化。而当 Sn 含量为 10% 时,晶粒又变粗化,根据扩散相变理论[205],溶质原子的浓度会影响沉淀颗粒的粗化速率,溶质浓度越高,颗粒粗化速率越高,因此当 Sn 加入量过多时,晶粒细化作用消失,晶粒又开始粗化。表 4.1 为利用截线法[206]测定的 Mg-Sn 二元合金的平均二次枝晶间距,由表 4.1 可以看出当 Sn 含量≤5% 时,合金中的二次枝晶间距逐渐变小,而当 Sn 含量为 10% 时,二次间距又变大。

表 4.1　Mg-Sn 二元合金平均二次枝晶间距

试样编号	MS1	MS2	MS3	MS4	MS5	MS10
二次枝晶间距 $d/\mu m$	34.8	30.6	26.1	21.5	18.0	55.0

Mg_2Sn 第二相强化现象对显微硬度起主导作用,所以随着含 Sn 量的增加,Mg-Sn 二元合金的显微硬度一直上升。而对于拉伸行为,细晶强化起主导作用。

4.3　小　　结

本章所制备的 Mg-Sn 二元合金可以生成 α-Mg 和 Mg_2Sn 两相,并且随着 Sn 含量的增多,Mg_2Sn 含量不断增多。通过分析材料微观组织与力学性能的关系与规律得出:随着含 Sn 量的增加,合金的显微硬度一直增加,此过程沉淀强化起主导作用。由于细晶强化和沉淀强化作用,当含 Sn 量≤5%,随着含 Sn 量的增加,合金的抗拉强度与延伸率不断增加;当含 Sn 量为 10% 时,由于晶粒粗化,合金的抗拉强度和延伸率又急剧下降,此过程细晶强化起主要作用。

第5章 镁锡合金在模拟体液中 Ca/P 沉积行为的研究

人体生理环境的 pH 呈中性,并且处于溶解状态,在生理环境中,生物材料将与器官、组织、血液、细胞以及生物大分子等不同层次相接触,因此作为生物医用材料,首先应该具备良好的生物相容性。模拟体液培养法被广大研究者用于生物相容性的初步评价。模拟体液中含有的无机离子及其浓度与人体血清极为相似,用以培养作为心脏支架的镁合金,其溶解离子环境及材料所经历的溶解、转变,能够很好地模拟合金在生物体内的行为。

5.1 镁锡合金模拟体液培养前预处理

5.1.1 镁锡合金模拟体液培养前碱处理结果及分析

分别对力学性能良好的 MS0、MS1、MS2、MS3、MS4、MS5 合金,在进行模拟体液培养之前,进行预处理,评价其 Ca/P 沉积能力。预处理包括碱处理和碱热处理。碱处理是将抛光干燥后的试样分别放入饱和的 SN1(pH=8.6 的 $NaHCO_3$ 溶液)、SN2(在 SN1 基础上加入 NaOH 得到 pH=9.3 的溶液)和 SN3[在 SN1 基础上加入 $Mg(OH)_2$ 得到 pH=9.3 的溶液]溶液中浸泡 24 h。碱热处理是将碱处理后的试样在 773 K 保温 10 h 后空冷至室温。

在 SN1 碱处理过程中,镁合金被持续消耗,Mg 基体与 $NaHCO_3$ 发生如下反应:

$$Mg + 2H_2O \Longrightarrow Mg(OH)_2 + H_2 \uparrow \qquad (5.1)$$

$$Mg + 2NaHCO_3 \Longrightarrow MgCO_3 \downarrow + Na_2CO_3 + H_2 \uparrow \qquad (5.2)$$

即在碱处理过程中会有 H_2 的逸出与 $MgCO_3$ 的生成,随着反应的进行,镁合金会转化为可溶的 $Mg(OH)_2$ 而进入溶液中。试样表面附近区域的 $MgCO_3$ 饱和度会逐渐增大,从而在镁合金试样表面沉积[201-203]。

图 5.1 为经过 SN1 碱处理后的镁合金的表面形貌及 A 点与 B 点的能谱分析结果。从图 5.1 中可以看出,MS0、MS1、MS2、MS4、MS5 均生成了放射分布的条状晶体,并且在 MS1 和 MS2 上均有少量团絮状物质,如图 5.1(b)中的 A 点;而 MS3 合金的表面有许多裂纹,还生成了如图 5.1(d)中 B 点所示的非密实性球状颗粒。从能谱分析结果及反应(5.1)、反应(5.2)可以推测,条状晶体为 $MgCO_3$,团絮状物质应为

图 5.1　含 Sn 量不同的镁锡合金经过 SN1 碱处理后表面形貌和 EDS 能谱
(a) MS0；(b) MS1；(c) MS2；(d) MS3；(e) MS4；(f) MS5；(g) 图(b)中点 A 的 EDS 能谱(b)；
(h) 图(d)中点 B 的 EDS 能谱

Na 的化合物,如 NaHCO₃、NaOH 或 Na₂CO₃等,而球状组织则应该为 MgCO₃和
Na₂CO₃形成的有序排列的组织,而其中的孔隙可能为 H₂逸出时留下的孔洞或
MgCO₃和 Na₂CO₃选择性交替留下的空隙。

　　图 5.2 为 MS0、MS3、MS5 镁合金经过 SN2、SN3 碱处理后的表面形貌。可
见,镁合金经过 SN2 和 SN3 碱处理后,也生成了条状 MgCO₃晶体。与在 SN1 中
碱处理相比,镁合金经 SN2、SN3 碱处理后,合金表面产生的条状晶体更加细小,
且经 SN3 碱处理比经 SN2 碱处理得到的条状 MgCO₃晶体更加细小,并且排列更

图 5.2　镁锡合金在 SN2 或 SN3 中碱处理后的表面形貌
(a) MS0-SN2;(b) MS0-SN3;(c) MS3-SN2;(d) MS3-SN3;(e) MS5-SN2;(f) MS5-SN3

加有规则。在经 SN2、SN3 碱处理后,镁合金表面也产生少量团絮状物质,但是没有球状组织出现,即碱处理所用溶液的 pH 越大,含 $Mg(OH)_2$ 的浓度越高,形成的条状 $MgCO_3$ 晶体越细小。

综上所述,镁合金无论经过 SN1、SN2 还是 SN3 的碱处理,其表面生成的条状 $MgCO_3$ 晶体均不致密,且随着含 Sn 量的增加,形成的条状 $MgCO_3$ 晶体越来越细小,并且排列越来越规律。

5.1.2 镁锡合金模拟体液培养前碱热处理结果及分析

为了使碱处理过程中形成的 $MgCO_3$ 和 $Mg(OH)_2$ 涂层更加致密,对碱处理后的部分合金又进行了热处理,称其为碱热处理。经过碱热处理后试样表面的涂层更为致密,轻质碳酸镁在高温下会逐渐释放 CO_2 和 H_2O,生成稳定耐蚀的 MgO。该反应如下:

$$x MgCO_3 \cdot y Mg(OH)_2 \cdot z H_2O = x MgCO_3 \cdot y Mg(OH)_2 + z H_2O \uparrow \quad (5.3)$$

$$x MgCO_3 \cdot y Mg(OH)_2 = x MgCO_3 \cdot y MgO + y H_2O \uparrow \quad (5.4)$$

$$x MgCO_3 = x MgO + x CO_2 \uparrow \quad (5.5)$$

在碱热处理试验中,当把碱处理后的试样加热到 773 K 后并保温 10 h,原本垂直于基体的轻质碳酸镁棱柱晶体呈现半融化状,转变为 $Mg(OH)_2$ 和 $MgCO_3$ 的混合物与基体结合在一起,变成致密的层状涂层,从而使镁合金获得致密的保护层。

图 5.3 为经过 SN1 碱热处理后 MS0、MS3、MS5 镁合金的表面形貌及经 SN1 碱热处理后的能谱。可见,各种镁合金表面形貌均由碱处理后的条状结构转变为层片状结构。据此可推测,镁合金经碱热处理后,原来条状的 $MgCO_3$ 晶体发生反应(5.3)～反应(5.5),最终转变为层片状的 MgO。

镁合金经过 SN2 和 SN3 碱热处理后,也形成 MgO 涂层,图 5.4 为 MS0、MS3、MS5 镁合金经过 SN2、SN3 碱热处理后的表面形貌,从图 5.4 中可以看出,与 SN1 中碱热处理相比,SN2 与 SN3 碱热处理后,镁合金表面产生的 MgO 涂层更加致密,SN3 碱热处理比 SN2 碱热处理得到的镁合金表面形貌更加细小,并且排列更加有规则。

但从碱热处理后各种镁合金的表面形貌可以看出,不论经过 SN1、SN2 还是 SN3 的碱热处理,镁合金表面生成的 MgO 均为层片状,比条状 $MgCO_3$ 显得更加致密,并且随着含 Sn 量的增加,层片状 MgO 排列越来越致密且有规律,对应于碱处理则发现,越细小有规律的条状 $MgCO_3$ 生成的层片状 MgO 也越致密且有规律,但镁合金的表面仍然很粗糙,从而使 MgO 与基体的结合力下降,容易脱落。

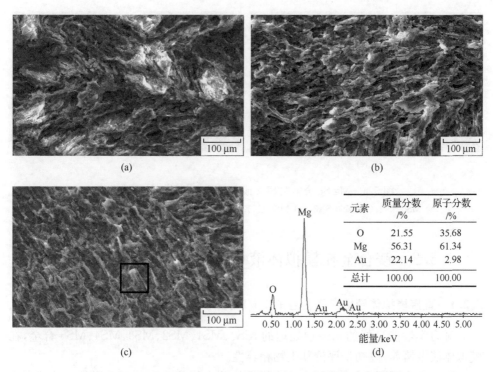

元素	质量分数 /%	原子分数 /%
O	21.55	35.68
Mg	56.31	61.34
Au	22.14	2.98
总计	100.00	100.00

图 5.3　经过 SN1 碱热处理的不同镁锡合金表面形貌及 EDS 能谱

(a) MS0；(b) MS3；(c) MS5；(d) 图(c)长方形区域的 EDS 能谱

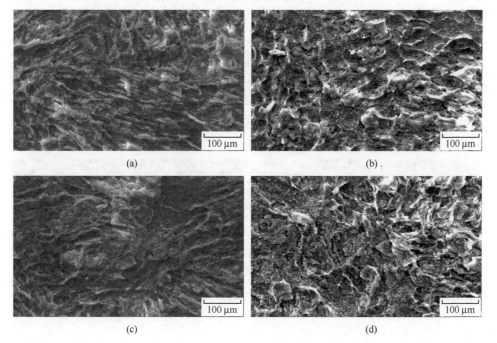

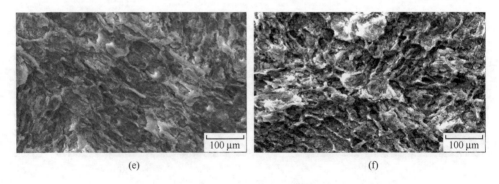

(e)　　　　　　　　　　　　　　　(f)

图 5.4　Mg-Sn 合金在 SN2 或 SN3 中碱热处理的表面形貌

(a) MS0-SN2;(b) MS0-SN3;(c) MS3-SN2;(d) MS3-SN3;(e) MS5-SN2;(f) MS5-SN3

5.2　镁合金在模拟体液培养中的 Ca/P 沉积行为

5.2.1　直接模拟体液培养镁合金的 Ca/P 沉积结果及分析

对力学性能良好的未经预处理的 MS0、MS1、MS2、MS3、MS4、MS5 合金,在模拟体液中培养,以初步评价其生物相容性。

图 5.5 为不同含 Sn 量镁合金在模拟体液中培养 8 天的表面形貌。从图中可以看出,MS0、MS1、MS2、MS3 合金经模拟体液培养之后有花状和颗粒状组织生成。花状组织如图 5.5(a)中的矩形区域 A 等,颗粒状组织如图 5.5(c)中矩形区域 D 所示。花状组织的花瓣似针片状组织[图 5.5(a)中的点 B],该组织是随着花状组织长大而脱落下来,分布在花状组织周围;颗粒状组织粒度大小均一,会团聚生长,如图 5.5(c)中矩形区域 E 所示。对 MS0、MS1、MS2、MS3 四种合金,随着含Sn 量的增加,合金表面的花状和针片状组织越来越少,但颗粒状组织越来越多。MS4 和 MS5 两种合金表面没有生长花状和颗粒状组织,其表面为层片状结构,外表似包覆一层有机物。

(a)　　　　　　　　　　　　　　　(b)

图 5.5　不同 Mg-Sn 合金未经预处理直接模拟体液培养后的表面形貌
(a) MS0；(b) MS1；(c) MS2；(d) MS3；(e) MS4；(f) MS5

　　图 5.6 为未经预处理而直接进行模拟体液培养出现的各种组织的能谱。从图中可以看出，图 5.5(a)中的矩形区域 A、点 B 和图 5.5(b)中的矩形区域 C 元素含量相似，即针片状组织与花状组织为同一种物质。颗粒状物质中也有 Ca、P 元素的沉积，但与花状组织中的 Ca/P 比不同。花状组织和颗粒状组织的 Ca/P 原子比分别为 0.728 和 0.763，符合人体中的 Ca/P 比，说明 MS0、MS1、MS2、MS3 四种合金都沉积了 Ca/P 层，初步判断这四种合金均有较好的生物相容性。而 MS4 和 MS5 两种合金没有沉积 Ca/P 层，说明这两种合金的生物相容性较差。

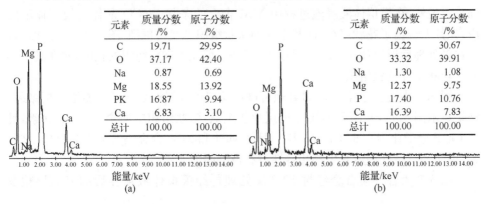

元素	质量分数/%	原子分数/%
C	19.71	29.95
O	37.17	42.40
Na	0.87	0.69
Mg	18.55	13.92
PK	16.87	9.94
Ca	6.83	3.10
总计	100.00	100.00

(a)

元素	质量分数/%	原子分数/%
C	19.22	30.67
O	33.32	39.91
Na	1.30	1.08
Mg	12.37	9.75
P	17.40	10.76
Ca	16.39	7.83
总计	100.00	100.00

(b)

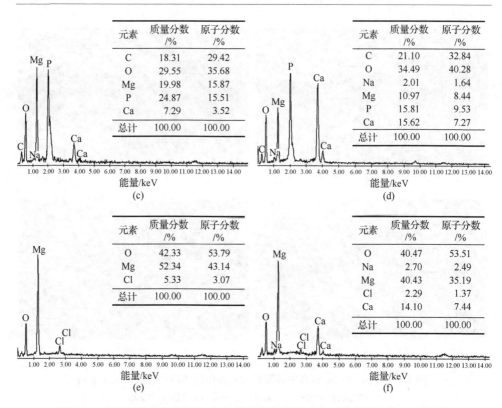

图 5.6　未经预处理的 Mg-Sn 合金模拟体液培养后表面各种组织的 DES 能谱
(a) 图 5.5(a)中矩形区域 A;(b) 图 5.5(a)中点 B;(c) 图 5.5 中矩形区域 C;(d) 图 5.5(c)中矩形区域 E;
(e) 图 5.5(e)中矩形区域 F;(f) 图 5.5(f)中矩形区域 G

5.2.2　碱处理后模拟体液培养镁合金的 Ca/P 沉积结果及分析

图 5.7 为镁合金经过 SN1 碱处理再经模拟体液培养后的表面形貌。可见,与未经预处理即进行模拟体液培养的合金表面形貌(图 5.5)相比,镁合金经 SN1 碱处理再经模拟体液培养后形貌出现了较大区别,如新出现了层片状组织[图 5.7(a)]。另外,在模拟体液浸泡过程中 MS1 合金的条状 $MgCO_3$ 晶体与模拟体液反应,在其上长出了花状组织,而其本身的条状组织则变得更细[图 5.7(b)];MS3 合金在碱处理后形成球状组织与模拟体液反应,填充了球状组织的孔隙,并在其上形成了花状及针片状组织。

图 5.8 为镁合金经 SN1 碱处理再进行模拟体液浸泡后试样的能谱分析结果。结果显示图 5.7(a)、图 5.7(b)中的层片状组织、条状组织中均含有 Ca、P 元素,且其 Ca/P 原子比为 0.650 和 0.775。但是 MS4 和 MS5 合金仍然不能沉积 Ca、P 元素,说明经过碱处理后其生物相容性没有得到明显改善。

图 5.9 为各种镁合金经过 SN2 碱处理再经模拟体液培养后的表面形貌及

图 5.7　各种 Mg-Sn 合金经 SN1 碱处理和模拟体液培养后的表面形貌
(a) MS0；(b) MS1；(c) MS2；(d) MS3；(e) MS4；(f) MS5

EDS 能谱结果。从图 5.9 中可以看出，在经过 SN2 碱处理后的条状 $MgCO_3$ 晶体上不同程度地长出了花状、针片状组织和层片状组织，MS2 合金在条状 $MgCO_3$ 晶体上还形成了网状 Ca/P 结构。与未经过预处理及经过 SN1 碱处理再进行模拟体液浸泡的合金相比较，SN2 碱处理再进行模拟体液浸泡后合金生成的 Ca/P 组织更多，Ca/P 层也更厚，说明提高碱处理的 pH 可以提高试样的生物相容性。需要注意的是，经过 SN2 碱处理再进行模拟体液浸泡后，MS4 合金表面也探测到了 Ca、P 元素，而 MS5 合金表面却出现了细小的条状组织和花状结构，沉积了较多数量的 Ca、P 元素。该结果说明，MS4 和 MS5 合金经过 SN2 碱处理后，其生物相容性均得到改善。

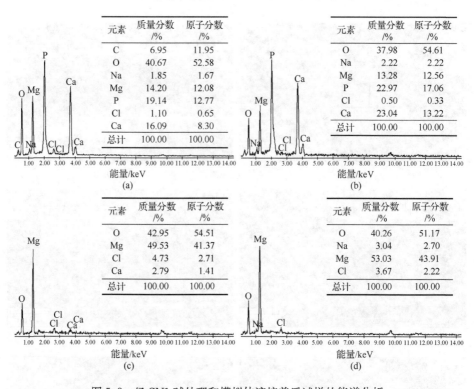

元素	质量分数/%	原子分数/%
C	6.95	11.95
O	40.67	52.58
Na	1.85	1.67
Mg	14.20	12.08
P	19.14	12.77
Cl	1.10	0.65
Ca	16.09	8.30
总计	100.00	100.00

(a)

元素	质量分数/%	原子分数/%
O	37.98	54.61
Na	2.22	2.22
Mg	13.28	12.56
P	22.97	17.06
Cl	0.50	0.33
Ca	23.04	13.22
总计	100.00	100.00

(b)

元素	质量分数/%	原子分数/%
O	42.95	54.51
Mg	49.53	41.37
Cl	4.73	2.71
Ca	2.79	1.41
总计	100.00	100.00

(c)

元素	质量分数/%	原子分数/%
O	40.26	51.17
Na	3.04	2.70
Mg	53.03	43.91
Cl	3.67	2.22
总计	100.00	100.00

(d)

图 5.8　经 SN1 碱处理和模拟体液培养后试样的能谱分析

(a) 图 5.7(a)中矩形区域 A；(b) 图 5.7(b)中点 B；(c) 图 5.7(e)中的 MS4；(d) 图 5.7(f)中的 MS5

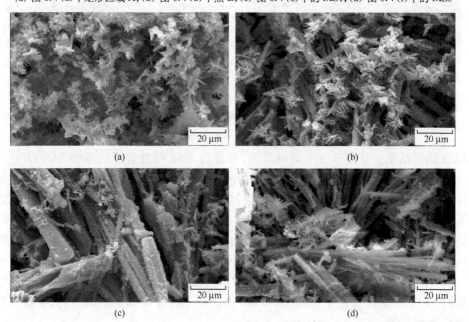

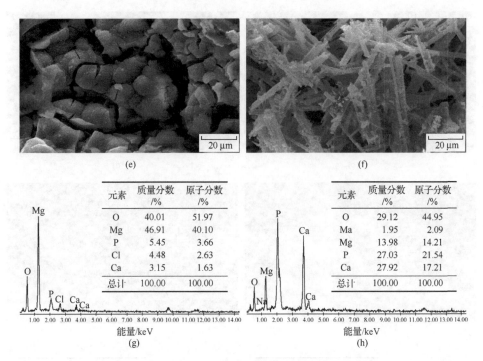

元素	质量分数/%	原子分数/%
O	40.01	51.97
Mg	46.91	40.10
P	5.45	3.66
Cl	4.48	2.63
Ca	3.15	1.63
总计	100.00	100.00

元素	质量分数/%	原子分数/%
O	29.12	44.95
Ma	1.95	2.09
Mg	13.98	14.21
P	27.03	21.54
Ca	27.92	17.21
总计	100.00	100.00

图 5.9　各种 Mg-Sn 合金经过 SN2 碱处理和模拟体液培养后的表面形貌及 EDS 能谱
(a) MS0；(b) MS1；(c) MS2；(d) MS3；(e) MS4；(f) MS5；(g) MS4 的 EDS 能谱；(h) MS5 的 EDS 能谱

　　图 5.10 为各种镁合金经过 SN3 碱处理再经模拟体液培养后的表面形貌及 EDS 能谱结果。从图 5.10 中可以看出,MS0 和 MS1 合金上沉积的花状及针片状组织开始联结在一起,形成致密组织包裹在条状 MgCO₃ 晶体上。含 Sn 量稍多的 MS2 和 MS3 合金表面则沉积了大量的花状和颗粒状物质。MS4 和 MS5 合金也沉积了 Ca、P 元素,其 Ca/P 原子比分别为 0.434 和 0.579。可见,在 SN3 中进行碱处理也可以明显改善 MS4 和 MS5 的生物相容性。

(a)　　　　　　　　　　　　　　　　　　(b)

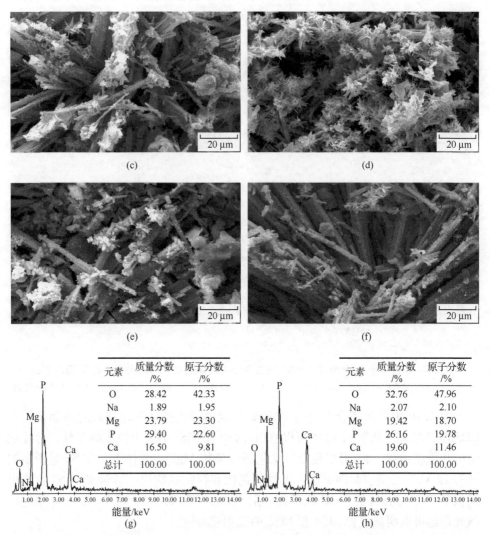

图 5.10　各种 Mg-Sn 合金经过 SN3 碱处理和模拟体液培养后的表面形貌及 EDS 能谱
(a) MS0；(b) MS1；(c) MS2；(d) MS3；(e) MS4；(f) MS5；(g) MS4 的 EDS 能谱；(h) MS5 的 EDS 能谱

综上所述，与直接模拟体液培养相比，生物相容性较差的 MS4 与 MS5 合金经过 pH 为 8.6 的 SN1 碱处理后其生物相容性未能明显改善。随着碱处理液的 pH 升高到 9.3 后，经 SN2 或 SN3 碱处理后的镁合金 MS4 和 MS5 的生物相容性均得到不同程度的提高。

5.2.3　碱热处理后模拟体液培养镁合金的 Ca/P 沉积结果及分析

镁合金在经过碱热处理后，其表面条状 $MgCO_3$ 晶体变成排列比较规律且更加致密的 MgO 涂层。图 5.11、图 5.12、图 5.13 分别为不同 Mg-Sn 合金经过 SN1、

SN2 和 SN3 碱热处理再进行模拟体液培养后的表面形貌。

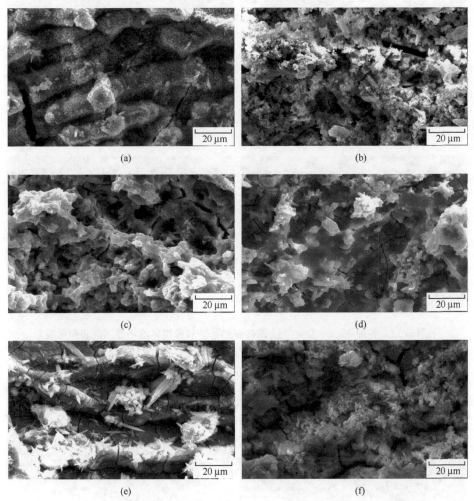

图 5.11　各种 Mg-Sn 合金经过 SN1 碱热处理和模拟体液培养后的表面形貌
(a) MS0;(b) MS1;(c) MS2;(d) MS3;(e) MS4;(f) MS5

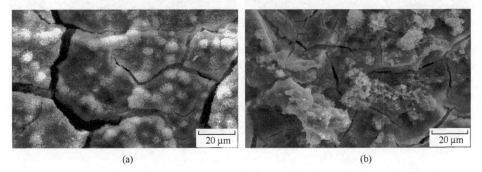

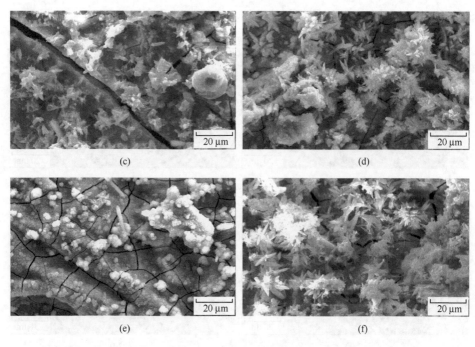

图 5.12　各种 Mg-Sn 合金经过 SN2 碱热处理和模拟体液培养后的表面形貌
(a) MS0；(b) MS1；(c) MS2；(d) MS3；(e) MS4；(f) MS5

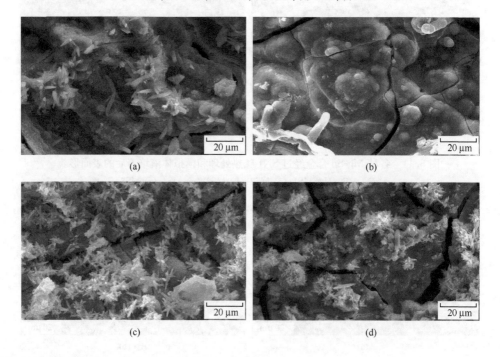

(e)　　　　　　　　　　　　　　　(f)

图 5.13　各种 Mg-Sn 合金经过 SN3 碱热处理和模拟体液培养后的表面形貌

(a) MS0；(b) MS1；(c) MS2；(d) MS3；(e) MS4；(f) MS5

从图 5.11～图 5.13 可见，Mg-Sn 合金经碱热处理和模拟体液培养后，试样表面均有颗粒状、花状等各种组织沉积，且沉积层均出现了裂纹。图 5.14 为 MS0 合金经 SN1 碱热处理和模拟体液培养后试样表面沉积物组织的能谱分析结果。可见，该组织中含有 Ca、P 元素，且其 Ca/P 原子比为 0.765。综合上述试验结果可知，Mg-Sn 合金经过 SN1、SN2 及 SN3 碱热处理和模拟体液培养后，试样表面均能有效诱导 Ca、P 沉积。

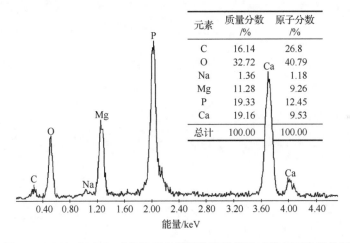

元素	质量分数/%	原子分数/%
C	16.14	26.8
O	32.72	40.79
Na	1.36	1.18
Mg	11.28	9.26
P	19.33	12.45
Ca	19.16	9.53
总计	100.00	100.00

图 5.14　MS0 经 SN1 碱热处理和模拟体液培养后试样表面能谱分析

Mg-Sn 合金在模拟体液中培养能够诱导 Ca、P 元素沉积，主要是由于试样与模拟体液接触时，Mg 基体与模拟体液反应产生大量 OH^- [反应式(5.1)]，从而使试样表面呈现负电性。负电性的表面能够吸附溶液中的 Ca^{2+}，再顺序吸附 PO_4^{3-}。由于一些磷酸钙盐在高 pH 环境中溶解度很小，所以当试样表面的 Ca^{2+} 和 PO_4^{3-} 达到一定浓度时，Ca^{2+} 和 PO_4^{3-} 就会发生反应，沉积在试样表面。镁合金经过碱处理或碱热处理后,在试样表面生成了条状 $MgCO_3$ 晶体或表面粗糙的 MgO 涂层,增加了异相形核质点,从而促进了磷酸钙盐的析出,进而提高了试样的生物相容性。

5.3　小　　结

通过对不同镁锡合金进行模拟体液培养及表面组织形貌观察可以得出以下结论:

(1) 碱处理后可在合金表面生成条状 $MgCO_3$ 晶体,碱热处理后可在合金表面生成 MgO 涂层,提高了合金表面的致密度和粗糙度,为异质形核提供条件。

(2) 未经预处理的镁锡合金,在含 Sn 量≤3％时,经过模拟体液培养可以沉积 Ca/P 层,而含 Sn 量≥4％的合金不能沉积 Ca/P 层,生物相容性较差。经过 SN1 碱处理后,MS4 和 MS5 合金的生物相容性没有明显改善。而经过 SN2、SN3 碱处理后,MS4 和 MS5 合金均能沉积 Ca/P 层,明显改善了含锡量较高的镁合金的生物相容性。经过碱热处理后所有镁合金表面均能沉积 Ca/P 层,并且有联结在一起长大的趋势,生物相容性得到明显改善。

第6章　镁锡合金生物降解行为的研究

6.1　引　言

6.1.1　镁合金腐蚀的基本特征

镁的标准电极电位为$-2.37V$,具有极高的化学和电化学活性。表 6.1 列出了纯镁在常见介质中的腐蚀速率[189]。

表 6.1　纯镁在常见介质中的腐蚀速率

介质	潮湿空气	冷凝湿空气	蒸馏水	海水
腐蚀速率/(mm/a)	1.0×10^{-5}	1.5×10^{-2}	1.5×10^{-2}	$0.03\sim0.3$
介质	热去离子水 (0.25 mol/L NaF 缓蚀)	暴露在酸性气体下的蒸馏水	3 mol/L MgCl$_2$ 溶液	3 mol/L NaCl 溶液
腐蚀速率/(mm/a)	5.5×10^{-2}	0.25	300	0.3

影响镁合金腐蚀速率的因素很多,其耐蚀性与合金的纯度、杂质和合金元素种类、热处理工艺以及环境因素均有关。杂质主要是以活性阴极存在,通过微观原电池腐蚀形式和破坏镁的钝化膜层的结构影响镁合金的耐蚀性。凡是导致析出金属间化合物和晶粒粗化的热处理工艺,都会降低镁合金的耐蚀性。MS10 中含有较多的 Mg$_2$Sn 相,可能会降低镁合金的生物腐蚀性能,所以生物腐蚀试验采用的合金样品只有 MS0、MS1、MS2、MS3、MS4、MS5。除此之外,环境因素,如介质的 pH 及成分浓度也会影响镁合金的耐蚀性。

新制备的纯镁与室温大气接触后会迅速在表面形成一层氧化物薄膜。如果空气潮湿,则氧化镁会迅速转变为氢氧化镁。而 Mg(OH)$_2$的 pH$=10.4$,大多数情况下膜层比较稳定,但在酸性环境中,由于氢去极化电位升高,腐蚀电流增加,腐蚀速率加快,膜层很快会破坏。而当碱性增强时,镁的表面逐渐形成氧化物膜,腐蚀速率降低,当 pH>11.5 时镁具有很好的耐腐蚀性能。如图 6.1 所示为 298K 时 Mg-H$_2$O 体系的腐蚀行为图[189,203,207,208],列出了不同 pH 下镁稳定、腐蚀和钝化的理论区域。图 6.1 中圆圈线所表示的 Mg 和 H$_2$O 之间的反应如下:

$$① \ Mg + H_2O \Longrightarrow MgO + H_2 \tag{6.1}$$

$$② \ Mg^{2+} + H_2O \Longrightarrow MgO + 2H^+ \tag{6.2}$$

$$③ \ Mg \Longrightarrow Mg^{2+} + 2e \tag{6.3}$$

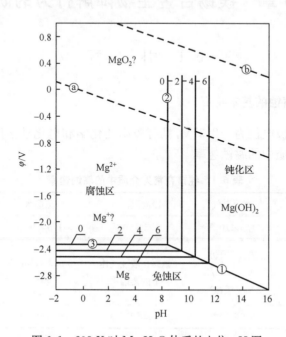

图 6.1　298 K 时 Mg-H₂O 体系的电位-pH 图

　　方程式①和②描述的是 MgO 的形成,然而图 6.1 中表明由对应方程的破折线所标注的是 Mg(OH)₂,这是因为有水存在时,Mg(OH)₂ 比 MgO 在热力学上更稳定[208,209]。③和②给出了不同 Mg²⁺ 浓度(mol/L,以 10 为底的指数)下的反应线。①、②和③三条反应线将平面分成了腐蚀区、免蚀区和钝化区,当 pH 为8.5~11.5 时,镁表面可以形成保护性的氧化镁或氢氧化镁层,当 pH 大于 11.5 时,氢氧化镁的保护性对镁抗腐蚀性起决定性作用并形成钝化区。

　　虽然影响镁合金腐蚀速率的因素有很多,但最常用的镁合金腐蚀速率的检测方法为电化学检测法和质量损失法。

6.1.2　电化学腐蚀相关理论

　　电化学测试方法主要测定的参数之一是电极电位,它表明金属电解液界面结构和特性,另一个参数是表明金属表面单位面积电化学反应速率的参量——电流密度。这里所使用的电化学测试方法属于极化测试范畴,即测定电极电位与外加电流之间的关系。

　　根据电化学原理,电极处于平衡状态时,电极无电流通过,此时的电极电位称为平衡或可逆电位,当电极有电流通过时,平衡态被打破,电极电位会偏离平衡电位,偏离平衡电位的程度随着电极上电流密度的增大而增大。把这种电流通过而导致电极电位偏离平衡电极电位的现象称为电极的极化。极化曲线即为极化电极电位与电流密度的变化关系。图 6.2 为采用恒电位法测得的具有钝化效应的金属典型阳极极化曲线[210]。

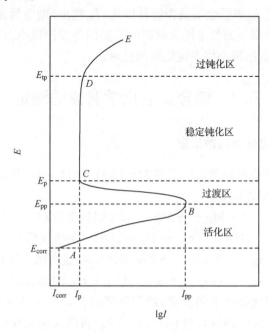

图 6.2　具有钝化特性的金属的典型阳极极化曲线

　　从图 6.2 中可以看出,整条阳极极化曲线被四个特征电位值 E_{corr}、E_{pp}、E_p、E_{tp} 分成四个区域,即活性溶解区、活化-钝化过渡区、稳定钝化区和过钝化区。A 点对应的电位是金属的自腐蚀电位 E_{corr}(corrosion potential),它是指金属作为孤立的电极(外测电流密度为零)时金属电极所对应的腐蚀电位,以该电位为起始电位开始外加阳极电流进行极化。随着电极电位的增加,电流密度也在增加,当电极电位达到 B 点时,电流密度达到最大值,B 点对应的电位是金属的初始钝化电位 E_{pp}(primary passive potential),也称致钝电位,与 E_{pp} 相对应的电流称为致钝电流密度 I_{pp},当电位超过 E_{pp} 时,金属表面开始钝化。此时若继续升高电极电位,电流密度开始减少,这时金属开始钝化,当电流密度下降到 C 点时达到最小值,此 C 点对应的电位是金属的初始稳态钝化电位(或称维钝电位)E_p,与 E_p 相对应的电流密度成为维钝电流密度 I_p,当电位达到 E_p 值后,在金属表面上会生成一层耐蚀性好的稳定氧化膜,金属进入稳定钝态。继续升高电极电位,电流密度始终维持在最小值左右,当电极电位升高到 D 点时,电流密度又开始随着电极电位的升高而增大,此 D 点相对应的电位是金属的过钝化电位 E_{tp}(transpassive potential),当电位升高到 E_{tp} 后,金属的钝化膜遭到破坏,重新发生了腐蚀溶解。

自腐蚀电位 E_{corr} 反映了金属的热力学特征和金属表面状况,测得金属的 E_{corr} 越正说明金属越不容易失去电子,即腐蚀倾向越小;若 E_{corr} 越负,说明金属越容易失去电子,即腐蚀倾向越大。而 E_{corr} 对应的 I_{corr} 电流密度用来表征腐蚀速率的大小。致钝电流密度 I_{pp} 表征金属是否容易钝化,I_{pp} 越小,则金属越容易钝化。维钝电流密度 I_p 表示金属表面处于钝化状态所需要的外加阳极电流密度,是表征钝化膜稳定性的参数,数值越小代表钝化膜越稳定。

6.2　镁合金电化学腐蚀的测定

6.2.1　镁合金的电化学腐蚀反应

Mg 与 H_2O 发生电化学反应生成 $Mg(OH)_2$ 和 H_2,这一反应机理对氧的浓度不敏感,其反应方程式如下:

$$Mg \longrightarrow Mg^{2+} + 2e(阳极反应) \tag{6.4}$$

$$2H_2O + 2e \longrightarrow H_2 + 2OH^-(阴极反应) \tag{6.5}$$

$$Mg^{2+} + 2OH^- \longrightarrow Mg(OH)_2(生成腐蚀产物) \tag{6.6}$$

$$Mg + 2H_2O \longrightarrow Mg(OH)_2 + H_2\uparrow(总反应) \tag{6.7}$$

上述机理可能还包括某些中间步骤,最为显著的初始产物是存在时间极短的 +1 价的镁离子。对于反应(6.7),当 pH<11.5 时,腐蚀反应受反应物和产物通过表面膜的扩散过程控制,随着腐蚀的进行,金属表面附近的 pH 由于 $Mg(OH)_2$ 的形成而增大,根据图 6.1 可知,腐蚀速率又开始逐渐降低。

6.2.2　电化学试验结果及分析

根据对 Mg-Sn 合金生物相容性试验结果,对 MS1、MS3、MS5 合金进行电化学腐蚀试验。

图 6.3 为合金 MS1、MS3 和 MS5 在生理盐水中的极化曲线,图中阴极和阳极极化曲线的交点所对应的电位即为腐蚀电位,根据极化曲线得出的三种合金自腐蚀电位值如表 6.2 所示。一般情况下,腐蚀电位越高,腐蚀电流密度越小,则材料的腐蚀速率越小,材料的耐腐蚀能力越强。从图 6.3 中可以看出,各种镁合金的极化曲线形状相似,都是较为规则的塔费尔曲线,随着含 Sn 量的增加,材料的腐蚀电位降低,在生理盐水中的腐蚀倾向增大。

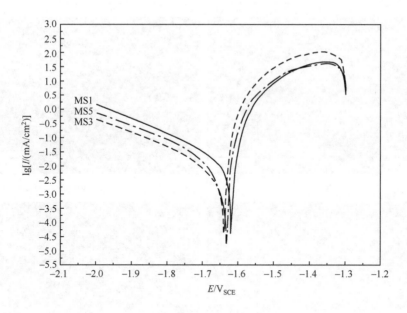

图 6.3　Mg-Sn 合金的极化曲线

表 6.2　镁锡合金在生理盐水中稳定的自腐蚀电位

Mg-Sn 合金	MS1	MS3	MS5
E_{corr}/V_{SCE}	−1.603	−1.641	−1.645

6.2.3　镁锡合金电化学腐蚀表面形貌

图 6.4 为不同镁锡合金经过电化学腐蚀后的表面微观形貌。从图 6.4 中可以看出,随着 Sn 含量的增加,合金表面的腐蚀现象越明显。在高倍下可以观察到,各种合金表面均有刃状薄片构成的花状腐蚀产物或颗粒状的腐蚀产物生成。

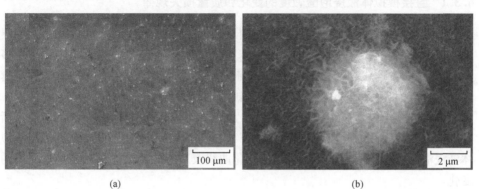

(a)　　　　　　　　　　　　　　　　　(b)

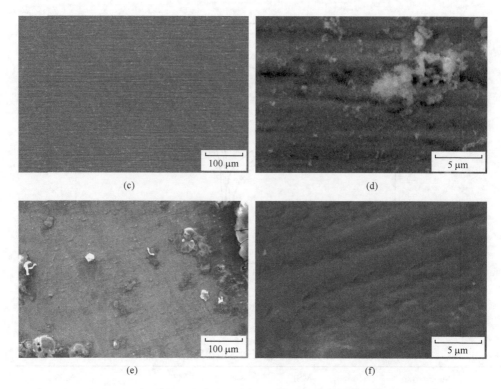

图 6.4　不同的 Mg-Sn 合金经过电化学腐蚀后表面微观形貌
(a) MS1；(b) MS1 的高倍放大图像；(c) MS3；(d) MS3 的高倍放大图像；(e) MS5；
(f) MS5 的高倍放大图像

6.3　镁合金在模拟体液降解行为的研究

6.3.1　直接模拟体液浸泡酸碱度的变化和质量损失规律

抛光干燥后的镁合金试样直接放入模拟体液中时，试样表面观察到明显的气泡生成[反应(6.4)～反应(6.7)]，并且未抛光的侧面与抛光的表面相比产生更多气泡，这说明试样表面的粗糙度直接影响镁合金的腐蚀，表面越光滑，析氢速率越慢，反之，表面越粗糙，析氢速率越快，腐蚀速率越大。

在模拟体液浸泡过程中由于不断产生氢气，释放 OH^-，使得溶液的 pH 不断升高。图 6.5(a)和图 6.5(b)分别为 MS0～MS5 合金未经预处理，而直接经模拟体液浸泡所得到的溶液 pH 随时间的变化曲线及对应的各试样相对质量损失率的变化。

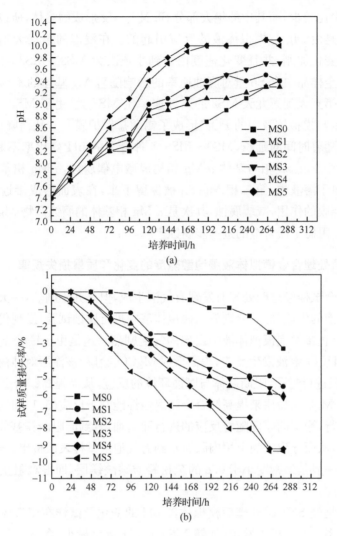

图 6.5　Mg-Sn 合金 SBF 浸泡试验结果
(a) SBF 中 pH 的变化；(b) 试样质量损失率的变化

　　从图 6.5 中可以看出，随着浸泡时间的延长，溶液的 pH 不断上升，合金试样质量不断减轻，MS4 与 MS5 合金的 pH 变化最后趋近于 10，其质量损失率变化最后趋近于 10%，均明显大于其他合金，即腐蚀速率明显高于其他合金。这是由于 MS4，MS5 合金中的含 Sn 量比其他合金更多，其中的第二相粒子 Mg_2Sn 的含量相对也多，使得从影响镁合金腐蚀速率因素来说，第二相粒子越多，则镁合金腐蚀速率越快，即发生反应(6.4)～反应(6.7)越剧烈，从而导致 pH 变化更大。而对于其他合金，在浸泡的最初两天，pH 和质量损失率变化基本相同，这是由于这些合金中含 Sn 量比较少,而其中的绝大部分 Sn 又与 Mg 形成固溶体,所以此时腐蚀规律变化主要是由 Mg 与模拟体液的反应引起的。在浸泡的第三天到第四天,pH 和质量损失变化加剧,并且变化速度由大到小依次为 MS3＞MS2＞MS1＞MS0,这是由于合金样品中含 Sn 量对腐蚀速率的影响随着 Mg 基体的不断腐蚀而变得越来越大。第五天到第九天 MS2 的腐蚀速率比 MS3 大,由于 MS3 比 MS2 中多出的 Sn 元素与模拟体液中的 PO_4^{3+} 形成了锡酸盐保护膜[211],从而降低了 MS3 的腐蚀速率。随着时间的延长,MS0～MS5 各种合金的 pH 变化率不断减小,这是由于镁合金中 Mg_2Sn 相与基体 α-Mg 相构成微电偶腐蚀,α-Mg 相基体受到腐蚀后,促使镁溶于溶液中,第二相 Mg_2Sn 被保留下来,在表面形成接近网状的沉积层,起到阻挡膜的作用,减缓腐蚀,其次是 α-Mg 相基体的腐蚀产物 $Mg(OH)_2$ 黏附在试样表面,阻碍了镁合金的进一步腐蚀[212]。

6.3.2　碱预处理合金模拟体液浸泡酸碱度的变化和质量损失规律

镁锡合金试样经过碱处理时发现有气泡生成,但是并不剧烈,一天之后肉眼很难分辨出气泡的生成,之后分别放入模拟体液中进行腐蚀试验,发现仍然有气泡产生,但是没有直接浸泡模拟体液中出现的气泡剧烈。这是由于镁合金在碱处理过程中,与 $NaHCO_3$ 溶液发生反应,表面形成 $MgCO_3$ 涂层,该涂层对纯镁表面形成的多孔 MgO 膜进行封孔,阻断基体与腐蚀环境的反应,从而提高镁合金的耐腐蚀性能[213],利用 $MgCO_3$ 涂层来提高镁合金耐腐蚀性能基于反应(5.1)和反应(5.2),随着反应的进行,涂层的厚度随着反应的进行而增加,直到能阻断镁基体与 $NaHCO_3$ 溶液的反应,从而导致宏观上用肉眼看不到有气泡从试样表面析出。事实上,因为碱处理涂层一般是致密度小于 0.8 的疏松轻质碳酸镁层,即很难阻止镁基体与腐蚀介质的反应。

图 6.6 是经 SN1 碱处理后模拟体液 pH 的变化及试样在模拟体液中质量损失变化。从图 6.6 中可以看出,纯镁 MS0 的 pH 变化最小,含 Sn 量多的 MS4 和 MS5 合金的 pH 最后趋近于 10,变化明显大于其他合金,根据图 6.6(b)可以看出,纯镁 MS0 和 MS3 合金的质量损失率相比于其他合金是最少的,并且各种合金只在第一天质量损失率比较大,从第二天开始,合金的质量损失率变化开始变得平缓,可以得出,碱处理生成的 $MgCO_3 \cdot 3H_2O$ 和 $Mg(OH)_2$ 层对镁合金具有一定的保护作用,延缓了镁合金在模拟体液中的腐蚀,但是仍然不能阻断镁合金被腐蚀。

图 6.7 是经 SN2 碱处理后模拟体液 pH 的变化及试样在模拟体液中质量损失变化。图 6.8 是经 SN3 碱处理后模拟体液 pH 的变化及试样在模拟体液中质量损失变化。从图 6.7 和图 6.8 中可以看出,经过 SN2 与 SN3 碱处理后的合金

pH 变化规律与经 SN1 处理的变化规律相似,纯镁 MS0 的 pH 变化最小,质量损失率最小,所有含 Sn 镁合金的变化规律相似。从 MS0 到 MS5 各种合金随着浸泡模拟体液的时间延长,其 pH 变化越来越小,质量损失率越来越小。

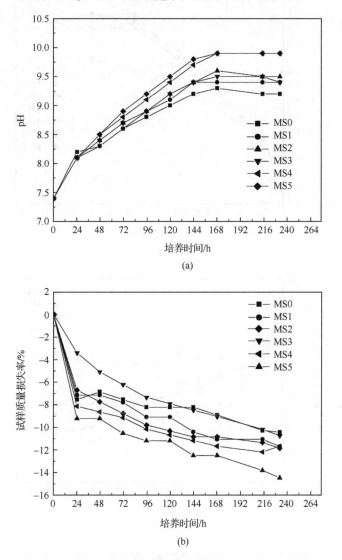

(a)

(b)

图 6.6　Mg-Sn 合金经 SN1 碱处理后 SBF 浸泡试验结果

(a) SBF 中 pH 的变化;(b) 试样质量损失率的变化

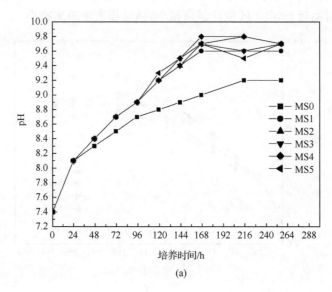

(a)

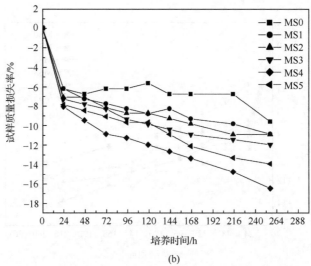

(b)

图 6.7　Mg-Sn 合金经 SN2 碱处理后 SBF 浸泡试验结果

(a) SBF 中 pH 的变化；(b) 试样质量损失率的变化

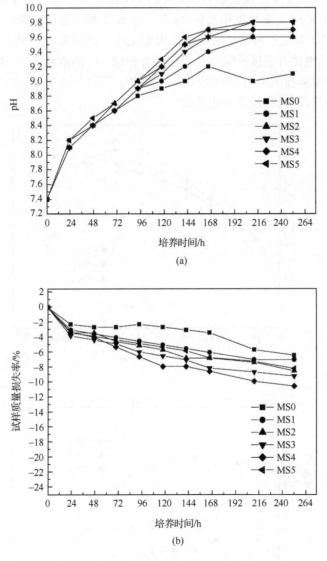

(a)

(b)

图 6.8　Mg-Sn 合金经 SN3 碱处理后 SBF 浸泡试验结果

(a) SBF 中 pH 的变化；(b) 试样质量损失率的变化

　　图 6.9 和图 6.10 分别为 MS0 和 MS3 合金经过碱处理后 pH 的变化及试样质量损失变化。可见，MS0 经过三种碱处理后，在浸泡时间小于 168 h 时，溶液 pH 的变化基本为 SN1＞SN3＞SN2。在后续的浸泡过程中，SN1 的 pH 有所降低，SN2 的 pH 继续增加，而 SN3 的 pH 则出现波动。MS3 经过三种碱处理后，在浸泡时间小于 168 h 时，溶液的 pH 基本相近。在后续的浸泡过程中，SN1 的 pH

有所降低,SN2 的 pH 出现波动,而 SN3 的 pH 则继续增加。对于质量损失率的变化,MS0 和 MS3 的变化规律类似,均为经过 SN1 碱处理后试样的质量损失率最大,而经过 SN3 碱处理后试样的质量损失率最小。该结果表明碱处理溶液的 pH 对镁合金的耐蚀性有直接影响。对于在具有相同 pH 的溶液 SN2 和 SN3 中碱处理后试样,其质量损失率为 SN2>SN3,这是由于 SN3 加入的 $Mg(OH)_2$ 会减慢反应(6.8)的进行,即减缓镁合金的腐蚀。

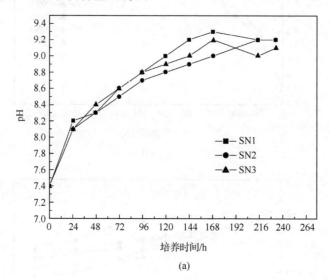

(a)

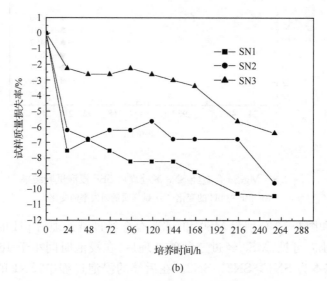

(b)

图 6.9　MS0 经碱处理后 SBF 浸泡试验结果

(a) SBF 中 pH 的变化;(b) 试样质量损失率的变化

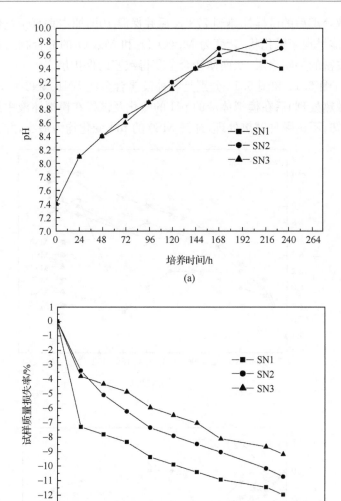

图 6.10　MS3 经碱处理后 SBF 浸泡试验结果

(a) SBF 中 pH 的变化；(b) 试样质量损失率的变化

6.3.3　碱热处理合金模拟体液浸泡酸碱度的变化和质量损失规律

为了解决碱处理过程中形成的 $MgCO_3$ 和 $Mg(OH)_2$ 涂层的不够致密，不能很好地阻止镁合金的继续腐蚀，对碱处理后的合金又进行了热处理，称其为碱热处理。经过热处理后试样表面的涂层更为致密。轻质碳酸镁在高温下经过反应(5.3)～反应(5.5)逐渐释放 CO_2 和 H_2O，生成稳定耐蚀的 MgO。在热处理试验中,当把碱处理后的试样加热到 773 K 后并保温 10h,原本垂直于基体的轻质碳酸镁棱柱晶体呈现半融化状,转变为 Mg(OH)$_2$ 和 MgCO$_3$ 的混合物与基体结合在一起,变成致密的层状涂层,从而使镁合金获得致密的保护层。

　　图 6.11、图 6.12 和图 6.13 分别是各种镁锡合金经 SN1、SN2 和 SN3 碱处理再热处理(碱热处理)后在模拟体液的 pH 的变化及试样在模拟体液中质量损失变化。从图可知,不论哪种碱热处理,纯镁 MS0 的 pH 变化均为最小,并且总是先增

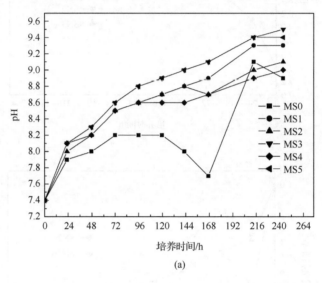

(a)

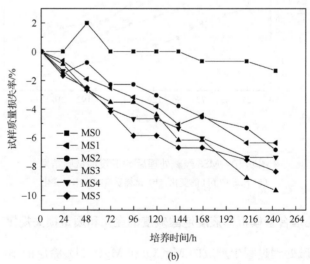

(b)

图 6.11　Mg-Sn 合金经 SN1 碱热处理后 SBF 浸泡试验结果
(a) SBF 中 pH 的变化;(b) 试样质量损失率的变化

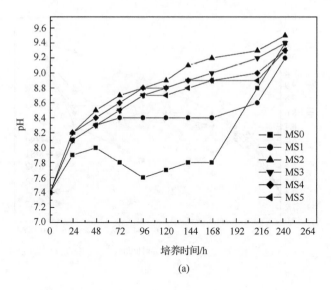

(a)

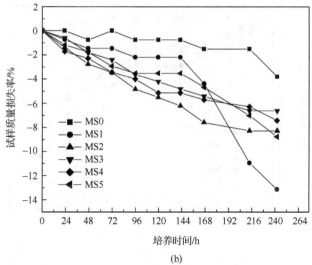

(b)

图 6.12　Mg-Sn 合金经 SN2 碱热处理后 SBF 浸泡试验结果
(a) SBF 中 pH 的变化；(b) 试样质量损失率的变化

大后减小的过程，在试样培养第七天后，pH 快速上升，同时 MS0 的质量损失率也
是各种合金中最小，并且在培养第七天后，试样质量有明显下降。所有镁合金的变
化规律相似，经过热处理后，含 Sn 量多的镁合金，析出了更多的第二相，结合试样
表面覆盖致密的 MgO 膜，MS1、MS2、MS4、MS5 合金的腐蚀性能均出现了不同程
度的上升或下降，而不论经过何种碱热处理，MS3 合金的腐蚀性能没有出现明显

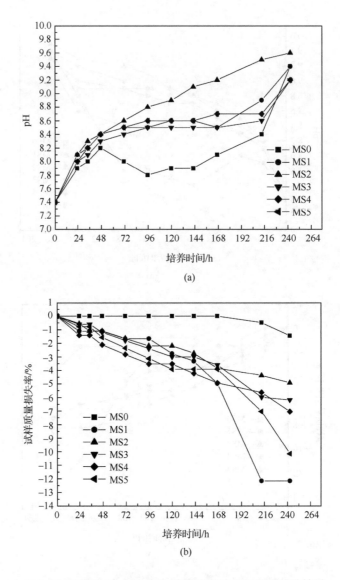

图 6.13　Mg-Sn 合金经 SN3 碱热处理后 SBF 浸泡试验结果

(a) SBF 中 pH 的变化；(b) 试样质量损失率的变化

变化,表现比较稳定,可能是热处理析出的第二相对镇合金腐蚀的下降作用与表层致密氧化膜的存在对镇合金腐蚀作用的提高中和抵消了。

图 6.14 和图 6.15 分别是 MS0 和 MS3 合金碱热处理后在模拟体液中浸泡后溶液 pH 及试样质量损失率经过第七天后再继续快速上升的过程,经过 pH 为 8.6 的 SN1 碱处理再热处理后出现的上升时间段比 SN2 和 SN3 滞后,并且保持低 pH

时间比较短,然后快速上升。MS3 合金经过不同的碱热处理工艺后,pH 在经过第
一天的快速升高后,逐渐变缓,在 SN3 中碱热处理的 pH 变化最小。从图中可以
看出 MS0 和 MS3 合金经过 SN3 碱热处理后的质量损失率比 SN1 及 SN2 碱热处
理损失率要低,即 SN3 碱热处理能够明显提高镁合金的耐蚀性。

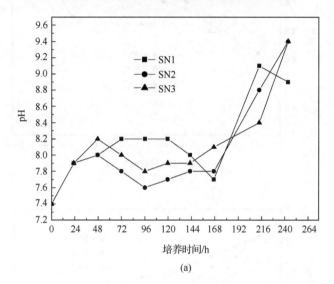

(a)

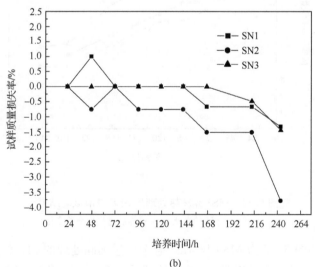

(b)

图 6.14　MS0 经碱热处理后 SBF 浸泡试验结果

(a) SBF 中 pH 的变化;(b) 试样质量损失率的变化

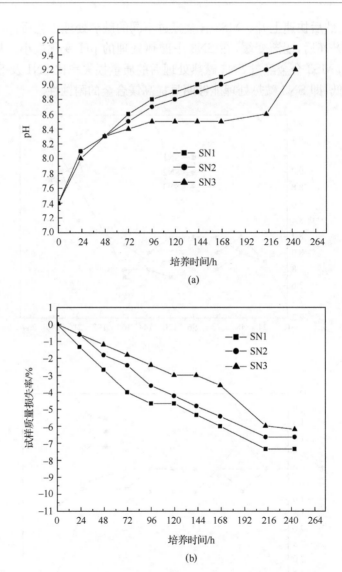

图 6.15　MS3 经碱热处理后 SBF 浸泡试验结果

(a) SBF 中 pH 的变化；(b) 试样质量损失率的变化

　　图 6.16 和图 6.17 为 MS0 与 MS3 合金经过不同处理的 pH 变化及试样质量损失变化规律。从图中可以看出，碱热处理后合金的 pH 降低，试样失重减少，碱热处理比碱处理更能保护镁合金不被模拟体液腐蚀，减缓镁合金在模拟体液中的降解速率，SN3 碱热处理效果最佳，最能提高镁合金在模拟体液中的耐腐蚀性。

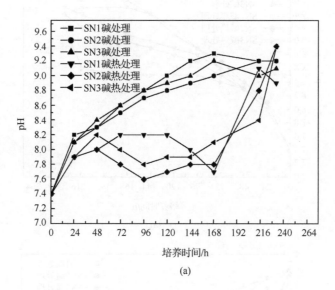

(a)

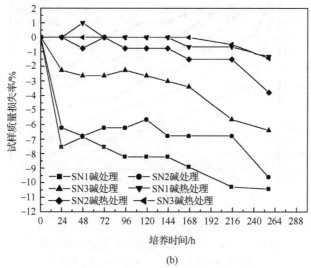

(b)

图 6.16　MS0 经各种处理后 SBF 浸泡试验结果

(a) SBF 中 pH 的变化；(b) 试样质量损失率的变化

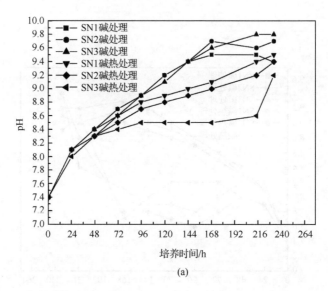

(a)

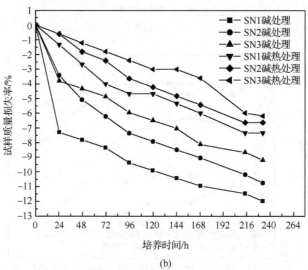

(b)

图 6.17　MS3 经各种处理后 SBF 浸泡试验结果
(a) SBF 中 pH 的变化；(b) 试样质量损失率的变化

6.4　小　　结

　　通过采用电化学腐蚀及模拟体液浸泡测试方法试验研究 Mg-Sn 合金的生物腐蚀特性，得出如下结论：

　　(1) Mg-Sn 合金经过模拟体液浸泡后会使模拟体液的 pH 升高，并且 pH 会随着镁合金含 Sn 量的增多而增大,各种合金的质量也会随着在模拟体液中浸泡时间的延长而减少,含 Sn 量越多的镁合金质量损失率越大。

（2）Mg-Sn 合金经过碱处理后,在合金表面形成一层疏松的条状轻质碳酸镁涂层,能够轻微改善其在模拟体液中的耐蚀性,SN3 碱处理比 SN1 和 SN2 更能提高其耐蚀性,再经过热处理,能使碱处理过的镁合金表面形成致密均匀的 MgO 涂层,该涂层会不同程度地改善其碱处理后的耐蚀性,尤其是经过 SN3 碱热处理后,能够明显减缓其 pH 增大,并降低合金试样质量损失,其中纯镁 MS0 降解最慢,合金 MS3 降解最稳定。

（3）通过调控碱处理的工艺参数,可以调控镁合金表面形成致密均匀的 MgO 涂层的厚度,从而达到调控 Mg-Sn 合金的电化学腐蚀特性、模拟体液浸泡的生物腐蚀特性和生物降解特性的目的。

第7章 通过热处理方法在纯镁表面制备 MgO 薄膜及其耐蚀性

7.1 纯镁表面 MgO 薄膜的表征

7.1.1 引言

Takeno 等[214]研究纯镁(99.9%)在热气流中的氧化燃烧过程后,提出了镁的氧化过程随温度的升高会经历四个完全不同的阶段,如图 7.1 所示。第一阶段是在镁表面生成一层与基体结合牢固的薄的黑色氧化膜。该氧化膜在微观尺度上连续致密,能够阻挡镁和氧发生接触,因而能够防止镁被继续氧化。第二阶段发生时在黑色氧化层的上层部分开始出现裂纹,并在黑色氧化层上生成多孔的白色 MgO 膜层。由于该膜层对氧的扩散没有阻挡作用,因此镁的氧化速率开始增加。第三阶段发生时的温度约为 630℃,在该温度下原来黑色氧化层中的裂纹开始扩展到镁基体。当镁基体直接暴露出来时,固态镁就会发生气化转变为镁蒸气。第四阶段时黑色氧化层被完全破坏,镁基体表面覆盖一层厚的氧化物与液态镁的混合物膜层。厚膜层中的液态镁猛烈蒸发,从而导致镁蒸气与氧剧烈反应直至燃烧。综合上述纯镁氧化的四个不同阶段可知,纯镁在第一、二阶段(<630℃)氧化时,由

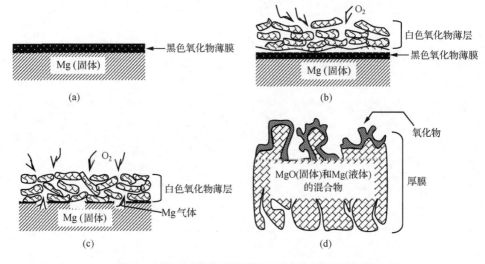

图 7.1 镁表面氧化所经历的四个不同阶段示意图

于其表面的黑色氧化膜具有较好的防护作用,从而使镁表面的氧化过程比较缓慢。只有在第三、四阶段时由于黑色氧化膜被破坏,镁与氧才会发生剧烈反应。

　　Czerwinski[215]研究了 AZ91D 镁合金暴露于空气中的高温氧化行为,结果表明在 710 K 以下时 AZ91D 镁合金的表面氧化程度几乎不随氧化时间的延长而增加。樊建锋等[216]也研究了纯镁的高温氧化特性,结果同样表明只有当温度上升至 873 K 以上接近镁熔点的温度范围时,镁与氧才会剧烈反应。

　　综合相关文献[214-216]的研究结果可知,在较低的温度下镁及镁合金表面生成的氧化膜能够有效阻止基体金属与氧的接触,从而对基体金属起到一定的保护作用。本章研究的主要内容是在较低温度下纯镁表面生成的氧化膜的耐蚀性,即在较低温度下纯镁表面生成的氧化膜在腐蚀环境中能否有效将基体金属与腐蚀介质隔开,能否对基体金属起到保护作用。

7.1.2　MgO 薄膜的表面形貌和化学成分分析

　　纯镁热处理前和在不同温度热处理 10 h 后的 SEM 照片如图 7.2 所示。可见,纯镁经热处理后表面变得粗糙不平,并有许多瘤状物和孔洞的出现。随着热处

(a)　　　　　　　　　　　　　　(b)

(c)　　　　　　　　　　　　　　(d)

图 7.2　纯镁热处理前后的 SEM 照片

(a) 纯镁;(b) 400 ℃ 10 h;(c) 450 ℃ 10 h;(d) 500 ℃ 10 h

理温度的升高,瘤状物体积增大,试样表面变得更加粗糙。由此可见,随着热处理温度的升高,纯镁的氧化程度加剧,同时使得在纯镁表面生成的氧化膜变得更加疏松。

与图7.2相对应的纯镁热处理前后各试样的EDS能谱分析结果如图7.3所示。纯镁热处理前,试样表面的氧含量为0.81%(原子分数),经过400 ℃、450 ℃和500 ℃的热处理后试样表面的氧含量分别增加至6.01%(原子分数)、18.69%(原子分数)和20.97%(原子分数)。试样表面氧含量的增加说明随温度的升高纯镁表面被氧化的程度增加,这与图7.2得到的结果相一致。

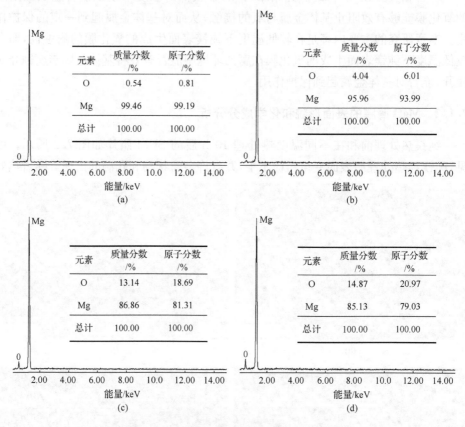

图 7.3　纯镁热处理前后的 EDS 分析结果
(a) 纯镁;(b) 400 ℃ 10 h;(c) 450 ℃ 10 h;(d) 500 ℃ 10 h

7.2　纯镁表面 MgO 薄膜的耐蚀性研究

7.2.1　电化学极化曲线

纯镁热处理前和在不同温度热处理 10 h 后在生理盐水中测量的极化曲线如

图 7.4 所示,各极化曲线的电化学参数列于表 7.1 中。由图 7.4 和表 7.1 可见,纯镁经过不同温度的热处理后,腐蚀电位(E_{corr})与未经热处理对纯镁试样相比均发生了明显正移,正移的幅度为 $130\sim160$ mV。腐蚀电位(E_{corr})的升高表明热处理后的纯镁在生理盐水中具有更小的腐蚀倾向。但需要注意的是,腐蚀电位(E_{corr})仅是用来表示试样在腐蚀介质中腐蚀倾向大小的,不能用来表示腐蚀速率的高低。

由图 7.4 和表 7.1 还可知,经过不同温度的热处理后纯镁的腐蚀电流密度(I_{corr})分别为 2.29×10^{-3} mA/cm^2、2.82×10^{-3} mA/cm^2 和 1.51×10^{-3} mA/cm^2,较未经热处理的纯镁的腐蚀电流密度($I_{corr}=3.89\times10^{-4}$ mA/cm^2)增加了一个数量级。腐蚀电流密度(I_{corr})的增大说明热处理后的纯镁试样在生理盐水中的耐蚀性降低了。

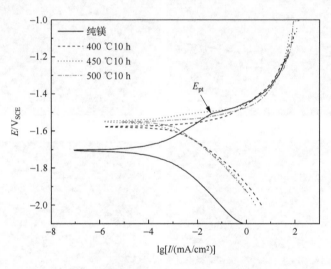

图 7.4　纯镁热处理前后的动电位极化曲线

表 7.1　纯镁热处理前后动电位极化曲线的电化学参数

参数	纯镁	400 ℃ 10 h	450 ℃ 10 h	500 ℃ 10 h
E_{corr}/V_{SCE}	-1.71	-1.58	-1.55	-1.55
$I_{corr}/(mA/cm^2)$	3.89×10^{-4}	2.29×10^{-3}	2.82×10^{-3}	1.51×10^{-3}

7.2.2　浸泡试验

为了进一步研究热处理前后的纯镁试样在腐蚀介质中的耐蚀性能,分别将热处理前后的纯镁试样在 37 ℃的生理盐水中进行 72 h 的浸泡试验。浸泡结束后试样的表面形貌如图 7.5 所示,利用失重法测得的试样的腐蚀速率列于表 7.2。

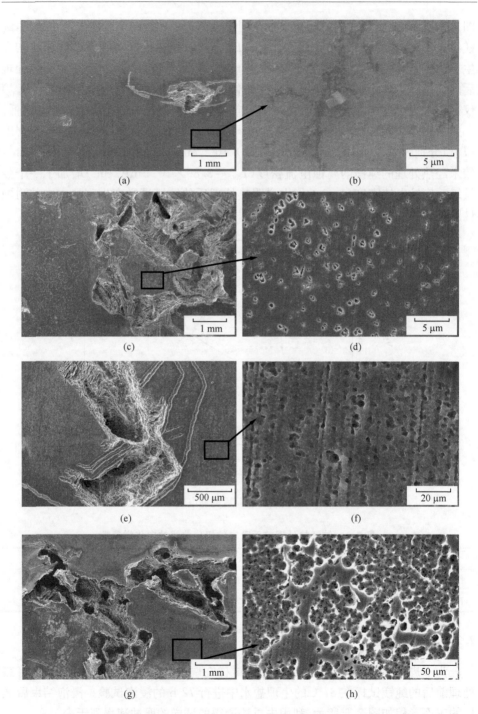

图 7.5　纯镁及热处理后的纯镁试样在生理盐水中浸泡 72 h 后的表面形貌
(a)和(b) 纯镁，(c)和(d) 400 ℃ 10 h，(e)和(f) 450 ℃ 10 h，(g)和(h) 500 ℃ 10 h

表 7.2　试样在 37 ℃生理盐水中的腐蚀速率

试样	纯镁	400 ℃ 10 h	450 ℃ 10 h	500 ℃ 10 h
腐蚀速率/[mg/(cm² · d)]	0.28	1.36	1.87	1.88

由图 7.5 可见,在生理盐水中经过 72 h 的浸泡后,未经热处理的纯镁试样表面有腐蚀坑形成,但腐蚀坑较少、较浅[图 7.5(a)和图 7.5(b)]。而经过热处理后的纯镁试样则被严重腐蚀,试样中形成了很大很深的腐蚀坑[图 7.5(c)～图 7.5(h)],腐蚀程度比未经热处理的纯镁试样严重许多。

利用失重法测得的热处理后的纯镁试样在生理盐水中的腐蚀速率为 1.36～1.88 mg/(cm² · d),是未经热处理的纯镁试样腐蚀速率[0.28 mg/(cm² · d)]的 5～7 倍。

试样在生理盐水浸泡过程中溶液 pH 的变化如图 7.6 所示。对于热处理后的纯镁试样,在浸泡开始不久溶液的 pH 迅速升高,并在 2 h 左右升至 10.0 以上。以后随浸泡时间的延长,pH 在达到最高值后又逐渐下降,并稳定在 10.0 左右。而对于未经热处理的纯镁试样,溶液的 pH 增加得较缓慢,在溶液中浸泡 7 h 后 pH 才升至 9.3。以后随着浸泡时间的延长,pH 虽也有所升高,但在整个浸泡过程中溶液的 pH 始终低于 10.0。

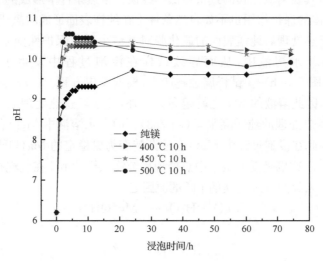

图 7.6　浸泡过程中 NaCl 溶液 pH 的变化

7.2.3　MgO 薄膜耐蚀性的分析与讨论

镁在水溶液中发生腐蚀时,主要的腐蚀反应如下所示[147,155,217-219]:

$$Mg == Mg^{2+} + 2e \quad (阳极反应) \tag{7.1}$$

$$2H_2O + 2e \Longrightarrow H_2 + 2OH^- \quad （阴极反应） \tag{7.2}$$

$$Mg + 2H_2O \Longrightarrow Mg(OH)_2 + H_2 \quad （总反应） \tag{7.3}$$

可见,在镁发生腐蚀的同时有氢气(H_2)析出,而OH^-的出现则会使溶液的pH升高,溶液发生碱化。

为了防止镁在水溶液中发生腐蚀,可在镁表面覆盖一层致密的保护膜,利用该保护膜的屏障作用将镁基体与腐蚀环境隔开,从而避免镁的快速腐蚀。纯镁在400℃、450℃和500℃保温10 h后,在其表面生成一层由MgO组成的氧化膜(图7.2和图7.3)。但该氧化膜表面粗糙、疏松(图7.2),无法有效将基体金属与腐蚀环境隔离。这一点从图7.4所示的极化曲线也可得到证明。图7.4中,经过热处理纯镁的极化曲线阳极部分几乎与电位的坐标轴垂直,这表明即使是极小的阳极过电位也会导致很高的阳极电流。这主要是由于纯镁表面的氧化膜不致密,在腐蚀介质中对基体金属没有保护性,在腐蚀电位下,甚至在低于腐蚀电位时,就已经破坏,所以在阳极极化时,对阳极电流几乎没有阻滞作用[220]。而对于未经热处理的纯镁试样,其表面膜发生破裂的坑蚀电位$E_{pt} = -1.50$ V_{SCE},较其腐蚀电位($E_{corr} = -1.71$ V_{SCE})高出约200 mV。只有当阳极极化电位升高到坑蚀电位(E_{pt})即表面膜局部破裂裸露出基体镁时,才会导致阳极电流迅速增加。由此可见,纯镁经过热处理后其表面氧化膜的致密性低于纯镁在自然条件下形成的氧化膜的致密性,因而对基体的保护作用也不如自然条件下纯镁表面形成的氧化膜。

正是由于热处理后纯镁表面的氧化膜对基体金属的保护性变差,更多的基体镁暴露于NaCl水溶液中,从而导致试样在浸泡过程中发生了严重的腐蚀[图7.5(c)～图7.5(h)]。试样腐蚀越严重,根据反应方程式(7.3)就会生成更多的$Mg(OH)_2$,因此溶液的pH也就越高。另外,纯镁经过热处理后,其表面MgO的数量较未经热处理的纯镁高很多(图7.3)。而在水溶液中MgO的稳定性低于$Mg(OH)_2$,因此在浸泡过程中MgO会逐渐转变为更稳定的$Mg(OH)_2$,即会发生反应(7.4)[221]。这也是浸泡试验中热处理后纯镁试样的pH在浸泡初期便迅速升高并始终高于未经热处理纯镁的pH的原因之一。

$$MgO + H_2O \Longrightarrow Mg(OH)_2 \tag{7.4}$$

7.3　小　　结

通过热处理方法在纯镁表面制备一层氧化膜,利用电化学测试和生理盐水浸泡测试方法研究了纯镁表面的氧化膜对镁基体的腐蚀特性,得出如下结论:

(1) 随氧化温度的升高,纯镁表面的氧化膜变得更加粗糙。

(2) 纯镁经不同温度氧化后,在生理盐水中的耐蚀性均显著下降。

第8章 微弧氧化陶瓷涂层在基础电解液中的生长特征和耐蚀性研究

8.1 微弧氧化基础电解液配方和微弧氧化工艺参数的确定

8.1.1 微弧氧化基础电解液成分的选择

微弧氧化电解液的化学成分和浓度是影响微弧氧化陶瓷涂层结构和性能的重要因素之一。目前国内外常用的微弧氧化电解液一般为碱性的硅酸盐[222-228]、铝酸盐[183,227,229]、磷酸盐[184,227,228,230]、硼酸盐[231,232]等溶液或它们的混合溶液,并通过添加一些无机或有机的添加剂来改善微弧氧化陶瓷涂层的成分和性能。在硅酸盐、铝酸盐、磷酸盐和硼酸盐这几种电解液体系中,SiO_3^{2-} 吸附能力最强,很容易吸附到金属基体或陶瓷层的表面,形成外来杂质放电中心,产生等离子体放电并放出大量的热[233],从而使 SiO_3^{2-} 与基体金属反应生成性能稳定的 $MgSiO_3$、Mg_2SiO_4 等陶瓷涂层。因此以硅酸盐为主要成分的碱性溶液是目前应用较多的一类微弧氧化电解液。

在纯镁或镁合金表面制备的微弧氧化陶瓷涂层由于要求具有良好的生物相容性,因此微弧氧化电解液的化学成分中不能含有有毒的元素,如 Al、F 等。另外考虑到环保因素,最终确定的微弧氧化基础电解液的化学成分为 Na_2SiO_3、$Na_2B_4O_7$ 和 NaOH。

8.1.2 微弧氧化基础电解液的配方和电流密度的确定

采用恒电流法进行微弧氧化,适宜的电流密度和基础电解液配方使用正交试验确定。正交试验采用 4 因素 3 水平的正交试验法,并使用 $L_9(3^4)$ 表安排正交试验。由于对于微弧氧化涂层的性能主要考察其耐蚀性,所以正交试验的试验指标为能够快速评价微弧氧化涂层耐蚀性优劣的点滴时间。表 8.1 列出了正交试验的具体因素和水平值,正交试验结果和极差分析分别列于表 8.2 和表 8.3。

表 8.1　正交试验因素水平表

水平	因素 A NaOH/(g/L)	因素 B $Na_2SiO_3 \cdot 9H_2O$/(g/L)	因素 C $Na_2B_4O_7 \cdot 10H_2O$/(g/L)	因素 D 电流密度/(mA/cm^2)
1	30	80	80	20
2	40	120	120	30
3	50	160	160	40

表 8.2　正交试验结果

编号	因素 A/(g/L)	因素 B/(g/L)	因素 C/(g/L)	因素 D/(mA/cm^2)	点滴时间/s
1	30	80	80	20	6
2	30	120	120	30	45
3	30	160	160	40	140
4	40	80	120	40	83
5	40	120	160	20	19
6	40	160	80	30	32
7	50	80	160	30	64
8	50	120	80	40	50
9	50	160	120	20	18

表 8.3　正交试验的极差分析

因素	指标						
	K_1	K_2	K_3	k_1	k_2	k_3	R
A	191	134	132	64	45	44	20
B	153	114	190	51	38	63	25
C	88	146	223	29	49	74	45
D	43	141	273	14	47	91	77

注：$K_{i(i=1,2,3)}$ 为第 i 水平下对应的点滴时间总和；$k_{i(i=1,2,3)}$ 为相应的算数平均值；R 为极差

　　通过对表 8.2 的直观分析可知，点滴时间最长、耐蚀性最好的是第三组试验，即 $A_1B_3C_3D_3$ 组合。在该组合下，点滴时间为 140 s。

　　极差分析是通过每个因素在不同水平上的平均指标值的极差发现该因素的显著程度，并从中找出最优的试验组合[234]。根据表 8.3，因素 A、B、C 和 D 的极差 R 值分别为 20、25、45 和 77。由此可知各因素对试验指标影响的显著性顺序依次为 D＞C＞B＞A，即电流密度＞$Na_2B_4O_7 \cdot 10H_2O$＞$Na_2SiO_3 \cdot 9H_2O$＞NaOH。另外根据表 8.3，因素 A 在水平 1 下的平均点滴时间最长为 64 s；因素 B 在水平 3 下的平均点滴时间最长为 63 s；因素 C 在水平 3 下的平均点滴时间最长为 74 s；因素

D在水平3下的平均点滴时间最长为91 s。可见，为了使微弧氧化陶瓷涂层获得最好的耐蚀性，最优的试验组合应为 $A_1B_3C_3D_3$，即 NaOH 30 g/L，$Na_2SiO_3 \cdot 9H_2O$ 160 g/L，$Na_2B_4O_7 \cdot 10H_2O$ 160 g/L（以后将此配比的电解液称为基础电解液），电流密度为 40 mA/cm^2。

8.1.3　温度对微弧氧化过程的影响

在微弧氧化过程中，电解液温度的高低对微弧氧化过程中的电压、陶瓷涂层的生长速率和形貌以及陶瓷涂层的性能具有重要影响[235]。图 8.1 显示了不同温度下微弧氧化电压与时间的关系曲线。由图 8.1 可见，当电解液的温度为 40 ℃时，微弧氧化电压最高只达到 176 V，且高电压维持的时间也很短；当电解液的温度为 30 ℃时，微弧氧化电压的最高值有所升高，达到了 189 V，且高电压维持的时间也有所延长；当电解液的温度为 25 ℃时，微弧氧化电压的最高值进一步升高，达到了 194 V，高电压的维持时间也进一步延长；当电解液的温度降低为 20 ℃时，微弧氧化电压的最高值升至 202 V，且能长时间维持在该高电压下。

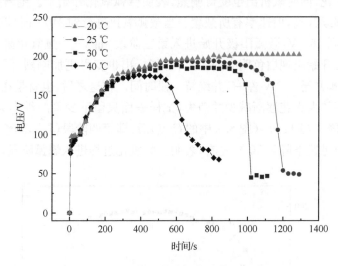

图 8.1　温度对微弧氧化过程的影响

由于微弧氧化过程是在恒电流条件下进行的，微弧氧化电压越低且维持的时间越短，说明生成的陶瓷涂层的阻抗越小，陶瓷涂层越薄也不致密。反之，若微弧氧化电压越高维持的时间越长，说明生成的陶瓷涂层的阻抗越大，陶瓷涂层也越厚、越致密。由于制备陶瓷涂层的目的是提高基体金属的耐蚀性，涂层越厚、越致密，其耐蚀性也越好，所以在以后的研究中微弧氧化电解液的温度不易太高，应维持在 20 ℃或 25 ℃。另外，微弧氧化电解液的温度也不易太低。这是因为若电解液的温度过低，微弧氧化过程中的电化学反应速率以及溶液中带电粒子的迁移速率等必然要降低,从而影响陶瓷涂层的生长速率[235]。

8.2 微弧氧化陶瓷涂层在基础电解液中的生长过程研究

8.2.1 25℃时微弧氧化陶瓷涂层在基础电解液中的生长过程

1. 微弧氧化电压随时间的变化

25℃时微弧氧化过程中的电压随时间的变化曲线如图 8.2 所示。根据微弧氧化过程中电压、火花行为和氧析出程度的不同,整个微弧氧化过程可被分成四个阶段。在微弧氧化开始的最初 30 s 内,即阶段Ⅰ时,微弧氧化电压以 3 V/s 的斜率迅速升高,直至达到击穿电压(图 8.2 中的 A 点)。在该过程中,试样表面没有火花出现,但可观察到一些微小的氧气泡析出,这与传统的阳极氧化过程一致。当电压超过击穿电压时,微弧氧化进入第二阶段(Ⅱ)。在该阶段,试样表面出现了细小、致密的火花,同时氧析出也变得剧烈,表明微弧氧化开始了。随着微弧氧化的进行,电压继续升高,但速率有所减缓。当微弧氧化进行到 210 s 时(图 8.2 中的 B 点),电压达到 166 V,微弧阳极开始进入第三阶段(Ⅲ)——弧氧化阶段。在该阶段,试样表面开始出现白色明亮的大火花,氧析出也变得更加剧烈,同时电压以更缓慢的速率爬升至 190 V 左右,并维持一段时间。在这之后,也就是在阶段Ⅲ的后期,白色明亮的大火花逐渐减少并消失,试样表面只留下少量的细小火花,电压也开始缓慢下降。当 1140 s(图 8.2 中的 C 点)后,即第四阶段(Ⅳ),随着火花和气泡的消失,电压迅速下降至 50 V 左右,表明微弧氧化过程进入熄弧阶段,即微弧氧化的结束。

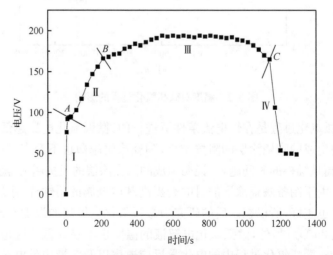

图 8.2 25℃时微弧氧化过程中电压随时间的变化

2. 微弧氧化过程中涂层形貌的变化

微弧氧化过程中陶瓷涂层表面和截面形貌的变化如图 8.3 所示。由图 8.3(a) 和图 8.3(b) 可见,在微弧氧化最初的 1min 内,基体金属表面生成的 MAO 涂层很薄(3~4 μm 厚)且不连续,还有部分基体金属表面尚未生成 MAO 涂层。微弧氧化 3 min 后,除少部分区域[图 8.3(c) 白框区域]外,基体金属的绝大部分表面已被 MAO 涂层所覆盖,但涂层的厚度仍然很薄。微弧氧化 7 min 后,试样表面已完全被陶瓷涂层所覆盖,涂层的厚度也有所增加但并不均匀[图 8.3(e) 和图 8.3(f)]。微弧氧化 10 min 后,涂层的致密性和厚度均有所增加,特别是涂层的厚度已基本均匀一致[图 8.3(g) 和图 8.3(h)]。随着微弧氧化的进行,涂层的厚度继续增加,在 15 min 时达到了约 22 μm[图 8.3(j)],17 min 时达到了约 30 μm[图 8.3(l)]。在涂层厚度增加的同时,涂层表面的粗糙度也有所增加。例如,微弧氧化 10 min 时涂层表面上最大孔隙的直径约为 5 μm[图 8.3(g)],而微弧氧化 17 min 后涂层表面最大孔的直径增加到约 14 μm[图 8.3(k)]。需要注意的是微弧氧化 19 min 后,涂层表面开始出现了微裂纹[图 8.3(m) 白框区域],涂层的厚度和均匀性也有所下降[图 8.3(n)]。当微弧氧化进行到 22 min 时,涂层表面已出现大量裂纹,涂层的厚度也急速下降至约 5 μm 厚[图 8.3(o) 和图 8.3(p)]。此时,陶瓷涂层已严重破坏,失去了对基体金属的保护作用。

3. 微弧氧化过程中涂层表面和截面的 EDS 能谱分析

微弧氧化不同时间后分别对图 8.3(a)、(c)、(e)、(g)、(i)、(k)、(m) 和(o) 进行能谱分析,结果如图 8.4 所示。可见,在微弧氧化不同时间后试样表面富含 Mg、O、Si 和 Na 元素。这些元素或来源于 Mg 基体,或来源于电解液。另外,由图 8.4 可见在微弧氧化 1 min 和 22 min 时,试样表面的 Mg 含量分别为 48.81%(原子分数)和 54.0%(原子分数),远高于 O、Si 和 Na 的含量,这主要与涂层的厚度、致密性和连续性有关。当微弧氧化 1 min 后,试样表面的陶瓷涂层很薄且不连续,部分金属基体仍未被涂层覆盖。当微弧氧化 22 min 后,试样表面的陶瓷涂层出现大量裂纹,涂层已被严重破坏,部分金属基体暴露出来。由此可见,微弧氧化 1 min 和 22 min 时试样表面 EDS 能谱分析结果中的 Mg 一部分来源于涂层,一部分来源于基体金属,从而使得试样表面具有很高的 Mg 含量。而在微弧氧化 3~19 min 的范围内,由于试样表面的陶瓷涂层完全将基体金属覆盖住且涂层较厚,此时试样表面 EDS 能谱分析结果中的 Mg 只能来源于试样表面的陶瓷涂层,因此试样表面的 Mg 含量有所下降。

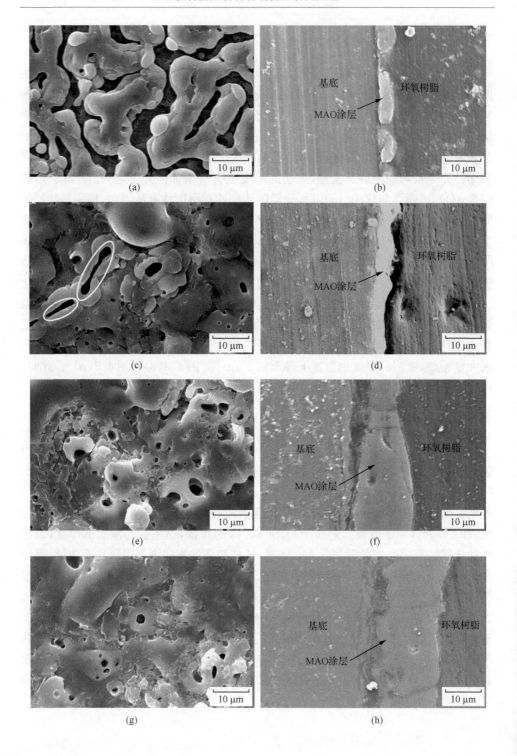

(a)　　　　　　　　　　　　　　　　(b)

(c)　　　　　　　　　　　　　　　　(d)

(e)　　　　　　　　　　　　　　　　(f)

(g)　　　　　　　　　　　　　　　　(h)

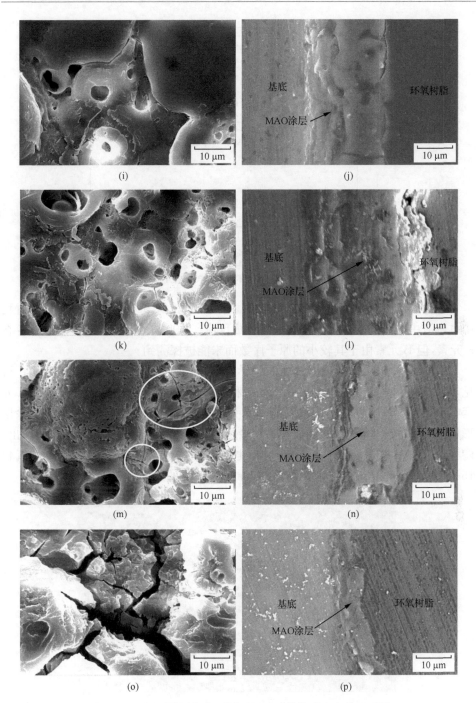

图 8.3　25℃时微弧氧化不同时间后试样的表面和截面形貌
(a)和(b) 1 min；(c)和(d) 3 min；(e)和(f) 7 min；(g)和(h) 10 min；(i)和(j) 15 min；
(k)和(l) 17 min；(m)和(n) 19 min；(o)和(p) 22 min

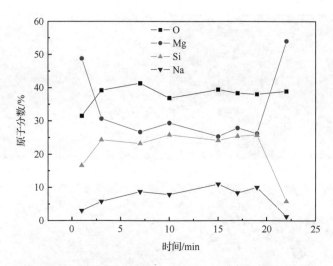

图 8.4　25℃微弧氧化不同时间试样表面元素含量的变化

在涂层表面探测到只有在电解液中才存在元素 Si 和 Na,说明微弧氧化过程中电解液中的离子参与了陶瓷涂层的生成反应。据此可推断出涂层中应该还存在 B 元素,但 B 元素由于其较小的原子序数而未能被探测到。

微弧氧化 15 min 后试样截面的化学元素线扫描分析结果如图 8.5 所示。可见,陶瓷涂层中主要含有 O、Mg 和 Si 三种元素,而在涂层表面曾探测到的 Na 元素在涂层中却没有探测到。这可能是因为电解液中的 Na$^+$ 并没有参与陶瓷涂层形成过程中的化学反应,而仅被吸附在涂层的表面[224]。另外,Qian 等[224] 还指出,陶瓷涂层表面的孔越大,吸附的 Na$^+$ 也越多。这也解释了图 8.4 中微弧氧化 15 min、17 min 和 19 min 时试样表面 Na 含量较高的原因。

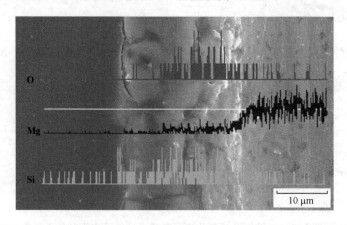

图 8.5　25℃微弧氧化 15 min 后试样截面化学元素的线扫描分析结果

8.2.2　20℃时微弧氧化陶瓷涂层在基础电解液中的生长过程

1. 微弧氧化电压随时间的变化

20℃时微弧氧化过程中的电压随时间的变化如图8.6所示。根据微弧氧化过程中电压、火花行为和氧析出程度的不同,整个微弧氧化过程也可被分成四个阶段,即阶段Ⅰ、Ⅱ、Ⅲ和Ⅳ。其中,前三个阶段与25℃时微弧氧化过程中的电压曲线中的阶段Ⅰ、Ⅱ、Ⅲ类似,分别为阳极氧化阶段、微弧氧化阶段和弧氧化阶段。但是,20℃时微弧氧化过程中的第四阶段(Ⅳ)为恒压阶段,而不是图8.2中阶段Ⅳ的熄弧阶段。这是由于20℃时进行微弧氧化,在阶段Ⅲ结束时微弧氧化电压已升高至202 V,这是进行微弧氧化所使用的SW172001SL-1A直流稳定电源单路连接时所能承受的最高电压,所以当微弧氧化电压升高至202 V以后,电源自动由恒流工作状态转变为恒压工作状态。也就是说,图8.6中的电压曲线中的阶段Ⅰ、Ⅱ、Ⅲ为恒流时电压随时间的变化,而阶段Ⅳ则为恒压状态。当微弧氧化进入阶段Ⅳ的恒压状态后,试样表面仍存在一些火花。由此可以预测此阶段试样表面的陶瓷涂层并未像25℃微弧氧化进行到阶段Ⅳ时涂层产生大量裂纹而被严重破坏。相反地,此阶段试样表面的涂层应仍具有一定的厚度和较好的致密性。

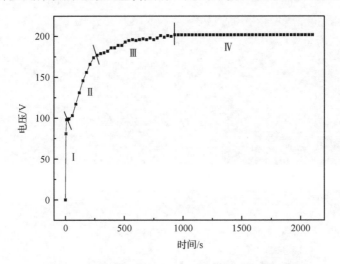

图8.6　20℃时微弧氧化过程中电压随时间的变化

2. 微弧氧化过程中涂层形貌的变化

微弧氧化过程中陶瓷涂层表面和截面形貌的变化如图8.7所示。与图8.3(a)和图8.3(b)类似,20℃时微弧氧化1 min后,基体金属表面生成的MAO涂层也不连续,部分基体金属表面仍暴露着,并且此时的涂层也很薄[图8.7(a)和

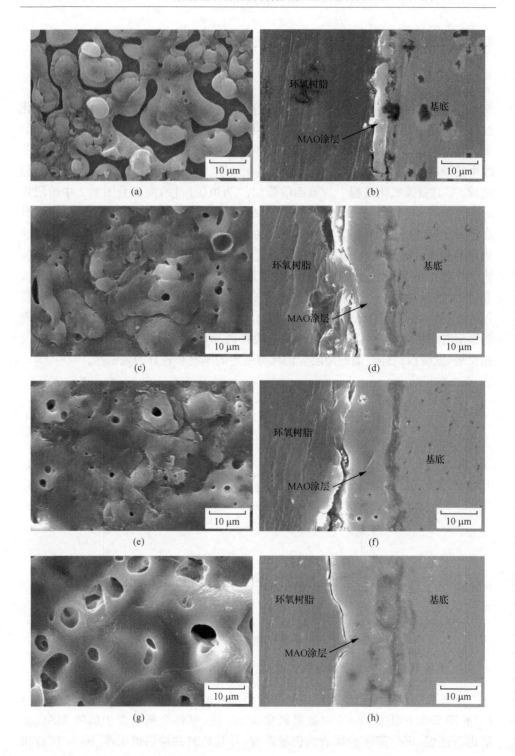

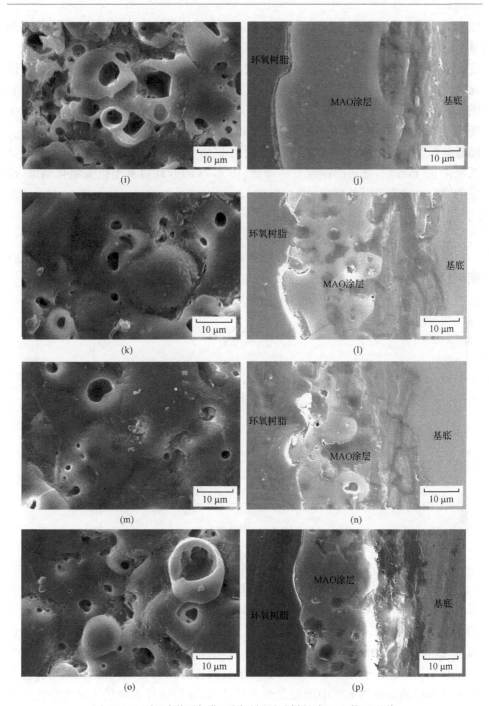

图 8.7　20℃时微弧氧化不同时间后试样的表面和截面形貌

(a)和(b) 1 min；(c)和(d) 5 min；(e)和(f) 10 min；(g)和(h) 15 min；(i)和(j) 20 min；

(k)和(l) 25 min；(m)和(n) 30 min；(o)和(p) 35 min

图 8.7(b)]。微弧氧化 5 min 后,基体金属表面已被 MAO 涂层完全覆盖,涂层的厚度也增至 13 μm 左右[图 8.7(c)和图 8.7(d)]。微弧氧化 10 min 后,涂层的厚度有所增加,涂层表面的孔隙也仍保持较小的尺寸[图 8.7(c)和图 8.7(d)]。当微弧氧化 15 min 后,涂层的厚度增至约 20 μm,涂层表面孔隙的尺寸与图 8.7(c)和图 8.7(e)相比显著增大[图 8.7(g)和图 8.7(h)]。微弧氧化 20 min 后,涂层表面变得更加粗糙,同时涂层的厚度迅速增加至 40 μm 左右[图 8.7(i)和图 8.7(j)]。随着微弧氧化的继续进行,涂层的厚度变化不大[图 8.7(k)和图 8.7(l)]。但当微弧氧化 30 min 后,涂层的厚度有所降低[图 8.7(n)],此后直至微弧氧化结束,涂层的厚度也没有显著的变化[图 8.7(p)]。

3. 微弧氧化过程中涂层表面和截面的 EDS 能谱分析

微弧氧化不同时间后分别对图 8.7(a)、(c)、(e)、(g)、(i)、(k)、(m)和(o)进行能谱分析,结果如图 8.8 所示。

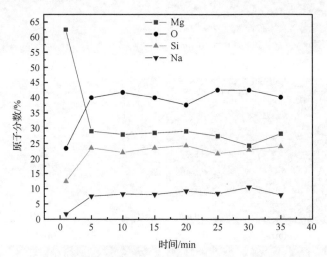

图 8.8　20 ℃微弧氧化不同时间试样表面元素含量的变化

与图 8.4 类似,20 ℃微弧氧化不同时间后试样表面的元素也由 Mg、O、Si 和 Na 组成。这些元素同样来源于镇基体和电解液。在微弧氧化 1 min 后,试样表面的 Mg 含量为 62.47%(原子分数),远高于 O、Si 和 Na 的含量。这同样是因为微弧氧化 1 min 后试样表面的涂层没有将金属基体完全覆盖,从而使得 EDS 能谱分析结果中的 Mg 由于来源于涂层和基体金属两部分而具有很高的含量。另外,与图 8.4 不同的是在图 8.8 中即使微弧氧化 35 min 后试样表面的 Mg 含量也没有升高,Si 和 Na 的含量也没有下降。这是因为在 20 ℃时即使微弧氧化 35 min 后试样表面的涂层仍很完整、致密,并没有出现 25 ℃微弧氧化结束时试样表面的涂层已被严重破坏的现象,从而使得 EDS 能谱分析结果中的 Mg 只来源于试样表面的陶瓷涂层。

　　微弧氧化 20 min 后试样截面的化学元素线扫描分析结果如图 8.9 所示。与图 8.5 类似,线扫描在陶瓷涂层中探测到的元素也为 O、Mg 和 Si 三种,并且同样没有探测到 Na 元素的存在。

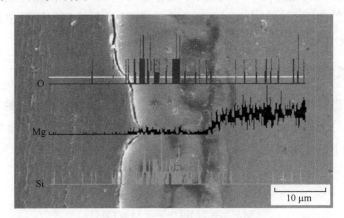

图 8.9　20 ℃微弧氧化 15 min 后试样截面化学元素的线扫描分析结果

8.2.3　微弧氧化陶瓷涂层的相结构

　　在 25 ℃微弧氧化 10 min 后试样的 X 射线衍射图谱如图 8.10 所示。可见,陶瓷涂层主要由 $Mg_2B_2O_5$、Mg_2SiO_4 和 SiO_2 组成。陶瓷涂层中 $Mg_2B_2O_5$、Mg_2SiO_4 和 SiO_2 的存在说明电解液中的 B、Si 和 O 元素在微弧氧化过程中直接参与了形成

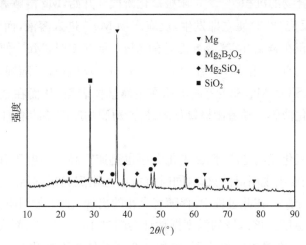

图 8.10　带有微弧氧化涂层的试样的 X 射线衍射图谱

陶瓷涂层的化学反应。需要注意的是,X 射线衍射结果表明陶瓷涂层中含有 B 元素,但在试样的表面和截面的 EDS 能谱分析中却只发现了 O、Mg、Si 和 Na (图 8.4、图 8.5、图 8.8 和图 8.9),这主要是因为 B 元素的原子序数太小,EDS 能谱无法探测到 B 的存在。另外,在陶瓷涂层中也没有发现 Na 元素的化合物,这主要是因为在微弧氧化过程中 Na 元素并没有参与生成陶瓷涂层的化学反应,而仅吸附在涂层的表面[224],加之 Na 的含量很低,所以 X 射线衍射图谱中没有探测到 Na 元素的化合物。

8.2.4　微弧氧化陶瓷涂层的生长过程讨论

在整个微弧氧化过程中,根据微弧氧化电压、氧析出和火花行为的不同可将微弧氧化过程分为四个阶段。在第一阶段,即传统阳极氧化阶段,在 Mg 阳极表面一般会发生如下的化学反应[236-239]:

$$Mg \Longrightarrow Mg^{2+} + 2e \tag{8.1}$$

$$4OH^- \Longrightarrow 2H_2O + O_2 + 4e \tag{8.2}$$

$$Mg^{2+} + 2OH^- \Longrightarrow Mg(OH)_2 \tag{8.3}$$

$$Mg^{2+} + SiO_3^{2-} \Longrightarrow MgSiO_3 \tag{8.4}$$

$$2Mg^{2+} + 2SiO_3^{2-} \Longrightarrow Mg_2SiO_4 + SiO_2 \tag{8.5}$$

$$2Mg^{2+} + SiO_3^{2-} + 2OH^- \Longrightarrow Mg_2SiO_4 + H_2O \tag{8.6}$$

$$4Mg^{2+} + B_4O_7^{2-} + 6OH^- \Longrightarrow 2Mg_2B_2O_5 + 3H_2O \tag{8.7}$$

这些反应一般可被分为三组:①Mg 的溶解;②氧析出;③Mg(OH)₂、MgSiO₃、Mg₂SiO₄ 等化合物的沉积[237,239]。阳极氧化阶段一开始,Mg 溶解和氧析出反应即反应(8.1)和反应(8.2)便立即发生,反应产物 Mg^{2+} 进入溶液,而 O_2 则在试样表面析出。当累积在金属/电解液界面处的 Mg^{2+} 足够多时,Mg^{2+} 便会与电解液中的阴离子 OH^-、SiO_3^{2-} 和 $B_4O_7^{2-}$ 结合,反应(8.3)~反应(8.7)随即发生,反应产物 $Mg(OH)_2$、$MgSiO_3$、Mg_2SiO_4 等便沉积在金属基体表面,从而在金属基体表面生成一层阳极氧化薄膜。随着阳极氧化的进行,薄膜的厚度持续增加,最厚可以达到几微米[239]。

随着阳极氧化膜的增厚,阳极氧化电压也迅速升高。当电压升高至膜的击穿电压后,试样表面出现明显的火花,同时氧析出也剧烈起来,微弧氧化阶段和弧氧化阶段便相继开始。在此过程中,伴随着火花的出现,在火花周围的区域相应地产生一个局部高温区。该区域的温度据估计会超过 1000 ℃[240],而火花中心的温度可能会更高[239]。在高温的作用下,沉积在金属基体表面的化合物如 $Mg(OH)_2$、MgO、MgSiO₃ 等会发生熔化,从而导致反应(8.8)和反应(8.9)的发生:

$$Mg(OH)_2 \Longrightarrow MgO + H_2O \tag{8.8}$$

$$xMgO + yMgSiO_3 \Longrightarrow (MgO)_x \cdot (SiO_2)_y \tag{8.9}$$

除此之外，Mg 还会与氧反应生成 MgO[反应(8.10)]，火花附近的水也会在高温的作用下发生热分解[反应(8.11)]。

$$2Mg + O_2 \Longrightarrow 2MgO \tag{8.10}$$

$$2H_2O \Longrightarrow 2H_2 + O_2 \tag{8.11}$$

由于反应(8.11)的发生，微弧氧化和弧氧化阶段的氧析出变得更加剧烈。

综合上述微弧氧化过程中发生的化学反应可知，微弧氧化过程中涂层的生长与试样表面由火花引起的高温密切相关。在传统的阳极氧化阶段，试样表面没有火花出现，仅靠化合物的沉积在试样表面生成的阳极氧化膜很薄。当电压爬升至击穿电压进入微弧氧化阶段以后，试样表面开始出现许多细小、致密的火花。尽管每个火花存在的时间很短(不超过 1 ms[241])，但火花周围局部区域的瞬间高温仍能够将试样表面的阳极氧化膜和膜下面的部分镁基体熔化。部分熔体沿着许多微小的放电通道喷向电解液中并被电解液急速冷却，于是在试样表面形成多孔结构。随着微弧氧化的进行，陶瓷涂层便以这种方式沿与试样表面平行和向外的方向不断生长，从而使得涂层的致密性和厚度不断增加。然而，随着涂层厚度的增加，要将涂层击穿就需要更多的能量，于是在试样表面上开始频繁出现明亮的大火花，弧氧化阶段便开始了。由于大火花能量高且作用范围大，所以此阶段涂层生长很快，但涂层表面也变得更加粗糙[图 8.3(i)和图 8.7(g)]。当涂层厚度增加到一定程度，即使是大火花也无法将涂层击穿时，涂层的生长便结束了。从那以后大火花逐渐消失，涂层的溶解开始在强碱性的电解液中取得优势。当试样表面的火花完全消失后，涂层在电解液中便迅速溶解，从而失去了对基体金属的保护作用[图 8.3(o)和图 8.3(p)]。

需要注意的是在 20 ℃ 进行微弧氧化时，由于弧氧化阶段结束后并未像 25 ℃ 微弧氧化那样进入了熄弧阶段而是直接进入恒压阶段，试样表面仍存在大量火花，所以涂层的生长并未停止。通过对比图 8.7(h)和图 8.7(j)可知，在进入恒压阶段 5 min 后，涂层的厚度由 20 μm 迅速增加至 40 μm，表明恒压阶段初期涂层的生长非常迅速。当恒压 10 min 以后，涂层的厚度基本不再发生变化，这表明涂层足够厚以后涂层的生长同样会受到抑制。随着恒压阶段的继续进行，在涂层的生长受到抑制以后，在强碱性的电解液中涂层的溶解便开始占优势，从而使得涂层的厚度有所下降[图 8.7(n)和图 8.7(p)]。若恒压阶段继续进行下去，可以预测涂层也将会发生显著溶解而被严重破坏。

8.3　在基础电解液中制备的微弧氧化陶瓷涂层的耐蚀性

8.3.1　25 ℃制备的微弧氧化陶瓷涂层的耐蚀性

1. 点滴试验

25 ℃微弧氧化不同时间后试样的点滴时间曲线如图 8.11 所示。可见,当试样没有进行微弧氧化处理(微弧氧化 0 min)时,点滴时间仅为 5 s,也就是说滴在裸露的基体镁表面上紫色的点滴液仅经过 5 s 后就完全转变为无色。当微弧氧化 1 min 以后,由于微弧氧化涂层的阻挡作用,点滴时间延长为 10 s。随着微弧氧化时间的延长,微弧氧化涂层逐渐致密、增厚,点滴时间也相应地逐渐延长。当微弧氧化 17 min 后,点滴时间达到了 400 s。此后,点滴时间开始下降,19 min 时点滴时间降为 298 s,22 min 时点滴时间已迅速降为 22 s。

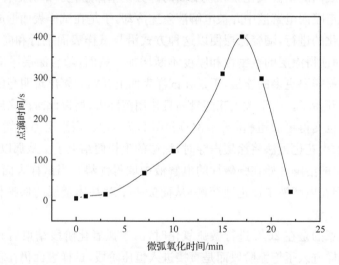

图 8.11　25 ℃微弧氧化不同时间后试样的点滴时间曲线

若将 25 ℃时微弧氧化过程中涂层表面和截面形貌的变化与图 8.11 结合起来便可发现,点滴时间的长短与涂层的厚度和致密性密切相关。涂层越厚越致密,点滴时间也越长。因此,使用点滴试验可方便快捷地判断微弧氧化陶瓷涂层的耐蚀性。

2. 电化学测量

使用点滴试验的方法虽可快速判断微弧氧化陶瓷涂层的耐蚀性,但通过该方法获得的有关试样在腐蚀过程中的相关信息非常有限。若想详细了解试样在腐蚀溶液中发生的腐蚀,电化学测量方法是一个好的选择。

　　25℃时微弧氧化不同时间后试样在37℃模拟体液中进行的动电位极化曲线测量结果如图8.12所示,各极化曲线的电化学参数列于表8.4中。在表8.4中,E_{corr}为腐蚀电位,I_{corr}为腐蚀电流密度,β_a和β_c分别为阳极和阴极 Tafel 斜率,R_p为极化电阻,E_{pt}为坑蚀电位,ΔE用来判断试样抗坑蚀能力,可用式(8.12)计算[221]:

$$\Delta E = E_{pt} - E_{corr} \tag{8.12}$$

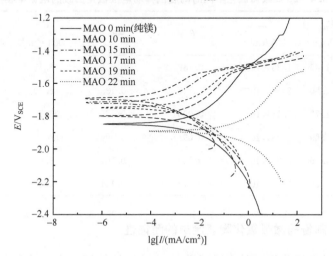

图 8.12　25℃微弧氧化不同时间试样的动电位极化曲线

另外,极化电阻 R_p 可通过 Stern-Geary 方程(8.13)计算[182,183]:

$$R_p = \frac{\beta_a \beta_c}{2.303 I_{corr}(\beta_a + \beta_c)} \tag{8.13}$$

　　坑蚀电位 E_{pt} 为表面膜的破裂电位,在极化曲线上表现为拐点的电位。若 E_{pt} 位于极化曲线的阴极部分,则当极化电位高于 E_{pt} 时,相应的电流密度急剧下降;反之,若 E_{pt} 位于极化曲线的阳极部分,则当极化电位高于 E_{pt} 时,相应的电流密度急剧增加[153,242,243]。

　　由图8.12和表8.4可知,当纯镁试样未进行微弧氧化处理时,试样的腐蚀电位 E_{corr} 为 -1.85 V_{SCE},腐蚀电流密度 I_{corr} 为 1.35×10^{-5} A/cm²,极化电阻 R_p 为 3.11 kΩ·cm²,坑蚀电位 E_{pt} 为 -1.48 V_{SCE},$\Delta E = 0.37$ V_{SCE}。当纯镁试样微弧氧化处理后,除微弧氧化 22 min 的试样外,其余试样的腐蚀电位(E_{corr})与未经微弧氧化处理的纯镁试样相比均向正方向移动,表明这些试样在模拟体液中的耐腐蚀倾向均提高了。从腐蚀电流密度(I_{corr})来看,微弧氧化处理 10 min、15 min、17 min 和 19 min 的纯镁试样的腐蚀电流密度均较未经微弧氧化处理的纯镁试样降低了一个或两个数量级。其中微弧氧化处理 17 min 的纯镁试样具有最小的腐蚀电流密度($I_{corr} = 1.73 \times 10^{-7}$ A/cm²),相应地也具有最大的极化电阻($R_p = 112$ kΩ·

cm²),因此具有最好的耐蚀性。而微弧氧化处理 22 min 的纯镁试样则具有最大的腐蚀电流密度($I_{corr}=3.81\times10^{-4}$ A/cm²)和最小的极化电阻($R_p=0.0883$ kΩ·cm²),因此耐蚀性最差。另外,纯镁试样经微弧氧化处理后其 ΔE 值均低于未经微弧氧化处理的纯镁试样,表明微弧氧化处理后的纯镁试样的抗坑蚀能力有所下降。

表 8.4　25℃微弧氧化不同时间后试样动电位极化曲线的电化学参数

MAO 时间 /min	E_{corr} /V_{SCE}	I_{corr} /(A/cm²)	β_a	β_c	R_p /(kΩ·cm²)	E_{pt} /V_{SCE}	ΔE /V_{SCE}
0	−1.85	1.35×10^{-5}	0.182	0.206	3.11	−1.48	0.37
10	−1.80	3.36×10^{-6}	0.127	0.133	8.40	−1.53	0.27
15	−1.72	7.11×10^{-7}	0.0904	0.135	33.1	−1.53	0.19
17	−1.69	1.73×10^{-7}	0.0917	0.0962	112	−1.54	0.15
19	−1.75	2.75×10^{-6}	0.123	0.107	9.04	−1.54	0.21
22	−1.89	3.81×10^{-4}	0.172	0.141	0.0883	−1.56	0.33

8.3.2　20℃制备的微弧氧化陶瓷涂层的耐蚀性

20℃时微弧氧化不同时间后试样在 37℃模拟体液中进行的动电位极化曲线测量结果如图 8.13 所示,各极化曲线的电化学参数列于表 8.5 中。

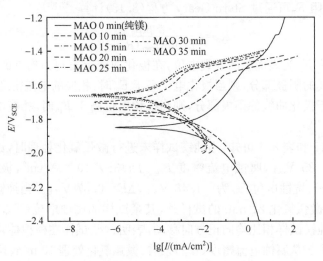

图 8.13　20℃微弧氧化不同时间试样的动电位极化曲线

表 8.5　20℃微弧氧化不同时间后试样动电位极化曲线的电化学参数

MAO 时间 /min	E_{corr} /V_{SCE}	I_{corr} /(A/cm^2)	β_a	β_c	R_p /(kΩ·cm^2)	E_{pt} /V_{SCE}	ΔE /V_{SCE}
0	−1.85	$1.35×10^{-5}$	0.182	0.206	3.11	−1.48	0.37
10	−1.77	$1.74×10^{-6}$	0.152	0.0816	13.3	−1.53	0.24
15	−1.74	$4.9×10^{-7}$	0.136	0.120	56.5	−1.53	0.21
20	−1.70	$8.65×10^{-8}$	0.115	0.108	280	−1.50	0.20
25	−1.66	$3.91×10^{-8}$	0.0962	0.0987	541	−1.53	0.13
30	−1.66	$5.33×10^{-8}$	0.0965	0.0991	398	−1.49	0.17
35	−1.66	$7.10×10^{-8}$	0.118	0.124	370	−1.49	0.17

　　由图 8.13 和表 8.5 可见,纯镁试样经微弧氧化处理后,其腐蚀电位(E_{corr})与未经微弧氧化处理的纯镁试样相比均发生了不同程度的正移,这表明经过微弧氧化处理的纯镁试样在模拟体液中段耐腐蚀倾向有所增大。通过比较微弧氧化前后纯镁试样的腐蚀电流密度(I_{corr})可知,经过微弧氧化处理的纯镁试样的腐蚀电流密度(I_{corr})与未经微弧氧化处理的纯镁试样相比下降了 1～3 个数量级。其中微弧氧化处理 25 min 的纯镁试样具有最小的腐蚀电流密度($I_{corr}=3.91×10^{-8}$ A/cm^2),相应的也具有最大的极化电阻($R_p=541$ kΩ·cm^2),因而具有最好的耐蚀性。另外,纯镁试样经微弧氧化处理后其 ΔE 值均低于未经微弧氧化处理的纯镁试样,表明微弧氧化处理后的纯镁试样的抗坑蚀能力有所下降。

8.3.3　20℃和 25℃制备的微弧氧化陶瓷涂层在模拟体液中极化曲线的电化学参数比较

　　20℃和 25℃在纯镁表面制备的微弧氧化陶瓷涂层在模拟体液中进行电化学测量得到的极化曲线的重要电化学参数比较如图 8.14～图 8.17 所示。可见,

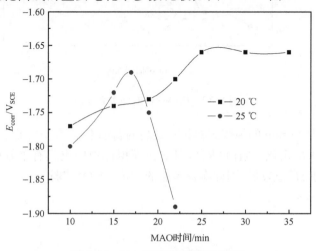

图 8.14　E_{corr}-MAO 时间关系曲线

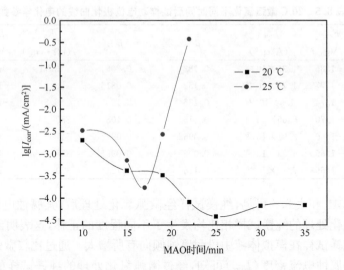

图 8.15 lg I_{corr}-MAO 时间关系曲线

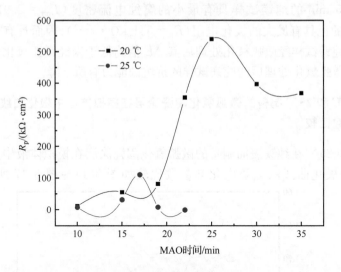

图 8.16 R_p-MAO 时间关系曲线

20 ℃ 微弧氧化 25 min 的纯镁试样具有最高的腐蚀电位(E_{corr})、最小的腐蚀电流密度(I_{corr})和最大的极化电阻值(R_p),因此在模拟体液中也具有最好的耐蚀性。但由于该试样的 ΔE 值较低,因此陶瓷涂层的抗坑蚀能力较弱。

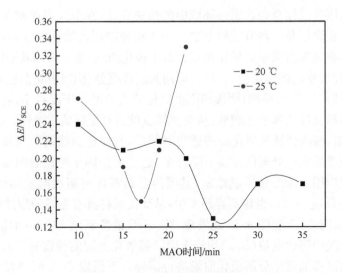

图 8.17　ΔE-MAO 时间关系曲线

8.3.4　微弧氧化陶瓷涂层在模拟体液中的耐蚀性讨论

纯镁或镁合金在模拟体液中腐蚀时,主要发生如下化学反应[147,155,217-219]:

$$Mg = Mg^{2+} + 2e \quad (阳极反应) \tag{8.14}$$

$$2H_2O + 2e = H_2 + 2OH^- \quad (阴极反应) \tag{8.15}$$

$$Mg + 2H_2O = Mg(OH)_2 + H_2 \quad (总反应) \tag{8.16}$$

$$Mg^{2+} + 2OH^- = Mg(OH)_2 \quad (腐蚀产物生成反应) \tag{8.17}$$

由于在水溶液中 $Mg(OH)_2$ 比 MgO 更稳定[221],所以纯镁或镁合金表面在自然条件下生成的 MgO 在模拟体液中还会转变为更稳定的 $Mg(OH)_2$,即发生反应(8.18):

$$MgO + H_2O = Mg(OH)_2 \tag{8.18}$$

另外,Zhang 等[221]报道 MgO 和 $Mg(OH)_2$ 在溶液中能稳定存在的 pH 范围分别为 $pH \geqslant 13.83$ 和 $pH \geqslant 11.46$,因此在 pH = 7.4 的模拟体液中 MgO 和 $Mg(OH)_2$ 将逐渐溶解。溶解反应如反应(8.19)和反应(8.20)所示:

$$MgO + 2H^+ = Mg^{2+} + H_2O \tag{8.19}$$

$$Mg(OH)_2 + 2H^+ = Mg^{2+} + 2H_2O \tag{8.20}$$

除上述反应外,模拟体液中存在的大量 Cl^- 还会与 $Mg(OH)_2$ 反应,从而将 $Mg(OH)_2$ 转变为高度易溶的 $MgCl_2$[反应(8.21)][139,147,168],导致镁或镁合金发生更严重的腐蚀。

$$Mg(OH)_2 + 2Cl^- = MgCl_2 + 2OH^- \tag{8.21}$$

　　为了减缓镁或镁合金在腐蚀环境中的快速腐蚀,在金属表面制备一层致密的微弧氧化陶瓷涂层是一种有效的方法。关于陶瓷涂层耐蚀性的好坏,评价方法之一是测量其在腐蚀溶液中的极化曲线。对于极化曲线,通常可用其阳极部分(阳极极化曲线)代表镁的溶解反应(8.14),而用其阴极部分(阴极极化曲线)代表水的析氢反应(8.15)[147,244]。显然,阴极和阳极极化曲线的电流密度越小,阴极析氢反应和阳极镁溶解反应的速率也越低,从而试样也就具有更好的耐蚀性。由图 8.12 和图 8.13 可知,纯镁经微弧氧化处理适当时间后,其极化曲线的阴极和阳极电流密度均较未经微弧氧化处理的纯镁下降许多,这主要归因于纯镁表面微弧氧化涂层的物理屏障作用。涂层越厚越致密,其隔离金属基体与腐蚀溶液的效果越好,反应(8.14)～反应(8.21)也越不容易发生,从而使试样具有更好的耐蚀性。

　　另外,从图 8.12 和图 8.13 还发现,除 25 ℃微弧氧化 22 min 的极化曲线外,其余极化曲线的腐蚀电位(E_{corr})均较未经微弧氧化处理的纯镁高。极化曲线的这个现象可用试样的理论分解极化曲线进行解释。下面以 25 ℃时微弧氧化 17 min 和 22 min 的纯镁试样以及未经微弧氧化处理的纯镁试样为例进行讨论。

　　图 8.18 为 25 ℃时微弧氧化 17 min 和 22 min 的纯镁试样以及未经微弧氧化处理的纯镁试样的理论分解极化曲线。

　　对于未经微弧氧化处理的纯镁试样,由于其表面最初没有发生腐蚀,因此镁的溶解和氢的析出过程以正常的电极行为进行,即随着极化电位的正移,镁的溶解速率(DE)增加而氢的析出速率(AB)降低[242]。直线 AB 和 DE 的交点 O 对应的电位即为该试样的腐蚀电位 E_{corr}。随着极化电位的继续正移,当极化电位高于表面膜破裂电位 E_{pt}(点 E 或 B)后,试样表面发生局部腐蚀,从而导致镁溶解(EF)和氢析出(BC)的速率急剧增加[242]。在此过程中需要注意的是直线 AB 和 DE 代表的是在未被腐蚀的试样表面上发生的氢析出和镁溶解过程,而直线 BC 和 EF 则主要反映的是正在腐蚀的表面上进行的氢析出和镁溶解过程[242]。

　　对于 25 ℃微弧氧化 17 min 的纯镁试样[图 8.18(a)],由于其表面已覆盖了一层致密的陶瓷涂层,因此基体金属表面上只有相当少的区域可以被腐蚀溶液攻击,从而使得未被腐蚀的试样表面上的镁溶解(KL)速率和氢析出(HI)速率低于未进行微弧氧化处理的纯镁试样。较低的镁溶解和氢析出速率也导致试样的腐蚀电位 $E_{corr}^{coating}$(点 P)较未经微弧氧化处理的纯镁试样(点 O)发生正移。当极化电位继续升高超过膜破裂电位 $E_{pt}^{coating}$(点 L 或 I)后,镁溶解(LM)速率和氢析出(IJ)速率也急剧增加。但由于发生腐蚀的区域较小而使得镁溶解(LM)速率和氢析出(IJ)速率低于未经微弧氧化处理的纯镁试样。

　　对于 25 ℃微弧氧化 22 min 的纯镁试样[图 8.18(b)],代表其氢析出和镁溶解速率的直线 HI、IJ、KL 和 LM 的相对位置与微弧氧化 17 min 的纯镁试样相比发生了很大变化。这是因为纯镁试样经微弧氧化 22 min 后,其表面覆盖的微弧氧化

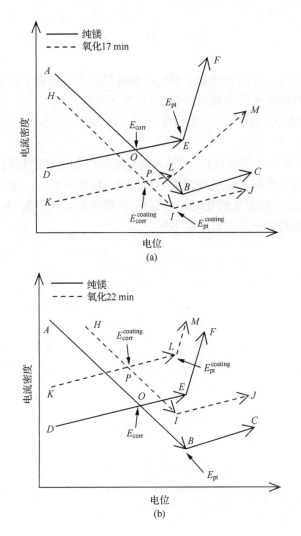

图 8.18 25℃微弧氧化 17 min(a)和 22 min(b)的纯镁试样与未微弧氧化的
纯镁试样的理论分解极化行为示意图

涂层已被严重破坏,不能对基体金属提供有效的保护,从而使得局部腐蚀发生前镁溶解(KL)和氢析出(HI)的速率较未进行微弧氧化处理的纯镁试样高出许多。较高的镁溶解和氢析出速率也导致试样的腐蚀电位 $E_{corr}^{coating}$(点 P)较未经微弧氧化处理的纯镁试样(点 O)发生了负移,即 $E_{corr}^{coating} < E_{corr}$。

综合上述分析可知,纯镁试样微弧氧化处理前后在模拟体液中极化行为的不同主要与阳极镁溶解和阴极氢析出的反应速率的差异有关。

8.4 小　结

本章主要利用正交试验确定了基础电解液的配方并研究了微弧氧化陶瓷涂层在基础电解液中的生长规律和耐蚀性,得到如下结论:

(1) 基础电解液的配方为 NaOH 30 g/L,$Na_2SiO_3 \cdot 9H_2O$ 160 g/L,$Na_2B_4O_7 \cdot 10H_2O$ 160 g/L。

(2) 随微弧氧化时间的延长,纯镁表面陶瓷涂层的厚度和粗糙度逐渐增加,耐蚀性也相应提高。当陶瓷涂层的厚度达到最大值(30~40 μm)时,试样的耐蚀性也达到最大。此后,随微弧氧化时间的延长,陶瓷涂层发生溶解,其厚度迅速下降,陶瓷涂层对基体的防护作用也迅速下降。

第9章　添加剂对纯镁微弧氧化陶瓷涂层显微结构和性能的影响

在本章的研究中,为了突破微弧氧化过程中 SW172001SL-1A 直流稳定电源单路最高输出 200 V 电压的限制,试验过程中将 SW172001SL-1A 直流稳定电源的主路与从路串联起来,从而使微弧氧化过程中电源的最高输出电压达到 400 V。

9.1　三乙醇胺对纯镁微弧氧化陶瓷涂层显微结构和耐蚀性的影响

为了提高微弧氧化陶瓷涂层的耐蚀性,拟向基础电解液(30 g/L NaOH＋160 g/L Na$_2$SiO$_3$ · 9H$_2$O＋160 g/L Na$_2$B$_4$O$_7$ · 10H$_2$O)中添加三乙醇胺(trietha-nolamine,TEA)添加剂,并在 20 ℃和 40 mA/cm^2 电流密度的条件下对纯镁试样进行微弧氧化处理,考察三乙醇胺对微弧氧化陶瓷涂层显微结构和耐蚀性能的影响。试验过程中添加三乙醇胺的数量分别按照 0.1 L、0.2 L、0.3 L 和 0.4 L 三乙醇胺:1 L 基础电解液的比例添加(以后分别简记为 0.1 L/L、0.2 L/L、0.3 L/L 和 0.4 L/L)。

9.1.1　三乙醇胺对微弧氧化电压的影响

纯镁在添加了不同数量三乙醇胺的基础电解液中进行微弧氧化的电压与时间的关系曲线如图 9.1 所示。为了进行比较,将纯镁在未添加三乙醇胺的基础电解液中进行微弧氧化的电压-时间曲线也绘于图 9.1 中。

由图 9.1 可见,向基础电解液中添加不同数量的三乙醇胺后,微弧氧化电压均线性迅速升高,直至到达各自的击穿电压。添加三乙醇胺的数量越多,击穿电压也越高,如添加 0.4 L/L 三乙醇胺的试样击穿电压最高,约为 204 V。而未添加三乙醇胺的试样击穿电压则较低,只有 102 V。当电压超过击穿电压后,试样表面开始出现火花。随着火花在试样表面的快速移动,在试样表面生成了一层白色的陶瓷涂层。随着陶瓷涂层的不断生成,微弧氧化电压也继续缓慢爬升。从图 9.1 可见,在整个微弧氧化过程中添加三乙醇胺的试样微弧氧化电压始终高于未添加三乙醇胺的试样微弧氧化电压。不仅如此,添加 0.3 L/L 和 0.4 L/L 三乙醇胺的微弧氧化电压值还高于添加 0.1 L/L 和 0.2 L/L 三乙醇胺的微弧氧化电压值。这些结果表明三乙醇胺在微弧氧化过程中能够有效抑制火花放电,具有明显的抑弧作

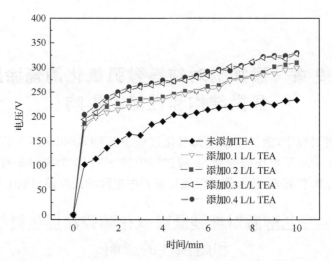

图 9.1 试样在添加和未添加三乙醇胺的基础电解液中微弧氧化的电压-时间曲线

用[245,246]，并且添加三乙醇胺数量越多，抑弧作用越大。

9.1.2 三乙醇胺对微弧氧化陶瓷涂层耐蚀性的影响

纯镁试样在添加了不同浓度三乙醇胺的基础电解液中微弧氧化处理 10 min 后，在 37 ℃的模拟体液中进行的动电位极化曲线测量结果如图 9.2 所示，各极化曲线的电化学参数列于表 9.1 中。为了进行比较，将纯镁在未添加三乙醇胺的基础电解液中微弧氧化处理 10 min 后在 37 ℃的模拟体液中的极化曲线也绘于图 9.2 中。

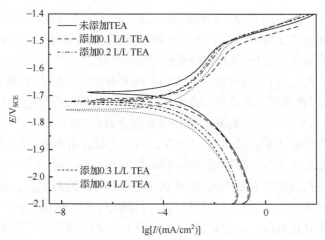

图 9.2 试样在添加和未添加三乙醇胺的基础电解液中微弧氧化后的动电位极化曲线

由图 9.2 和表 9.1 可见,纯镁试样在添加了不同浓度三乙醇胺的电解液中微弧氧化处理后,它们的腐蚀电位(E_{corr})均发生了负移,腐蚀电流密度(I_{corr})也有不同程度的下降,其中添加 0.3 L/L 三乙醇胺的试样腐蚀电流密度下降程度最大,达到了 7.06×10^{-7} A/cm^2,该值约为未添加三乙醇胺试样的电流密度(1.42×10^{-6} A/cm^2)的 1/2。与腐蚀电流密度相应的极化电阻(R_p)也增加到 44.1 kΩ·cm^2。由此可见,向基础电解液中添加适量三乙醇胺后进行微弧氧化处理,可有效提高陶瓷涂层的耐蚀性。另外,纯镁试样在添加了三乙醇胺的电解液中微弧氧化处理后,它们的 ΔE 值均有所增加,这表明这些试样在模拟体液中的抗坑蚀能力也获得了提高。

表 9.1　试样在添加和未添加三乙醇胺的基础电解液中微弧氧化后的极化曲线的电化学参数

试样	E_{corr} /V$_{SCE}$	I_{corr} /(A/cm^2)	β_a	β_c	R_p /(kΩ·cm^2)	E_{pt} /V$_{SCE}$	ΔE /V$_{SCE}$
未添加 TEA	−1.69	1.42×10^{-6}	0.115	0.173	21.1	−1.52	0.17
添加 0.1 L/L TEA	−1.72	1.59×10^{-6}	0.107	0.146	16.9	−1.53	0.19
添加 0.2 L/L TEA	−1.72	7.45×10^{-7}	0.118	0.147	38.2	−1.51	0.21
添加 0.3 L/L TEA	−1.73	7.06×10^{-7}	0.123	0.172	44.1	−1.51	0.22
添加 0.4 L/L TEA	−1.75	8.30×10^{-7}	0.121	0.168	36.8	−1.50	0.25

9.1.3　微弧氧化时间对陶瓷涂层耐蚀性的影响

1. 电压-时间关系曲线

为了考察微弧氧化时间对陶瓷涂层耐蚀性的影响,在向基础电解液中添加 0.2 L/L 三乙醇胺后,纯镁试样在其中进行不同时间的微弧氧化处理。图 9.3 为

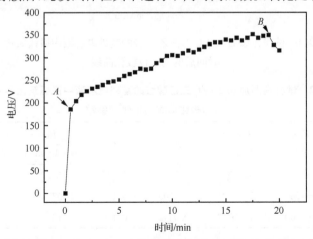

图 9.3　试样在添加 0.2 L/L 三乙醇胺的基础电解液中微弧氧化的电压-时间曲线

微弧氧化处理过程中的电压-时间关系曲线。

　　由图 9.3 可见,微弧氧化电压在最初的几十秒内以 6 V/s 的斜率迅速爬升到击穿电压(图 9.3 中 A 点),之后又以较缓慢的速度继续爬升至 350 V 左右。在此过程中微弧氧化电压的不断升高表明陶瓷涂层在试样表面持续生长,并且逐渐增厚、致密。但当微弧氧化进行到 19 min(图 9.3 中 B 点)以后,微弧氧化电压开始下降,预示着试样表面陶瓷涂层的生长开始受到抑制,而涂层在强碱性电解液中的溶解开始占优势。

　　2. 微弧氧化时间对陶瓷涂层极化曲线的影响

　　在向基础电解液中添加 0.2 L/L 三乙醇胺后,纯镁试样在其中分别微弧氧化处理 10 min、15 min 和 20 min,之后在 37 ℃ 的模拟体液中测量的极化曲线如图 9.4 所示,各极化曲线的电化学参数列于表 9.2 中。

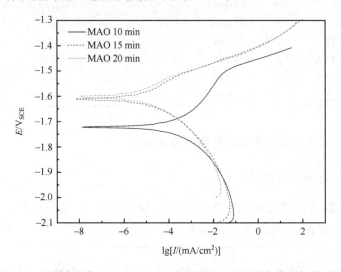

图 9.4　试样在添加 0.2 L/L 三乙醇胺的基础电解液中微弧氧化不同
时间后的动电位极化曲线

表 9.2　试样在添加 0.2 L/L 三乙醇胺的基础电解液中微弧氧化不同时间
后的极化曲线的电化学参数

试样	E_{corr} /V_{SCE}	I_{corr} /(A/cm^2)	β_a	β_c	R_p /(k$\Omega \cdot$ cm^2)	E_{pt} /V_{SCE}	ΔE /V_{SCE}
MAO 10 min	−1.72	7.45×10^{-7}	0.118	0.147	38.2	−1.51	0.21
MAO 15 min	−1.61	3.87×10^{-8}	0.0505	0.119	397	−1.51	0.10
MAO 20 min	−1.60	3.44×10^{-8}	0.0442	0.125	413	−1.51	0.09

由图9.4和表9.2可见,在微弧氧化时间由10 min延长至15和20 min后,试样的腐蚀电位(E_{corr})均发生了正移,且正移的幅度均超过了100 mV,预示着试样在模拟体液中的耐腐蚀倾向得到提高。此外,微弧氧化时间延长后,腐蚀电流密度(I_{corr})降低了一个数量级,但表征试样抗坑蚀能力的ΔE值却有所下降。上述结果说明微弧氧化时间延长后,试样的耐腐蚀性能获得了提高,但抗坑蚀能力有所下降。

9.1.4　封孔处理对微弧氧化陶瓷涂层耐蚀性的影响

纯镁试样经微弧氧化处理后生成的陶瓷涂层总是呈多孔的结构。虽然这些孔隙很大一部分并不与基体金属相通,但这些孔隙很可能成为腐蚀介质进入金属基体的通道。因此,为了防止基体金属与腐蚀介质接触而被腐蚀,对微弧氧化陶瓷涂层进行封孔处理就显得非常必要并且也非常重要了。为此,相关文献[182,247,248]使用溶胶-凝胶方法对陶瓷涂层进行封孔处理,随后进行的耐腐蚀试验表明封孔处理后陶瓷涂层的耐蚀性得到了显著的提高。由于考虑到陶瓷涂层应具有良好的生物相容性,因此对涂层进行封孔处理选择在对人类和环境无害并且符合绿色环保要求的硅酸钠水溶液中进行。

图9.5为纯镁试样首先在添加0.2 L/L三乙醇胺的基础电解液中微弧氧化15 min后又经硅酸钠水溶液封孔处理,之后在37 ℃的模拟体液中测量极化曲线,极化曲线的电化学参数列于表9.3中。为了进行比较,将未经封孔处理的试样极化曲线也绘于图9.5中。由图9.5和表9.3可见,陶瓷涂层经封孔处理后,其腐蚀电位(E_{corr})基本未发生变化,但腐蚀电流密度(I_{corr})却下降了一个数量级,达到了1.11×10^{-9} A/cm^2,与其相对应的极化电阻(R_p)也激增到15 657 kΩ·cm^2。这些数据表明对陶瓷涂层进行封孔处理能够显著提高试样在模拟体液中的耐蚀性。

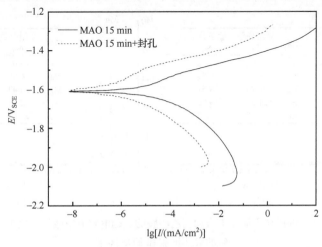

图9.5　试样在硅酸钠水溶液中封孔前后的动电位极化曲线

表 9.3　试样在硅酸钠水溶液中封孔前后动电位极化曲线的电化学参数

试样	E_{corr} /V_{SCE}	I_{corr} /(A/cm^2)	β_a	β_c	R_p /(kΩ · cm^2)	E_{pt} /V_{SCE}	ΔE /V_{SCE}
MAO 15 min	−1.61	3.87×10^{-8}	0.0505	0.119	397	−1.51	0.10
MAO 15 min+封孔	−1.60	1.11×10^{-9}	0.0662	0.101	15 657	−1.49	0.11

9.1.5　微弧氧化陶瓷涂层的显微结构观察

1. 三乙醇胺对陶瓷涂层显微结构的影响

在向基础电解液中添加 0.2 L/L 三乙醇胺后,纯镁试样在其中微弧氧化处理 10 min 后的表面形貌和 EDS 能谱结果如图 9.6 所示。为了进行对比,将纯镁试样在未添加三乙醇胺的基础电解液中微弧氧化处理 10 min 后的 SEM 照片也绘于图 9.6 中。

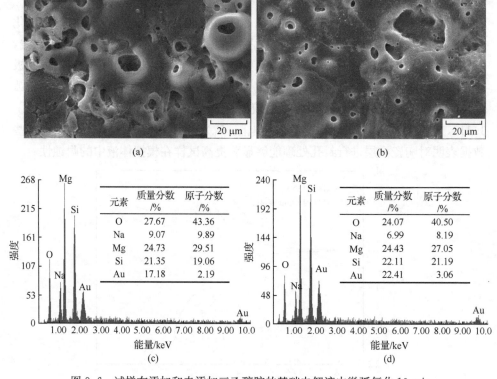

图 9.6　试样在添加和未添加三乙醇胺的基础电解液中微弧氧化 10 min 后的表面形貌和 EDS 能谱

(a) 未加入三乙醇胺;(b) 加入三乙醇胺;(c) 图(a)的 EDS 能谱;(d) 图(b)的 EDS 能谱

由图 9.6 可见,在向基础电解液中添加三乙醇胺后,试样表面陶瓷涂层的表面光洁度得到显著提高,表面微孔的数量有所下降,微孔的尺寸也有所减小。这主要是归因于微弧氧化过程中三乙醇胺对火花的有效抑制作用。在微弧氧化过程中,由于三乙醇胺的抑弧作用,试样表面的火花细小且致密。火花越小,受其作用和影响的区域也越小,从而使得生成的陶瓷涂层的孔隙变小,表面光洁度提高。从 EDS 能谱结果来看,添加三乙醇胺前后在试样表面探测到的元素种类没有发生变化,试样表面均含有 O、Na、Mg、Si 和 Au。其中 Au 元素是为了增加陶瓷涂层的导电性而利用金离子溅射仪溅射在试样表面的,其余元素则来源于金属基体和电解液。需要注意的是在基础电解液中添加三乙醇胺后,涂层表面 Na 元素的含量为 6.99%,低于未添加三乙醇胺的涂层表面的 Na 含量(9.07%),这是由于添加三乙醇胺后生成的陶瓷涂层表面较光滑且孔隙较小,吸附的 Na 元素较少[224]。

2. 微弧氧化时间对陶瓷涂层显微结构的影响

在向基础电解液中添加 0.2 L/L 三乙醇胺后,纯镁试样在其中分别微弧氧化处理 10 min 和 15 min 后,试样表面和截面的 SEM 照片如图 9.7 所示。可见,微弧氧化处理 15 min 后,涂层的厚度达到约 45 μm,较微弧氧化处理 10 min 试样的厚度提高了约 10 μm。随着陶瓷涂层的增厚,尽管受到三乙醇胺的抑弧作用,微弧氧化过程中试样表面仍开始出现明亮的大火花。由于大火花携带的能量高,试样表面受其作用和影响的范围也大,因此在大火花的作用下生成的陶瓷涂层表面开始变得粗糙,表面微孔的尺寸也有所增大[图 9.6(c)]。受涂层表面变粗糙的影响,微弧氧化处理 15 min 后涂层表面吸附的 Na 元素的含量也由微弧氧化 10 min 时的 6.99%[图 9.6(d)]增加至 7.59%[图 9.7(e)]。

3. 封孔处理对陶瓷涂层显微结构的影响

纯镁试样在添加 0.2 L/L 三乙醇胺的基础电解液中分别微弧氧化处理 10 min 和 15 min,之后又在硅酸钠水溶液中进行了封孔处理。封孔处理后试样表面的 SEM 照片如图 9.8 所示。可见,陶瓷涂层经封孔处理后,涂层表面孔隙显著减小,表面光洁度显著提高。Schmeling 等[249,250]认为使用硅酸钠水溶液封孔的原理是陶瓷涂层中的有些物质如 $Mg(OH)_2$ 可与 Na_2SiO_3 反应生成 $MgSiO_3$ 沉淀,另外空气中的 CO_2 会与涂层上残留的 Na_2SiO_3 反应,生成 SiO_2 而将孔隙封住,具体反应方程式如下所示:

$$Mg(OH)_2 + Na_2SiO_3 \Longrightarrow 2NaOH + MgSiO_3 \tag{9.1}$$

$$Na_2SiO_3 + CO_2 \Longrightarrow SiO_2 + Na_2CO_3 \tag{9.2}$$

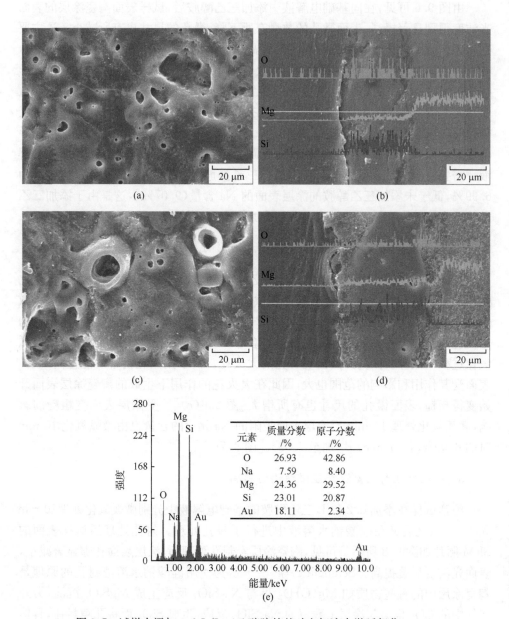

图 9.7　试样在添加 0.2 L/L 三乙醇胺的基础电解液中微弧氧化 10 min
和 15 min 后的表面和截面形貌以及 EDS 能谱
(a)和(b) 10 min；(c)和(d) 15 min；(e) 图(c)中试样表面的 EDS 能谱图

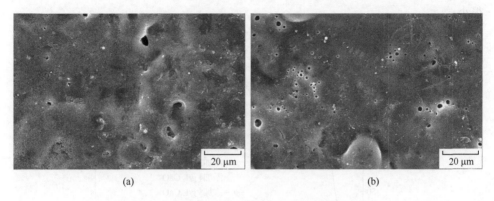

图 9.8　试样在硅酸钠水溶液中封孔后的表面形貌

(a) MAO 10 min；(b) MAO 15 min

9.2　CaO 粉末对纯镁微弧氧化陶瓷涂层显微结构和耐蚀性的影响

为了提高微弧氧化陶瓷涂层的耐蚀性,拟向基础电解液(30 g/L NaOH＋160 g/L Na$_2$SiO$_3$·9H$_2$O＋160 g/L Na$_2$B$_4$O$_7$·10H$_2$O)中添加 CaO 粉末和三乙醇胺添加剂,并在 20 ℃和 40 mA/cm^2 电流密度的条件下对纯镁试样进行微弧氧化处理,考察 CaO 粉末和三乙醇胺对微弧氧化陶瓷涂层显微结构和耐蚀性能的影响。试验中 CaO 粉末的添加量分别按照 2 g、4 g、8 g 和 12 g CaO∶1 L 基础电解液的比例添加(以后分别简记为 2 g/L、4 g/L、8 g/L 和 12 g/L),三乙醇胺的添加量为 0.2 L/L。

9.2.1　单独添加 CaO 粉末对微弧氧化陶瓷涂层耐蚀性的影响

1. 添加 CaO 粉末对微弧氧化电压的影响

纯镁在添加 CaO 粉末的基础电解液中进行微弧氧化处理的电压与时间关系曲线如图 9.9 所示。为了进行比较,将纯镁在未添加 CaO 粉末的基础电解液中进行微弧氧化处理的电压-时间曲线也绘于图 9.9 中。可见,向基础电解液中添加不同数量的 CaO 粉末后,微弧氧化电压均线性迅速升高,直至到达各自的击穿电压。但各击穿电压的数值与未添加 CaO 粉末的试样击穿电压相比没有明显变化。不仅如此,在随后进行的微弧氧化过程中,添加 CaO 粉末的试样电压与未添加 CaO 粉末的试样电压相比差别也很小,5 条电压-时间曲线几乎重合在一起。这表明向基础电解液中添加的 CaO 粉末并不像三乙醇胺那样能够抑制火花放电,进而显著提高微弧氧化过程中的电压。相反地,CaO 粉末对微弧氧化过程中的电压影响很小。

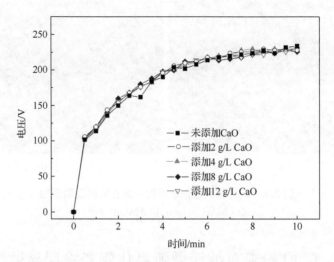

图 9.9　试样在添加和未添加 CaO 粉末的基础电解液中微弧氧化的电压-时间曲线

2. 添加 CaO 粉末对微弧氧化陶瓷涂层耐蚀性的影响

纯镁在添加 CaO 粉末的基础电解液中微弧氧化处理 10 min 后,在 37 ℃的模拟体液中进行的动电位极化曲线测量结果如图 9.10 所示,各极化曲线的电化学参数列于表 9.4 中。为了进行比较,将纯镁在未添加 CaO 的基础电解液中微弧氧化处理 10 min 后在 37 ℃的模拟体液中测量的极化曲线也绘于图 9.10 中。

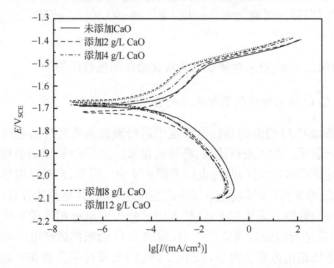

图 9.10　试样在添加和未添加 CaO 粉末的基础电解液中微弧氧化处理后的动电位极化曲线

表 9.4　试样在添加和未添加 CaO 粉末的基础电解液中微弧氧化处理后的极化曲线的电化学参数

试样	E_{corr} /V_{SCE}	I_{corr} /(A/cm^2)	β_a	β_c	R_p /$(k\Omega \cdot cm^2)$	E_{pt} /V_{SCE}	ΔE /V_{SCE}
未添加 CaO	−1.69	1.42×10^{-6}	0.115	0.173	21.1	−1.52	0.17
添加 2 g/L CaO	−1.72	4.39×10^{-7}	0.119	0.132	62.0	−1.51	0.21
添加 4 g/L CaO	−1.68	3.13×10^{-7}	0.103	0.132	80.2	−1.52	0.16
添加 8 g/L CaO	−1.67	1.69×10^{-7}	0.0996	0.136	147	−1.51	0.16
添加 12 g/L CaO	−1.67	1.90×10^{-7}	0.105	0.133	134	−1.51	0.16

由图 9.10 和表 9.4 可见,纯镁试样在添加 CaO 粉末的基础电解液中微弧氧化处理后,它们的腐蚀电位(E_{corr})与未添加 CaO 粉末的试样的腐蚀电位相比发生了小幅度的正移或负移,腐蚀电流密度(I_{corr})则均较未添加 CaO 粉末的纯镁试样下降了一个数量级。其中添加 8 g/L CaO 粉末后试样的腐蚀电流密度(I_{corr})降到最低,为 1.69×10^{-7} A/cm²,该值约为未添加 CaO 粉末的纯镁试样腐蚀电流密度的 1/10。由此可见,向基础电解液中添加适量 CaO 粉末后进行微弧氧化,可有效提高陶瓷涂层的耐蚀性。

9.2.2　混合添加 CaO 粉末和三乙醇胺对微弧氧化陶瓷涂层耐蚀性的影响

1. 混合添加 CaO 粉末和三乙醇胺对微弧氧化电压的影响

纯镁试样在同时添加 CaO 粉末和三乙醇胺的基础电解液中进行微弧氧化处理的电压与时间的关系曲线如图 9.11 所示。为了进行比较,将纯镁试样在未添加 CaO 粉末而仅添加 0.2 L/L 三乙醇胺的基础电解液中进行微弧氧化处理的电压-时间曲线也绘于图 9.11 中。可见,向基础电解液中同时添加不同浓度的 CaO 粉末和三乙醇胺后,微弧氧化电压均迅速线性升高,直至到达各自的击穿电压。但这些试样的击穿电压值与仅添加三乙醇胺的试样相比差别不大。在随后进行的微弧氧化过程中,随着试样表面陶瓷涂层的不断生长,微弧氧化电压也缓慢升高,并且同时添加 CaO 粉末和三乙醇胺的试样电压值比仅添加三乙醇胺的试样电压值更高些。例如,微弧氧化处理 10 min 后,同时添加 CaO 粉末和三乙醇胺的试样电压值达到了 332~344 V,而仅添加三乙醇胺的试样电压值仅为 310 V。由此可见,同时添加 CaO 粉末和三乙醇胺后能够提高微弧氧化过程中的电压值,而较高的电压值则意味着在该条件下生成的陶瓷涂层具有更好的耐蚀性。

2. 混合添加 CaO 粉末和三乙醇胺对微弧氧化涂层耐蚀性的影响

纯镁试样在同时添加 CaO 粉末和三乙醇胺的基础电解液中微弧氧化处理

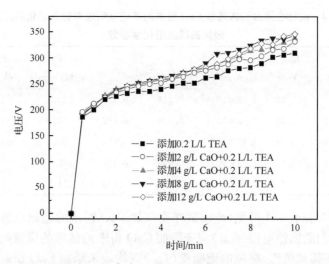

图 9.11　试样在同时添加 CaO 粉末和三乙醇胺的基础电解液中微弧氧化的电压-时间曲线

10 min后,在37℃的模拟体液中进行的动电位极化曲线测量结果如图 9.12 所示,各极化曲线的电化学参数列于表 9.5 中。为了进行比较,将纯镁在仅添加 0.2 L/L三乙醇胺的基础电解液中微弧氧化处理 10 min 后在 37 ℃的模拟体液中测量的极化曲线也绘于图 9.12 中。

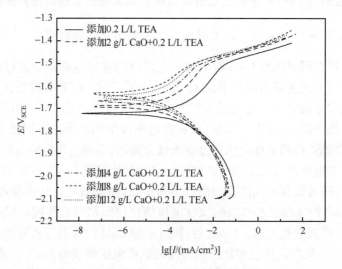

图 9.12　试样在同时添加 CaO 和三乙醇胺的基础电解液中微弧氧化
处理后的动电位极化曲线

由图 9.12 和表 9.5 可见,纯镁试样在同时添加了 CaO 粉末和三乙醇胺的基础电解液中微弧氧化处理后,它们的腐蚀电位(E_{corr})与仅添加三乙醇胺的试样腐

蚀电位(E_{corr})相比正移了 30～90 mV,腐蚀电流密度(I_{corr})也显著下降。其中添加
8 g/L CaO 和 0.2 L/L 三乙醇胺的试样的腐蚀电流密度最小,为 7.13×
10^{-8} A/cm²,该值约为仅添加 0.2 L/L 三乙醇胺的试样的腐蚀电流密度的十分之
一。由此可见,向基础电解液中添加适量的 CaO 粉末和三乙醇胺后进行微弧氧
化,可显著提高陶瓷涂层的耐蚀性。

表 9.5　动电位极化曲线的电化学参数

试样	E_{corr} /V_{SCE}	I_{corr} /(A/cm²)	β_a	β_c	R_p/(kΩ·cm²)	E_{pt} /V_{SCE}	ΔE /V_{SCE}
添加 0.2 L/L TEA	−1.72	7.45×10^{-7}	0.118	0.147	38.2	−1.51	0.21
添加 2 g/L CaO+0.2L/L TEA	−1.69	2.12×10^{-7}	0.113	0.144	129	−1.51	0.18
添加 4 g/L CaO+0.2L/L TEA	−1.67	1.32×10^{-7}	0.103	0.140	197	−1.51	0.16
添加 8 g/L CaO+0.2L/L TEA	−1.63	7.13×10^{-8}	0.0720	0.140	290	−1.49	0.14
添加 12 g/L CaO+0.2L/L TEA	−1.65	9.66×10^{-8}	0.0846	0.148	242	−1.50	0.15

9.2.3　封孔处理对微弧氧化陶瓷涂层耐蚀性的影响

　　纯镁试样在同时添加 CaO 粉末和三乙醇胺的基础电解液中微弧氧化处理
10 min 后又经硅酸钠水溶液封孔处理,之后在 37℃的模拟体液中测量的极化曲线
如图 9.13 所示,极化曲线的电化学参数列于表 9.6 中。为了进行比较,将未经封
孔处理试样的极化曲线也绘于图 9.13 中。

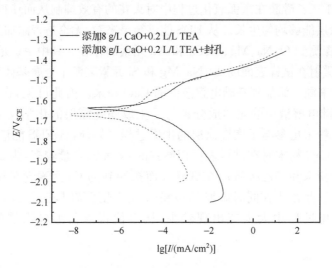

图 9.13　试样在硅酸钠水溶液中封孔前后的动电位极化曲线

表 9.6 试样封孔前后动电位极化曲线的电化学参数

试样	E_{corr} /V_{SCE}	I_{corr} /(A/cm^2)	β_a	β_c	R_p/(k$\Omega \cdot$ cm^2)	E_{pt} /V_{SCE}	ΔE /V_{SCE}
添加 8 g/L CaO+0.2L/L TEA	−1.63	7.13×10^{-8}	0.0720	0.140	290	−1.49	0.14
添加 8 g/L CaO+0.2L/L TEA+封孔	−1.67	9.00×10^{-9}	0.117	0.149	3164	−1.55	0.12

由图 9.13 和表 9.6 可见,陶瓷涂层经硅酸钠水溶液封孔处理后,其腐蚀电位 (E_{corr})较封孔前负移了约 40 mV,腐蚀电流密度(I_{corr})下降了一个数量级,达到了 9.00×10^{-9} A/cm^2,与其相对应的极化电阻(R_p)也激增到 3164 k$\Omega \cdot$ cm^2,约为封孔前的 11 倍。可见,陶瓷涂层经封孔处理后,其耐蚀性与封孔前相比得到了极大提高。

9.2.4 微弧氧化陶瓷涂层的显微结构

1. CaO 粉末和三乙醇胺对陶瓷涂层显微结构的影响

纯镁试样在只添加 8 g/L CaO 粉末以及同时添加 8 g/L CaO 粉末和 0.2 L/L 三乙醇胺的基础电解液中微弧氧化处理 10 min 后的 SEM 照片及 EDS 能谱结果如图 9.14 所示。可见,纯镁在只添加 CaO 粉末的基础电解液中微弧氧化处理后,陶瓷涂层表面凹凸不平,比较粗糙;而纯镁在同时添加 CaO 粉末和三乙醇胺的基础电解液中微弧氧化处理后,涂层表面的孔隙率有所下降,表面光洁度明显提高。这主要是由于三乙醇胺在微弧氧化过程中对火花的有效抑制从而使得试样表面的火花细小,涂层能够均匀生长。从 EDS 能谱结果来看,无论是否添加三乙醇胺,在试样表面均探测到 O、Na、Mg、Si、Ca 和 Au 元素的存在。其中 Au 元素是利用金离子溅射仪溅射在试样表面的,O、Na、Mg 和 Si 元素来源于金属基体和电解液,而 Ca 元素显然来源于添加到基础电解液中的 CaO 粉末。由此可见,在微弧氧化过程中除了基础电解液中的化学成分参与了生成陶瓷涂层的化学反应外,添加在其中的 CaO 粉末也参与了陶瓷涂层的生成过程。另外,从 EDS 能谱分析结果还发现只添加 CaO 粉末时在试样表面探测到的 Ca 元素含量较多,为 3.38%,而同时添加 CaO 粉末和三乙醇胺后在试样表面探测到的 Ca 元素含量则相对较小,为 2.63%。这是由于在同时添加 CaO 粉末和三乙醇胺时,三乙醇胺的抑弧作用使得微弧氧化过程中大火花出现较少,从而使得参与形成涂层的 CaO 粉末较少。

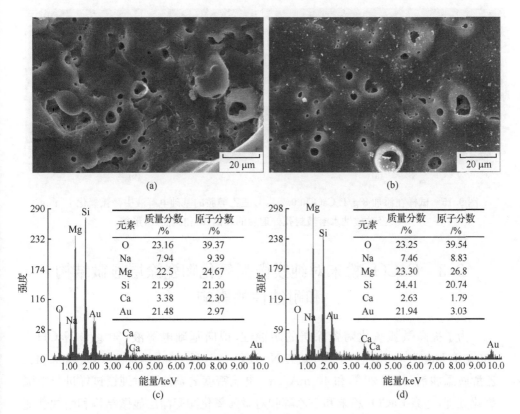

图 9.14　试样在只添加 8 g/L CaO 以及同时添加 8 g/L CaO 和 0.2 L/L 三乙醇胺
的基础电解液中微弧氧化 10 min 后的表面形貌及 EDS 能谱

(a) 8 g/L CaO；(b) 8 g/L CaO ＋0.2 L/L 三乙醇胺；(c) 图 (a) 中试样表面
的 EDS 能谱；(d) 图 (b) 中试样表面的 EDS 能谱

2. 封孔处理对陶瓷涂层显微结构的影响

纯镁试样在同时添加 8 g/L CaO 粉末和 0.2 L/L 三乙醇胺的基础电解液中
微弧氧化处理 10 min，又经 30 g/L 的硅酸钠水溶液封孔处理后的表面和截面形貌
如图 9.15 所示。可见，陶瓷涂层经封孔处理后表面孔隙显著减小，表面光洁度也
得到显著的提高[图 9.15(a)]。另外，从涂层截面化学元素的线扫描结果[图 9.15
(b)]可知，在涂层截面上除探测到 O、Si 和 Mg 元素外，还探测到了 Ca 元素的存
在。该结果进一步表明添加到基础电解液中的 CaO 粉末确实参与了微弧氧化过
程中陶瓷涂层的生成过程。

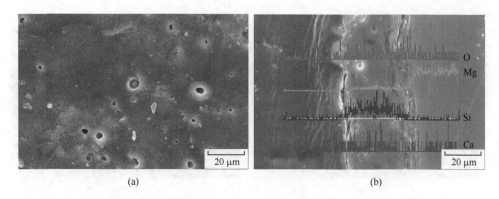

图 9.15　试样在添加 8 g/L CaO 和 0.2 L/L 三乙醇胺的基础电解液中微弧氧化 10 min
又经硅酸钠水溶液封孔处理后的表面(a)和截面(b)形貌

9.3　CaCO₃ 粉末对纯镁微弧氧化陶瓷涂层显微结构和耐蚀性的影响

为了提高微弧氧化陶瓷涂层的耐蚀性,拟向基础电解液(30 g/L NaOH＋
160 g/L Na₂SiO₃·9H₂O＋160 g/L Na₂B₄O₇·10H₂O)中添加 CaCO₃ 粉末和三
乙醇胺添加剂,并在 20 ℃和 40 mA/cm² 电流密度的条件下对纯镁试样进行微弧
氧化处理,考察 CaCO₃ 粉末和三乙醇胺对微弧氧化陶瓷涂层显微结构和耐蚀性能
的影响。试验中 CaCO₃ 粉末的添加量分别按照 1 g、2 g、4 g 和 8 g CaCO₃∶1 L 基
础电解液的比例添加(分别简记为 1 g/L、2 g/L、4 g/L 和 8 g/L),三乙醇胺的添加
量为 0.2 L/L。

9.3.1　单独添加 CaCO₃ 粉末对微弧氧化陶瓷涂层耐蚀性的影响

1. 添加 CaCO₃ 粉末对微弧氧化电压的影响

纯镁在添加 CaCO₃ 粉末的基础电解液中进行微弧氧化处理的电压与时间的
关系曲线如图 9.16 所示。为了进行比较,将纯镁在未添加 CaCO₃ 粉末的基础电
解液中进行微弧氧化处理的电压-时间曲线也绘于图 9.16 中。可见,向基础电解
液中添加不同数量的 CaCO₃ 粉末后,微弧氧化电压的变化情况与添加 CaO 粉末
后微弧氧化电压的变化情况(图 9.9)类似。首先,微弧氧化电压在短时间内线性
升高至各自的击穿电压,之后随着试样表面火花的出现和陶瓷涂层的生成,微弧氧
化电压缓慢爬升至微弧氧化结束。另外,由图 9.16 可见添加不同数量 CaCO₃ 粉
末的电压-时间曲线与未添加 CaCO₃ 粉末的电压-时间曲线差别很小,5 条电压-时

间曲线几乎重合在一起。这表明向基础电解液中添加 $CaCO_3$ 粉末与添加 CaO 粉末一样,两者均不能抑制微弧氧化过程中的火花放电,因而对微弧氧化过程中电压的变化影响很小。

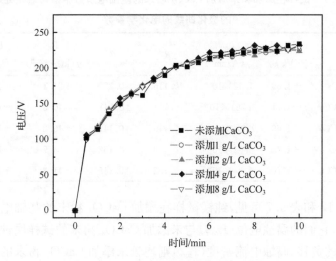

图 9.16 试样在添加和未添加 $CaCO_3$ 粉末的基础电解液中微弧氧化的电压-时间曲线

2. 添加 $CaCO_3$ 粉末对微弧氧化陶瓷涂层耐蚀性的影响

纯镁在添加 $CaCO_3$ 粉末的基础电解液中微弧氧化处理 10 min 后,在 37 ℃的模拟体液中进行的动电位极化曲线测量结果如图 9.17 所示,各极化曲线的电化学

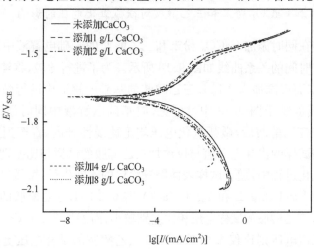

图 9.17 试样在添加和未添加 $CaCO_3$ 粉末的基础电解液中微弧氧化
处理后的动电位极化曲线

参数列于表 9.7 中。为了进行比较，将纯镁在未添加 $CaCO_3$ 的基础电解液中微弧氧化处理 10 min 后在 37 ℃的模拟体液中测量的极化曲线也绘于图 9.17 中。

表 9.7　试样在添加和未添加 $CaCO_3$ 粉末的基础电解液中微弧氧化处理后的极化曲线的电化学参数

试样	E_{corr} /V_{SCE}	I_{corr} /(A/cm^2)	β_a	β_c	R_p /(kΩ·cm^2)	E_{pt} /V_{SCE}	ΔE /V_{SCE}
未添加 $CaCO_3$	-1.69	1.42×10^{-6}	0.115	0.173	21.1	-1.52	0.17
添加 1 g/L $CaCO_3$	-1.71	6.761×10^{-7}	0.111	0.147	40.6	-1.54	0.17
添加 2 g/L $CaCO_3$	-1.69	9.970×10^{-7}	0.110	0.147	49.8	-1.52	0.17
添加 4 g/L $CaCO_3$	-1.70	9.01×10^{-7}	0.108	0.152	54.7	-1.55	0.15
添加 8 g/L $CaCO_3$	-1.70	6.34×10^{-7}	0.103	0.145	41.3	-1.53	0.17

由图 9.17 和表 9.7 可见，纯镁试样在添加 $CaCO_3$ 粉末的基础电解液中微弧氧化处理后，它们的腐蚀电位（E_{corr}）与未添加 $CaCO_3$ 粉末的试样腐蚀电位相比发生了小幅度的负移，腐蚀电流密度（I_{corr}）则均较未添加 $CaCO_3$ 粉末的纯镁试样下降了一个数量级。其中添加 8 g/L $CaCO_3$ 粉末后试样的腐蚀电流密度（I_{corr}）最小，为 9.01×10^{-7} A/cm^2。由此可见，向基础电解液中添加适量 $CaCO_3$ 粉末后进行微弧氧化，可在一定程度上提高陶瓷涂层的耐蚀性。

9.3.2　混合添加 $CaCO_3$ 粉末和三乙醇胺对微弧氧化陶瓷涂层耐蚀性的影响

1. 混合添加 $CaCO_3$ 粉末和三乙醇胺对微弧氧化电压的影响

纯镁试样在同时添加 $CaCO_3$ 粉末和三乙醇胺的基础电解液中进行微弧氧化处理的电压与时间的关系曲线如图 9.18 所示。为了进行比较，将纯镁试样在未添加 $CaCO_3$ 粉末而仅添加 0.2 L/L 三乙醇胺的基础电解液中进行微弧氧化处理的电压-时间曲线也绘于图 9.18 中。可见，向基础电解液中同时添加不同浓度的 $CaCO_3$ 粉末和三乙醇胺后，微弧氧化电压均迅速线性升高，直至到达各自的击穿电压。但这些试样的击穿电压值与仅添加三乙醇胺的试样相比差别不大。在随后进行的微弧氧化过程中，随着试样表面陶瓷涂层的不断生长，微弧氧化电压也缓慢升高。但添加 1 g/L、2 g/L 和 4 g/L $CaCO_3$ 与 0.2 L/L 三乙醇胺的试样电压与仅添加 0.2 L/L 三乙醇胺的试样电压相比差别较小，而添加 8 g/L $CaCO_3$ 与 0.2 L/L 三乙醇胺的试样电压则比仅添加 0.2 L/L 三乙醇胺的试样电压更高一些。由此可见，同时添加适量的 $CaCO_3$ 粉末和三乙醇胺后能够提高微弧氧化过程中的电压值，而较高的电压值则意味着在该条件下生成的陶瓷涂层将具有更好的耐蚀性。

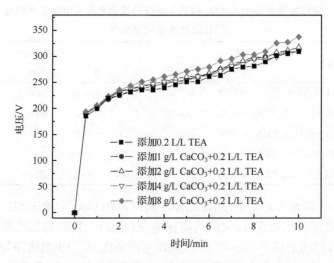

图 9.18　试样在同时添加 $CaCO_3$ 粉末和三乙醇胺的基础电解液中微弧氧化的电压-时间曲线

2. 混合添加 $CaCO_3$ 粉末和三乙醇胺对微弧氧化涂层耐蚀性的影响

纯镁试样在同时添加 $CaCO_3$ 粉末和三乙醇胺的基础电解液中微弧氧化处理 10 min 后,在 37℃ 的模拟体液中进行的动电位极化曲线测量结果如图 9.19 所示,各极化曲线的电化学参数列于表 9.8 中。为了进行比较,将纯镁在仅添加 0.2 L/L 三乙醇胺的基础电解液中微弧氧化处理 10 min 后在 37℃ 的模拟体液中测量的极化曲线也绘于图 9.19 中。

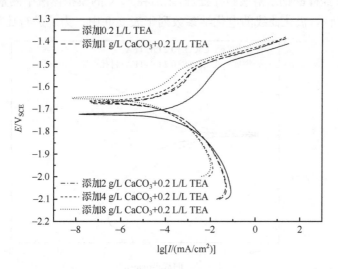

图 9.19　试样在同时添加 $CaCO_3$ 和三乙醇胺的基础电解液中微弧氧化处理后
的动电位极化曲线

表 9.8　试样在同时添加 $CaCO_3$ 和三乙醇胺的基础电解液中微弧氧化处理后的
极化曲线的电化学参数

试样	E_{corr} /V_{SCE}	I_{corr} /(A/cm²)	β_a	β_c	R_p/(kΩ· cm²)	E_{pt} /V_{SCE}	ΔE /V_{SCE}
添加 0.2 L/L TEA	−1.72	7.45×10⁻⁷	0.118	0.147	38.2	−1.51	0.21
添加 1 g/L CaCO₃+0.2L/L TEA	−1.67	2.71×10⁻⁷	0.124	0.156	111	−1.52	0.15
添加 2 g/L CaCO₃+0.2L/L TEA	−1.67	2.40×10⁻⁷	0.110	0.157	117	−1.52	0.15
添加 4 g/L CaCO₃+0.2L/L TEA	−1.67	1.48×10⁻⁷	0.102	0.162	184	−1.51	0.16
添加 8 g/L CaCO₃+0.2L/L TEA	−1.65	7.57×10⁻⁸	0.0956	0.151	336	−1.52	0.13

由图 9.19 和表 9.8 可见,纯镁试样在同时添加 $CaCO_3$ 粉末和三乙醇胺的基础电解液中微弧氧化处理后,它们的腐蚀电位(E_{corr})与仅添加三乙醇胺的试样腐蚀电位(E_{corr})相比正移了 50~70 mV,腐蚀电流密度(I_{corr})也显著下降。其中添加 8 g/L $CaCO_3$ 和 0.2 L/L 三乙醇胺的试样腐蚀电流密度最小,为 7.57×10⁻⁸ A/cm²,该值约为仅添加 0.2 L/L 三乙醇胺的试样腐蚀电流密度的十分之一。由此可见,向基础电解液中添加适量的 $CaCO_3$ 粉末和三乙醇胺后进行微弧氧化,可显著提高陶瓷涂层的耐蚀性。但同时添加 $CaCO_3$ 粉末和三乙醇胺进行微弧氧化处理后,试样的 ΔE 值均有所下降,说明试样的抗坑蚀能力有所降低。

9.3.3　封孔处理对微弧氧化陶瓷涂层耐蚀性的影响

纯镁试样在同时添加 $CaCO_3$ 粉末和三乙醇胺的基础电解液中微弧氧化处理 10 min 后又经硅酸钠水溶液封孔处理,之后在 37℃ 的模拟体液中测量的极化曲线如图 9.20 所示,极化曲线的电化学参数列于表 9.9 中。为了进行比较,将未经封

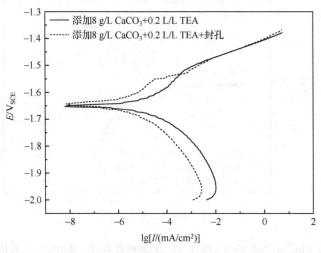

图 9.20　试样在硅酸钠水溶液中封孔前后的动电位极化曲线

孔处理的试样的极化曲线也绘于图 9.20 中。

表 9.9　试样封孔前后动电位极化曲线的电化学参数

试样	E_{corr} /V_{SCE}	I_{corr} /(A/cm²)	β_a	β_c	R_p/(kΩ· cm²)	E_{pt} /V_{SCE}	ΔE /V_{SCE}
添加 8 g/L CaCO₃ + 0.2 L/L TEA	−1.65	7.57×10⁻⁸	0.0956	0.151	336	−1.52	0.13
添加 8 g/L CaCO₃+0.2 L/L TEA+封孔	−1.64	9.73×10⁻⁹	0.0835	0.138	2322	−1.55	0.09

由图 9.20 和表 9.9 可见,陶瓷涂层经硅酸钠水溶液封孔处理后,其腐蚀电位 (E_{corr})较封孔前正移了约 10 mV,腐蚀电流密度(I_{corr})下降了一个数量级,达到了 $9.73×10^{-9}$ A/cm²,与其相对应的极化电阻(R_p)也激增到 2322 kΩ·cm²,约为封孔前的 7 倍。可见,陶瓷涂层经封孔处理后,其耐蚀性与封孔前相比得到了很大提高。

9.3.4　微弧氧化陶瓷涂层的显微结构

1. CaCO₃ 粉末和三乙醇胺对陶瓷涂层显微结构的影响

纯镁试样在只添加 8 g/L CaCO₃ 粉末以及同时添加 8 g/L CaCO₃ 粉末和 0.2 L/L 三乙醇胺的基础电解液中微弧氧化处理 10 min 后的 SEM 照片及 EDS 能谱结果如图 9.21 所示。可见,纯镁在只添加 CaCO₃ 粉末的基础电解液中微弧氧化处理后,陶瓷涂层表面高低不平,比较粗糙;而纯镁在同时添加 CaCO₃ 粉末和三乙醇胺的基础电解液中微弧氧化处理后,涂层表面的孔隙率有所下降,表面光洁度得到明显提高。这主要是由于三乙醇胺在微弧氧化过程中对火花的有效抑制从而使得试样表面的火花细小,涂层生长得比较均匀。从 EDS 能谱结果来看,无论是否添加三乙醇胺,在试样表面均探测到 O、Na、Mg、Si、Ca 和 Au 元素的存在。与向基础电解液中添加 CaO 粉末得到的 EDS 能谱结果(图 9.14)一样,Au 元素是利用金离子溅射仪溅射在试样表面的,O、Na、Mg 和 Si 元素来源于金属基体和电解液,Ca 元素来源于添加到基础电解液中的 CaCO₃ 粉末。由此可见,在微弧氧化过程中除了基础电解液中的化学成分参与了生成陶瓷涂层的化学反应外,添加在其中的 CaCO₃ 粉末也参与了陶瓷涂层的生成过程。另外,从 EDS 能谱分析结果还发现只添加 CaCO₃ 粉末时在试样表面探测到的 Ca 元素含量较多,为 3.10%,而同时添加 CaCO₃ 粉末和三乙醇胺后在试样表面探测到的 Ca 元素含量则相对较小,为 2.90%。这是由于在仅添加 CaCO₃ 粉末时,CaCO₃ 没有抑弧作用,使得微弧氧化过程中大火花出现较多,从而在大火花的作用下导致参与形成涂层的

CaCO₃ 粉末较多,因此在试样表面探测到了较多的 Ca 元素。

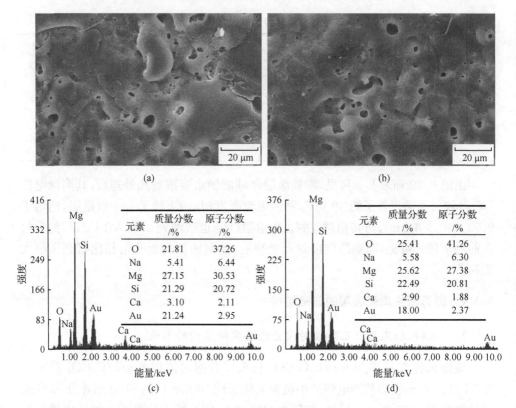

图 9.21　试样在只添加 8 g/L CaCO₃ 以及同时添加 8 g/L CaCO₃ 和 0.2 L/L 三乙醇胺的
基础电解液中微弧氧化 10 min 后的表面形貌及 EDS 能谱

(a) 8 g/L CaCO₃;(b) 8 g/L CaCO₃+0.2 L/L 三乙醇胺;(c) 图(a)中试样表面的 EDS 能谱;
(d) 图(b)中试样表面的 EDS 能谱

2. 封孔处理对陶瓷涂层显微结构的影响

纯镁试样在同时添加 8 g/L CaCO₃ 粉末和 0.2 L/L 三乙醇胺的基础电解液
中微弧氧化处理 10 min,又经 30 g/L 的硅酸钠水溶液封孔处理后的表面和截面形
貌如图 9.22 所示。可见,陶瓷涂层经封孔处理后表面孔隙显著减小,表面光洁度
也得到显著的提高[图 9.22(a)]。另外,从涂层截面化学元素的线扫描结果
[图 9.22(b)]可知,在涂层截面上除探测到 O、Si 和 Mg 元素外,还探测到了 Ca 元
素的存在,这与纯镁试样在添加 CaO 粉末的基础电解液中微弧氧化处理后截面线
扫描分析结果(图 9.15)类似。结合涂层表面 EDS 能谱分析结果(图 9.21),涂层
截面中 Ca 元素的存在进一步表明添加到基础电解液中的 CaCO₃ 粉末也参与了微
弧氧化过程中陶瓷涂层的生成过程。

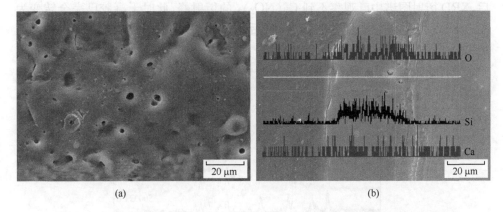

(a)　　　　　　　　　　　　　　　(b)

图 9.22　试样在添加 8 g/L CaCO$_3$ 和 0.2 L/L 三乙醇胺的基础电解液中微弧氧化
10 min 又经硅酸钠水溶液封孔处理后的表面(a)和截面(b)形貌

9.4　羟基磷灰石粉末对纯镁微弧氧化陶瓷涂层显微结构和耐蚀性的影响

　　为了提高微弧氧化陶瓷涂层的耐蚀性,拟向基础电解液(30 g/L NaOH＋160 g/L Na$_2$SiO$_3$·9H$_2$O＋160 g/L Na$_2$B$_4$O$_7$·10H$_2$O)中添加羟基磷灰石(HA)粉末和三乙醇胺添加剂,并在 20 ℃ 和 40 mA/cm^2 电流密度的条件下对纯镁试样进行微弧氧化处理,考察 HA 粉末和三乙醇胺对微弧氧化陶瓷涂层显微结构和耐蚀性能的影响。试验中 HA 粉末的添加量分别按照 1 g、2 g、4 g 和 8 g HA∶1 L 基础电解液的比例添加(分别简记为 1 g/L、2 g/L、4 g/L 和 8 g/L),三乙醇胺的添加量为 0.2 L/L。

9.4.1　羟基磷灰石粉末的制备和表征

　　添加到基础电解液中的羟基磷灰石(HA)粉末采用溶胶-凝胶方法制备,并分别以 Ca(NO$_3$)$_2$·4H$_2$O 和 P$_2$O$_5$ 作为 Ca 和 P 的前驱体。将一定浓度的Ca(NO$_3$)$_2$·4H$_2$O 和 P$_2$O$_5$ 乙醇溶液混合后便得到 Ca/P 为 1.67 的无色透明 HA 溶胶,再将此溶胶干燥后即得到白色泡沫状蓬松的 HA 干凝胶。HA 干凝胶以及干凝胶经不同温度烧结 1 h 后得到的粉末的 XRD 图谱如图 9.23 所示。可见,对于 HA 干凝胶,其所有的衍射峰均对应于 Ca(NO$_3$)$_2$,而没有晶态 HA 的衍射峰出现,该结果说明 Ca 和 P 的前驱体此时还没有完全反应生成磷酸钙[251,252]。当干凝胶经450 ℃烧结 1 h 后,衍射图谱中出现了晶态 HA 的衍射峰,但也同时存在着Ca(NO$_3$)$_2$ 的衍射峰,说明此时已有部分干凝胶转变为晶态 HA。当干凝胶经 500 ℃烧结 1 h

后,XRD 衍射图谱中已观察不到 Ca(NO₃)₂ 的衍射峰,此时干凝胶已完全转变为晶态 HA。当将烧结温度升高至 600 ℃后,衍射峰变得更加锐利,表明 HA 结晶更加完全。

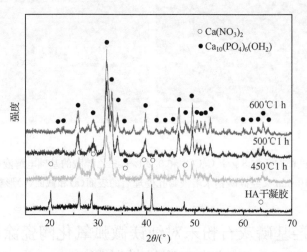

图 9.23　HA 干凝胶以及干凝胶经不同温度烧结 1 h 后得到的粉末的 XRD 图谱

HA 干凝胶经 500 ℃烧结 1 h 后得到粉末的表面形貌和 EDS 能谱分析结果如图 9.24 所示。可见,HA 粉末的粒径分布不是很均匀,其中较大的颗粒粒径可达 10 μm 左右。由 EDS 能谱分析结果可见,HA 粉末 Ca/P 原子比为 1.69,非常接近 HA 理论的 Ca/P 原子比(1.67)。EDS 能谱结果中除 O、Ca 和 P 元素外,还探测到了 Au 元素的存在,这是为了增加 HA 粉末的导电性而利用金离子溅射仪溅射在试样表面的。

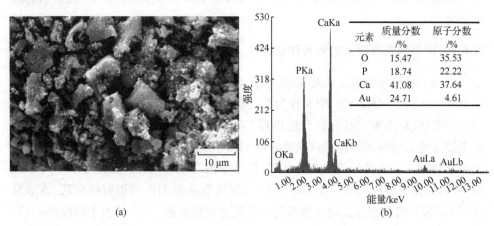

元素	质量分数/%	原子分数/%
O	15.47	35.53
P	18.74	22.22
Ca	41.08	37.64
Au	24.71	4.61

(a)　(b)

图 9.24　HA 粉末的表面形貌(a)和 EDS 能谱分析(b)

9.4.2　单独添加 HA 粉末对微弧氧化陶瓷涂层耐蚀性的影响

1. 添加 HA 粉末对微弧氧化电压的影响

纯镁在添加 HA 粉末的基础电解液中进行微弧氧化处理的电压与时间关系曲线如图 9.25 所示。为了进行比较，将纯镁在未添加 HA 粉末的基础电解液中进行微弧氧化处理的电压-时间曲线也绘于图 9.25 中。可见，向基础电解液中添加不同数量的 HA 粉末后，微弧氧化电压的变化情况与添加 CaO、CaCO$_3$ 粉末后微弧氧化电压的变化情况类似（图 9.9 和图 9.16）。由于 HA 粉末对微弧氧化过程中的火花放电并没有抑制作用，因此向基础电解液中添加不同数量的 HA 粉末后微弧氧化电压的变化与未添加 HA 粉末的电压变化差别很小，5 条电压-时间曲线几乎重合在一起。

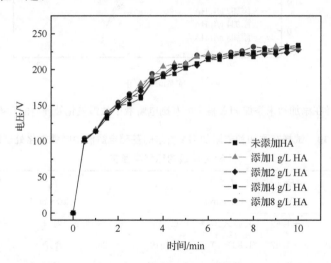

图 9.25　试样在添加和未添加 HA 粉末的基础电解液中微弧氧化的电压-时间曲线

2. 添加 HA 粉末对微弧氧化陶瓷涂层耐蚀性的影响

纯镁在添加 HA 粉末的基础电解液中微弧氧化处理 10 min 后，在 37 ℃ 的模拟体液中进行的动电位极化曲线测量结果如图 9.26 所示，各极化曲线的电化学参数列于表 9.10 中。为了进行比较，将纯镁在未添加 HA 粉末的基础电解液中微弧氧化处理 10 min 后在 37 ℃ 的模拟体液中测量的极化曲线也绘于图 9.26 中。

由图 9.26 和表 9.10 可见，纯镁试样在添加 HA 粉末的基础电解液中微弧氧化处理后，它们的腐蚀电位（E_{corr}）与未添加 HA 粉末的试样的腐蚀电位相比发生了小幅度的正移或负移，腐蚀电流密度（I_{corr}）则均较未添加 HA 粉末的纯镁试样下降了一个数量级。其中添加 1 g/L HA 粉末后试样的腐蚀电流密度(I_{corr})最小，为 1.80×10^{-7} A/cm²，该值约为未添加 HA 粉末的纯镁试样腐蚀电流密度的 1/10。由此可见，向基础电解液中添加适量 HA 粉末后进行微弧氧化，可在一定程度上提高陶瓷涂层的耐蚀性。

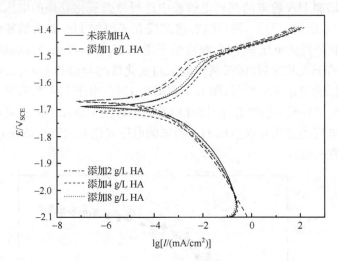

图 9.26　试样在添加和未添加 HA 粉末的基础电解液中微弧氧化处理后的动电位极化曲线

表 9.10　试样在添加和未添加 HA 粉末的基础电解液中微弧氧化处理后的极化曲线的电化学参数

试样	E_{corr} /V_{SCE}	I_{corr} /(A/cm²)	β_a	β_c	R_p /(kΩ·cm²)	E_{pt} /V_{SCE}	ΔE /V_{SCE}
未添加 HA	−1.69	1.42×10^{-6}	0.115	0.173	21.1	−1.52	0.17
添加 1 g/L HA	−1.67	1.80×10^{-7}	0.0919	0.124	127	−1.51	0.16
添加 2 g/L HA	−1.67	2.65×10^{-7}	0.0911	0.123	86	−1.53	0.14
添加 4 g/L HA	−1.71	6.86×10^{-7}	0.106	0.124	36	−1.52	0.19
添加 8 g/L HA	−1.69	9.17×10^{-7}	0.102	0.126	47	−1.53	0.16

9.4.3　混合添加 HA 粉末和三乙醇胺对微弧氧化陶瓷涂层耐蚀性的影响

1. 混合添加 HA 粉末和三乙醇胺对微弧氧化电压的影响

纯镁试样在同时添加 HA 粉末和三乙醇胺的基础电解液中进行微弧氧化处理的电压与时间的关系曲线如图 9.27 所示。为了进行比较，将纯镁试样在未添加 HA 粉末而仅添加 0.2 L/L 三乙醇胺的基础电解液中进行微弧氧化处理的电压-时间曲线也绘于图 9.27 中。可见，向基础电解液中同时添加不同浓度的 HA 粉末和三乙醇胺后,微弧氧化电压均迅速线性升高,直至到达各自的击穿电压。但这些试样的击穿电压值与仅添加三乙醇胺的试样相比差别不大。在随后进行的微弧氧化过程中,随着试样表面陶瓷涂层的不断生长,微弧氧化电压也缓慢爬升。其中添加 1 g/L、2 g/L 和 4 g/L HA 与 0.2 L/L 三乙醇胺的试样电压与仅添加 0.2 L/L 三乙醇胺的试样电压相比差别较小,而添加 8 g/L HA 与 0.2 L/L 三乙醇胺的试样电压则比仅添加 0.2 L/L 三乙醇胺的试样电压更高一些。由此可见,同时添加适量的 HA 粉末和三乙醇胺后能够提高微弧氧化过程中的电压值,而较高的电压值则意味着在该条件下生成的陶瓷涂层将具有更好的耐蚀性。

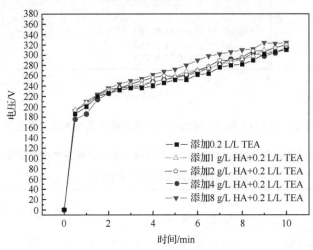

图 9.27　试样在同时添加 HA 粉末和三乙醇胺的基础电解液中微弧氧化的电压-时间曲线

2. 混合添加 HA 粉末和三乙醇胺对微弧氧化涂层耐蚀性的影响

纯镁试样在同时添加 HA 粉末和三乙醇胺的基础电解液中微弧氧化处理 10 min 后,在 37 ℃的模拟体液中进行的动电位极化曲线测量结果如图 9.28 所示,各极化曲线的电化学参数列于表 9.11 中。为了进行比较,将纯镁在仅添加 0.2 L/L 三乙醇胺的基础电解液中微弧氧化处理 10 min 后在 37 ℃的模拟体液中测量的极化曲线也绘于图 9.28 中。

由图 9.28 和表 9.11 可见,纯镁试样在同时添加 HA 粉末和三乙醇胺的基础电解液中微弧氧化处理后,它们的腐蚀电位(E_{corr})与仅添加三乙醇胺的试样腐蚀电位(E_{corr})相比正移了 60～80 mV,腐蚀电流密度(I_{corr})也显著下降。其中添加 8 g/L HA 和 0.2 L/L 三乙醇胺的试样腐蚀电流密度最小,为 $7.38×10^{-8}$ A/cm²,该值约为仅添加 0.2 L/L 三乙醇胺的试样腐蚀电流密度的十分之一。由此可见,向基础电解液中同时添加适量的 HA 粉末和三乙醇胺后进行微弧氧化,可显著提高陶瓷涂层的耐蚀性。

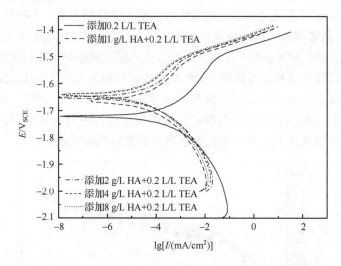

图 9.28　试样在同时添加 HA 和三乙醇胺的基础电解液中微弧氧化处理后的动电位极化曲线

表 9.11　试样在同时添加 HA 和三乙醇胺的基础电解液中微弧氧化处理后
的极化曲线的电化学参数

试样	E_{corr} /V_{SCE}	I_{corr} /(A/cm^2)	β_a	β_c	R_p/(kΩ·cm^2)	E_{pt} /V_{SCE}	ΔE /V_{SCE}
添加 0.2 L/L TEA	−1.72	7.45×10^{-7}	0.118	0.147	38.2	−1.51	0.21
添加 1 g/L HA+0.2L/L TEA	−1.66	1.15×10^{-7}	0.0821	0.156	203	−1.52	0.14
添加 2 g/L HA+0.2L/L TEA	−1.66	1.69×10^{-7}	0.0877	0.161	146	−1.51	0.15
添加 4 g/L HA+0.2L/L TEA	−1.64	8.67×10^{-8}	0.0832	0.140	261	−1.51	0.13
添加 8 g/L HA+0.2L/L TEA	−1.64	7.38×10^{-8}	0.0827	0.144	309	−1.51	0.13

9.4.4　封孔处理对微弧氧化陶瓷涂层耐蚀性的影响

纯镁试样在同时添加 HA 粉末和三乙醇胺的基础电解液中微弧氧化处理 10 min 后又经硅酸钠水溶液封孔处理，之后在 37℃的模拟体液中测量的极化曲线如图 9.29 所示，极化曲线的电化学参数列于表 9.12 中。为了进行比较，将未经封孔处理的试样的极化曲线也绘于图 9.29 中。

由图 9.29 和表 9.12 可见，陶瓷涂层经硅酸钠水溶液封孔处理后，其腐蚀电位（E_{corr}）较封孔前正移了 20 mV，腐蚀电流密度（I_{corr}）下降了一个数量级，达到了 4.07×10^{-9} A/cm^2，与其相对应的极化电阻（R_p）也激增到 4405 kΩ·cm^2，约为封孔前的 14 倍。可见，陶瓷涂层经封孔处理后，其耐蚀性与封孔前相比得到了极大提高。

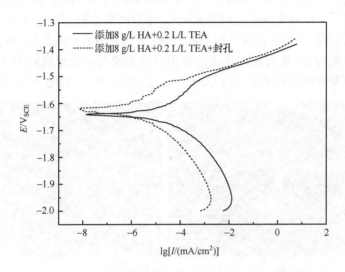

图 9.29　试样在硅酸钠水溶液中封孔前后的动电位极化曲线

表 9.12　试样封孔前后动电位极化曲线的电化学参数

试样	E_{corr} /V_{SCE}	I_{corr} /(A/cm^2)	β_a	β_c	R_p/(k$\Omega \cdot$ cm^2)	E_{pt} /V_{SCE}	ΔE /V_{SCE}
添加 8g/L HA+0.2L/L TEA	−1.64	7.38×10^{-8}	0.0827	0.144	309	−1.51	0.13
添加 8g/L HA+0.2L/L TEA ＋封孔	−1.62	4.07×10^{-9}	0.0615	0.126	4405	−1.52	0.10

9.4.5　微弧氧化涂层的显微结构观察

1. HA 粉末和三乙醇胺对陶瓷涂层显微结构的影响

纯镁试样在只添加 8 g/L HA 粉末以及同时添加 8 g/L HA 粉末和 0.2 L/L 三乙醇胺的基础电解液中微弧氧化处理 10 min 后的 SEM 照片及 EDS 能谱结果如图 9.30 所示。可见,纯镁在只添加 HA 粉末的基础电解液中微弧氧化处理后,陶瓷涂层表面凹凸不平,孔隙大小不均,表面光洁度较差;而纯镁在同时添加 HA 粉末和三乙醇胺的基础电解液中微弧氧化处理后,由于在微弧氧化过程中三乙醇胺对火花的有效抑制,涂层表面的孔隙较均匀,表面光洁度得到明显提高。从 EDS 能谱结果来看,无论是否添加三乙醇胺,在试样表面均探测到 O、Na、Mg、Si、P、Ca 和 Au 元素的存在。与向基础电解液中添加 CaO 或 CaCO₃ 粉末得到的 EDS 能谱结果(图 9.14 和图 9.21)类似,Au 元素是利用金离子溅射仪溅射在试样表面的,O、Na、Mg 和 Si 元素来源于金属基体和电解液,P 和 Ca 元素则来源于添加到基础电解液中的 HA 粉末。由此可见,在微弧氧化过程中除了基础电解液中的化学成分参与了生成陶瓷涂层的化学反应外,添加在其中的 HA 粉末也参与了陶瓷涂层的生成过程。另外,在仅添加 HA 时,由于 HA 没有抑弧作用,微弧氧化过程中大火花出现较多,从而在大火花的作用下导致参与形成涂层的 HA 粉末较多,因此在试样表面探测到了较多的 Ca 和 P 元素[图 9.30(c)和图 9.30(d)]。

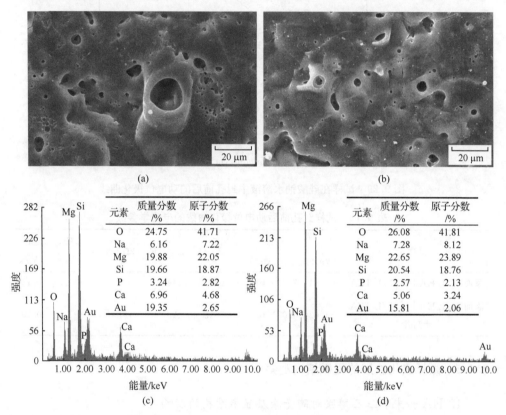

图 9.30　试样在只添加 8 g/L HA 以及同时添加 8 g/L HA 和 0.2 L/L 三乙醇胺的
基础电解液中微弧氧化 10 min 后的表面形貌及 EDS 能谱
(a) 8 g/L HA;(b) 8 g/L HA +0.2 L/L 三乙醇胺;(c) 图(a)中试样表面的 EDS 能谱;
(d) 图(b)中试样表面的 EDS 能谱

2. 封孔处理对陶瓷涂层显微结构的影响

纯镁试样在同时添加 8 g/L HA 粉末和 0.2 L/L 三乙醇胺的基础电解液中微弧氧化处理 10 min,又经 30 g/L 的硅酸钠水溶液封孔处理后的表面和截面形貌如图 9.31 所示。可见,陶瓷涂层经封孔处理后表面孔隙显著减小,表面光洁度也得到显著的提高[图 9.31(a)]。另外,从涂层截面化学元素的线扫描结果[图 9.31

(b)]可知,在涂层截面上除探测到 O、Si 和 Mg 元素外,还探测到了 Ca 和 P 元素的存在。结合涂层表面 EDS 能谱分析结果(图 9.30),可知添加到基础电解液中的 HA 粉末在微弧氧化一开始就参与了陶瓷涂层的生成过程。

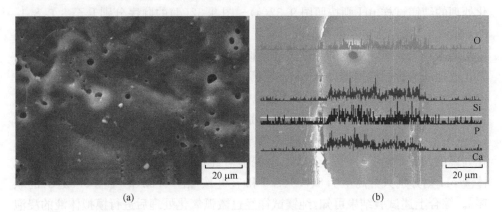

图 9.31　试样在添加 8 g/L HA 和 0.2 L/L 三乙醇胺的基础电解液中微弧氧化 10 min
又经硅酸钠水溶液封孔处理后的表面形貌图(a)及截面形貌和界面元素成分
的线扫描曲线(b)

9.5　模拟体液浸泡试验

为了进一步考察覆盖有微弧氧化陶瓷涂层的纯镁试样在模拟体液中的耐蚀性以及试样在模拟体液中的 Ca、P 沉积能力,将在添加不同添加剂的基础电解液中于 20 ℃和 40 mA/cm² 条件下微弧氧化处理 10 min 且经硅酸钠水溶液封孔后的纯镁试样在 37 ℃的模拟体液中进行浸泡试验。

9.5.1　浸泡过程中模拟体液 pH 的变化

纯镁在分别添加 0.2 L/L TEA、0.2 L/L TEA+8 g/L CaO、0.2 L/L TEA+8 g/L CaCO₃ 和 0.2 L/L TEA+8 g/L HA 的基础电解液中微弧氧化处理 10 min 后经硅酸钠水溶液封孔处理,随后又在 37 ℃的模拟体液中进行浸泡试验。图 9.32 为微弧氧化处理前后的纯镁试样在浸泡 7 天的过程中模拟体液 pH 的变化情况(模拟体液每两天更换一次)。可见,在浸泡开始的最初 8 h 内,浸泡着未经微弧氧化处理的纯镁试样模拟体液 pH 迅速由 7.4 升高至 8.5,而浸泡着经过微弧氧化处理的纯镁试样模拟体液 pH 在此过程中均只升高到 8.3。在随后的浸泡过程中,所有模拟体液的 pH 均继续升高,但 pH 的增长速度明显变缓。当浸泡48 h后,浸泡着未经微弧氧化处理的纯镁试样模拟体液 pH 升至 8.9,而浸泡着经过微弧氧化处理的纯镁试样模拟体液 pH 按照图 9.32(a)～图 9.32(d)的顺序分别升至 8.9、8.7、8.7 和 8.7。更换模拟体液后,在随后 48 h 的浸泡过程中,浸泡着未经微弧氧化处理的纯镁试样模拟体液 pH 持续线性升高至 9.8,而浸泡着经过微弧氧化处理的纯镁试样 pH 则按照图 9.32(a)～图 9.32(d)的顺序分别升至 8.0、8.1、8.1 和 7.9。第二次更换模拟体液后试样继续进行浸泡试验,由图 9.32 可以发现浸泡着未经微弧氧化处理的纯镁试样模拟体液 pH 仍然显著高于浸泡着经过微弧氧化处理的纯镁试样模拟体液 pH。当第三次更换模拟体液之前(浸泡 144 h),浸泡着未经微弧氧化处理的纯镁试样模拟体液 pH 已升至 9.2,而浸泡着经过微弧氧化处理的纯镁试样模拟体液 pH 则分别升至 7.9、8.0、8.0 和 7.9[按照图 9.32(a)～图 9.32(d)的顺序]。当浸泡试验结束(浸泡 168 h 后)时,浸泡着未经微弧氧化处理的纯镁试样 pH 升高至 8.5,而浸泡着经过微弧氧化处理的纯镁试样模拟体液 pH 则分别只升高至 7.8、7.9、7.9 和 7.9[按照图 9.32(a)～图 9.32(d)的顺序]。综合上述试验结果可知,纯镁试样经过微弧氧化处理后进行模拟体液的浸泡试验,在整个浸泡过程中除在浸泡最初 8 h 内模拟体液的 pH 与浸泡着未经微弧氧化处理的纯镁试样模拟体液 pH 比较接近外,在随后的浸泡过程中模拟体液 pH 均明显低于浸泡着未经微弧氧化处理的纯镁试样模拟体液 pH。

由于纯镁在水溶液中发生腐蚀时会生成碱性的 $Mg(OH)_2$,并且根据反应方程式(8.16),每腐蚀 1 mol 镁就会生成 1 mol $Mg(OH)_2$,所以镁腐蚀越严重,生成的 $Mg(OH)_2$ 也越多,溶液的 pH 也会越高。鉴于此,可以使用模拟体液 pH 的变化来考察试样在浸泡过程中发生腐蚀的程度。结合图 9.32 可知,经过微弧氧化处理后的纯镁试样在浸泡最初 8 h 内也发生了较快的腐蚀,而在随后的浸泡过程中试样的腐蚀速率则明显减小,并且显著小于未经微弧氧化处理的纯镁试样的腐蚀速率。

根据经过微弧氧化处理的纯镁试样在模拟体液浸泡过程中溶液 pH 的变化情况,可推断覆盖着陶瓷涂层的纯镁试样在模拟体液中的腐蚀过程可分为两个阶段:在第一阶段也就是在浸泡最初 8 h 内[图 9.33(a)],模拟体液通过微弧氧化陶瓷涂层的微型孔隙或微裂纹通道与基体金属发生接触,导致基体金属发生腐蚀,并使溶液的 pH 持续增加;在第二阶段[图 9.33(b)],随着腐蚀时间的延长,部分微型孔隙或微裂纹中已沉积了足够的腐蚀产物,即腐蚀产物已将部分微型孔隙或微裂纹填充,从而导致陶瓷涂层的孔隙率下降,基体金属的腐蚀程度减轻,进而使得溶液的 pH 增加缓慢。而对于未经微弧氧化处理的纯镁试样(图 9.34),其表面没有覆盖陶瓷涂层,导致基体镁腐蚀后生成的腐蚀产物层疏松,不致密,不能有效地将基体金属与腐蚀介质隔离,从而导致基体镁持续发生严重腐蚀,进而溶液的 pH 也持续升高。

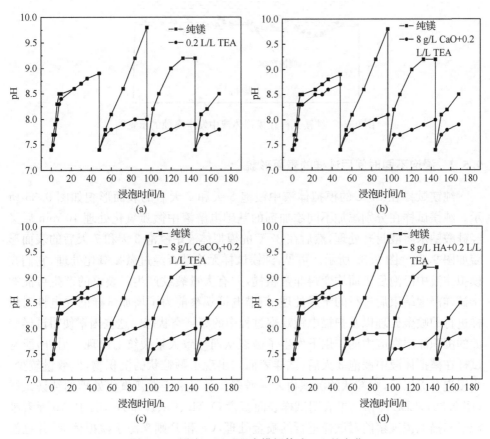

图 9.32　浸泡 7 天过程中模拟体液 pH 的变化

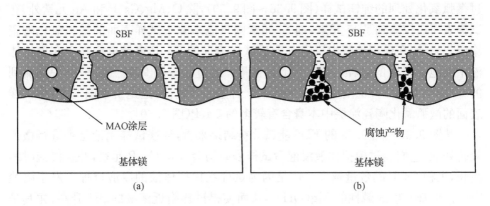

图 9.33　覆盖着微弧氧化陶瓷涂层的纯镁试样在模拟体液中发生腐蚀的示意图

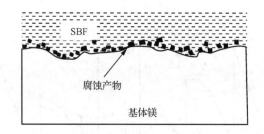

图 9.34　纯镁试样在模拟体液中发生腐蚀的示意图

9.5.2　浸泡不同时间后试样的表面形貌

纯镁试样在 37 ℃的模拟体液中浸泡 3 天和 7 天后的表面形貌如图 9.35 所示。纯镁试样在分别添加不同添加剂的基础电解液中微弧氧化处理 10 min 后又经硅酸钠水溶液封孔处理,然后在 37 ℃的模拟体液中浸泡 3 天和 7 天后的表面形貌如图 9.36～图 9.39 所示。可见,纯镁试样无论是否经过微弧氧化处理,它们在模拟体液中浸泡后表面均变得非常粗糙,并有大量裂纹产生。裂纹的产生可能源于试样浸泡结束后进行的干燥处理、扫描电镜观察前为了增加试样的导电性对试样进行的喷金处理以及扫描电镜观察过程中的高真空状态。这些因素使得试样表面的沉积涂层在应力的作用下发生了破裂从而导致大量裂纹的出现。另外,所有试样在模拟体液中浸泡 3 天后,试样表面均出现了颗粒状的沉积物,但数量较少。当浸泡 7 天以后,颗粒状的沉积物大量增多。对于未经微弧氧化处理的纯镁试样(图 9.35),EDS 能谱结果表明试样表面富含 O、Mg、Ca、P 和 Au,其中 Au 元素来源于扫描电镜观察前对试样进行的喷金处理,Ca 和 P 则来源于模拟体液,并且浸泡 7 天后试样表面的 Ca、P 含量高于浸泡 3 天后试样表面的 Ca、P 含量。对于经过微弧氧化处理的纯镁试样(图 9.36～图 9.39),除 O、Mg、Ca、P 和 Au 元素外,在试样表面还探测到了 Si 元素,而 Si 元素则只能来源于试样表面的微弧氧化陶瓷涂层。另外,在模拟体液中浸泡 7 天后试样表面的 Ca、P 含量也均高于在模拟体液中浸泡 3 天后的试样表面的 Ca、P 含量。通过比较图 9.36～图 9.39 中探测到的 Ca、P 含量,图 9.39 中探测到的 Ca、P 含量明显偏高,这是由于图 9.39 中试样表面的微弧氧化陶瓷涂层中本身含有较多的 Ca、P(图 9.30)。

从图 9.35～图 9.39 的 EDS 能谱分析结果来看,纯镁试样无论是否进行微弧氧化处理,它们经过模拟体液浸泡后试样表面均会沉积 Ca、P 元素,并且浸泡时间越长,沉积 Ca、P 的数量越多。这是因为试样在模拟体液的浸泡过程中发生腐蚀[反应(8.16)]生成碱性的 $Mg(OH)_2$,从而使得试样附近溶液的 pH 升高,尤其是试样表面的 pH 更高,能达到 10 以上[155,253]。由图 9.40 可知,当 pH 较高时,DCPD、DCPA、HAp、β-TCP 和 OCP 具有较低的溶解度,并且 pH 越高,HAp、β-

TCP 和 OCP 的溶解度越低,从而越有利于这些磷酸盐在试样表面发生沉积。

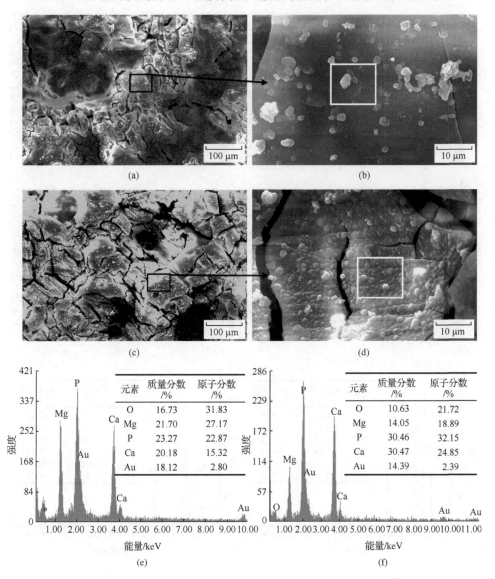

图 9.35　纯镁经模拟体液浸泡 3 天和 7 天后的表面形貌及 EDS 能谱

(a)和(b) 3 天;(c)和(d) 7 天;(e)图(b)中矩形区域的 EDS 能谱;(f) 图(d)中矩形区域的 EDS 能谱

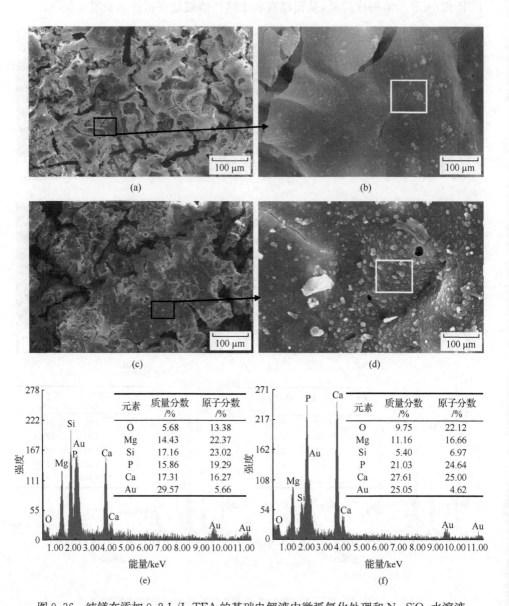

图 9.36　纯镁在添加 0.2 L/L TEA 的基础电解液中微弧氧化处理和 Na₂SiO₃ 水溶液
封孔后经模拟体液浸泡 3 天和 7 天后的表面形貌及 EDS 能谱

(a)和(b) 3 天；(c)和(d) 7 天；(e) 图(b)中矩形区域的 EDS 能谱；(f) 图(d)中矩形区域的 EDS 能谱

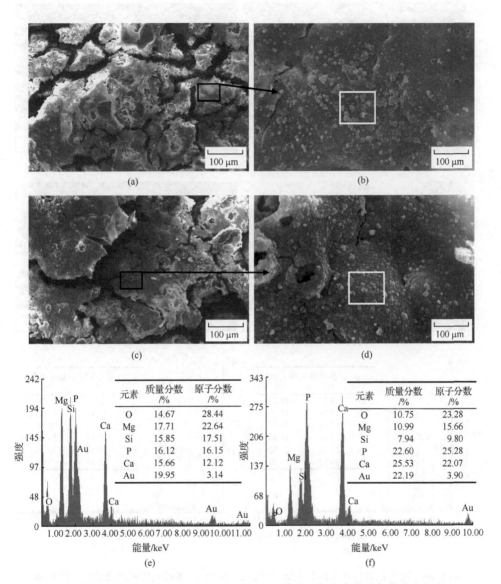

图 9.37 纯镁在添加 0.2 L/L TEA＋8 g/L CaO 的基础电解液中微弧氧化处理和 Na₂SiO₃ 水溶液封孔后经模拟体液浸泡 3 天和 7 天后的表面形貌及 EDS 能谱

（a）和（b）3 天；（c）和（d）7 天；（e）图（b）中矩形区域的 EDS 能谱；（f）图（d）中矩形区域的 EDS 能谱

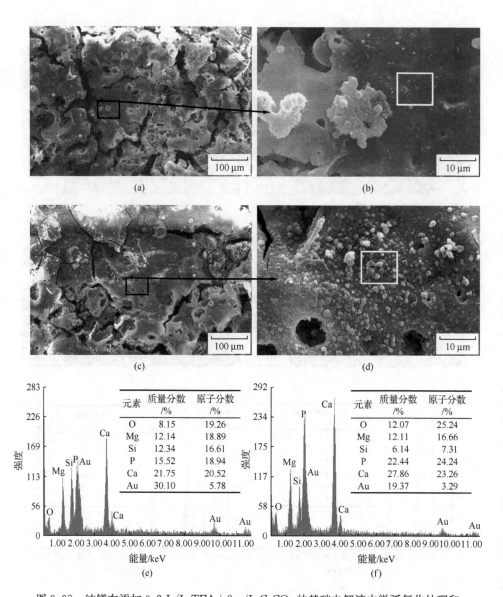

图 9.38　纯镁在添加 0.2 L/L TEA＋8 g/L CaCO₃ 的基础电解液中微弧氧化处理和
Na₂SiO₃ 水溶液封孔后经模拟体液浸泡 3 天和 7 天后的表面形貌
(a)和(b) 3 天；(c)和(d) 7 天；(e) 图(b)中矩形区域的 EDS 能谱；(f) 图(d)中矩形区域的 EDS 能谱

图 9.39 纯镁在添加 0.2 L/L TEA＋8 g/L HA 的基础电解液中微弧氧化处理和 Na₂SiO₃ 水溶液封孔后经模拟体液浸泡 3 天和 7 天后的表面形貌及 EDS 能谱

(a)和(b) 3 天；(c)和(d) 7 天；(e) 图(b)中矩形区域的 EDS 能谱；(f) 图(d)中矩形区域的 EDS 能谱

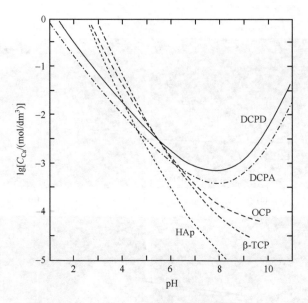

图 9.40　37℃时不同磷酸钙盐的溶解度曲线[254]

HAp：羟基磷灰石[$Ca_{10}(PO_4)_6(OH)_2$]；TCP：磷酸三钙[$Ca_3(PO_4)_2$]；OCP：
磷酸八钙[$Ca_8H_2(PO_4)_6 \cdot 5H_2O$]；DCPA：无水磷酸二钙[$CaHPO_4$]；
DCPD：二水磷酸二钙[$CaHPO_4 \cdot 2H_2O$]

9.5.3　试样在模拟体液浸泡过程中的腐蚀速率

试样在 37℃ 的模拟体液浸泡 7 天过程中的腐蚀速率使用公式（9.3）进行计算[①]：

$$CR = \frac{W}{At} \tag{9.3}$$

式中，CR 为腐蚀速率，mg/($cm^2 \cdot$ d)；W 为质量损失，mg；A 为试样暴露于模拟体液中的面积，cm^2；t 为浸泡时间，d。未经微弧氧化处理的纯镁试样的腐蚀速率为 2.14 mg/($cm^2 \cdot$ d)，其他分别在添加 0.2 L/L TEA、0.2 L/L TEA＋8 g/L CaO、0.2 L/L TEA＋8 g/L $CaCO_3$ 和 0.2 L/L TEA＋8 g/L HA 的基础电解液中微弧氧化处理 10 min 后又经硅酸钠水溶液封孔处理的纯镁试样的腐蚀速率则分别为 1.29 mg/($cm^2 \cdot$ d)、1.14 mg/($cm^2 \cdot$ d)、1.00 mg/($cm^2 \cdot$ d) 和 0.86 mg/($cm^2 \cdot$ d)。可见，未经微弧氧化处理的纯镁试样在模拟体液浸泡过程中具有最大的腐蚀速率，而经过微弧氧化处理的纯镁试样的腐蚀速率则明显减小。

———————

① 试样经模拟体液浸泡后并未使用铬酸清洗试样以除去腐蚀产物，这是因为试验中发现微弧氧化陶瓷涂层在铬酸中会发生严重的溶解。

9.6　陶瓷涂层的显微硬度、相结构和血液相容性评价

9.6.1　微弧氧化陶瓷涂层的显微硬度

纯镁在添加 0.2 L/L TEA 的基础电解液中微弧氧化处理 10 min 后得到的陶瓷涂层的显微硬度（HV）值为 315，而在分别添加 0.2 L/L TEA＋8 g/L CaO、0.2 L/L TEA＋8 g/L CaCO₃ 和 0.2 L/L TEA＋8 g/L HA 的基础电解液中微弧氧化处理 10 min 后得到的陶瓷涂层的显微硬度（HV）值则分别为 348、362 和 376。可见，在微弧氧化过程中向基础电解液中加入的 CaO、CaCO₃ 和 HA 粉末有助于提高陶瓷涂层的显微硬度。为了进行比较，对未进行微弧氧化处理的纯镁试样也进行了显微硬度的测量，结果仅为 41.6。可见，纯镁经微弧氧化处理后，由于陶瓷涂层的存在，试样表面的硬度值得到了显著提高，而试样表面的高硬度对于提高植入材料在体内的耐磨性是非常有帮助的。

9.6.2　微弧氧化陶瓷涂层的相结构

1. XRD 衍射分析

纯镁试样在基础电解液中和分别添加 0.2 L/L TEA、0.2 L/L TEA＋8 g/L CaO、0.2 L/L TEA＋8 g/L CaCO₃ 和 0.2 L/L TEA＋8 g/L HA 的基础电解液中微弧氧化处理 10 min 后，用刀片将陶瓷涂层刮下得到的涂层粉末的 XRD 图谱如图 9.41 所示。可见，纯镁在无论是否添加添加剂的基础电解液中微弧氧化处理后得到的陶瓷涂层的衍射图谱都表现为一个很宽的漫散射峰，表明这些陶瓷涂层都是非晶态的。

非晶态陶瓷涂层形成的原因可能主要与微弧氧化过程中熔体在电解液中被快速冷却有关。据文献[240]报道，微弧氧化过程中出现火花位置的温度会超过 1000 ℃，Van 等[255]则认为瞬间温度会超过 2000 ℃，而 Krysmann 等[256]计算出的瞬间温度可达 8000 K。此外，Yerokhin 等[257]总结了一些文献的研究结果后认为火花放电区域的温度变化范围很宽，可以从 800～3000 K 直至 3000～6000 K 甚至到达 10 000～20 000 K 的高温。正是由于火花放电造成局部区域的温度非常高，并且火花持续的时间又非常短（小于 1 ms[241]或不大于 10^{-4} s[257]），熔体具有非常快的冷却速率，其冷却速率甚至可达 10^8 K/s[257]。在如此高的冷却速率下，熔体中的晶核没有足够的时间生长，或者甚至来不及形核，就极有可能形成微晶、纳米晶甚至非晶。

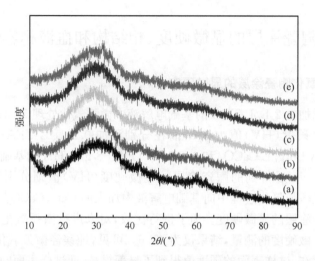

图 9.41 在添加和未添加添加剂的基础电解液中进行微弧氧化得到的陶瓷涂层的 XRD 图谱
(a)基础电解液;(b)0.2 L/L TEA;(c)0.2 L/L TEA+8 g/L CaO;(d)0.2 L/L TEA+8 g/L CaCO₃;
(e)0.2 L/L TEA+8 g/L HA

2. TEM 电子衍射分析

纯镁试样在基础电解液中和分别添加 0.2 L/L TEA、0.2 L/L TEA+8 g/L CaO、0.2 L/L TEA+8 g/L CaCO₃ 和 0.2 L/L TEA+8 g/L HA 的基础电解液中微弧氧化处理 10 min 后,用刀片将陶瓷涂层刮下得到的涂层粉末的 TEM 像及其相应的选区电子衍射谱分别如图 9.42~图 9.46 所示。可见,在所有陶瓷涂层中均存在着非晶态的颗粒。另外,在有些陶瓷涂层中还发现了晶态物质的存在。结合图 9.41 陶瓷涂层的 X 射线衍射结果可知,纯镁在基础电解液中和添加不同添加剂的基础电解液中通过微弧氧化方法制备得到的陶瓷涂层主要以非晶态存在,但也有微量的晶态物质存在于涂层中。

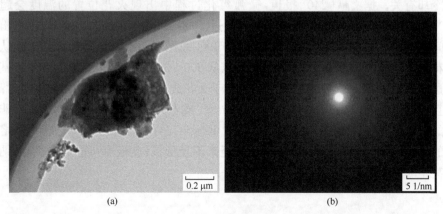

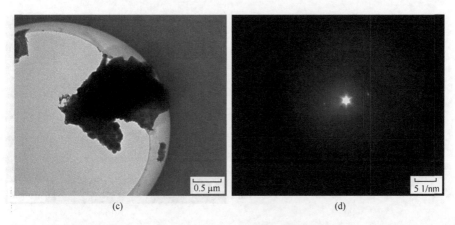

图 9.42　纯镁在基础电解液中微弧氧化处理 10 min 后得到陶瓷涂层的 TEM 像及其选区衍射谱
(a)和(c) 亮场像；(b)和(d) 选区衍射谱

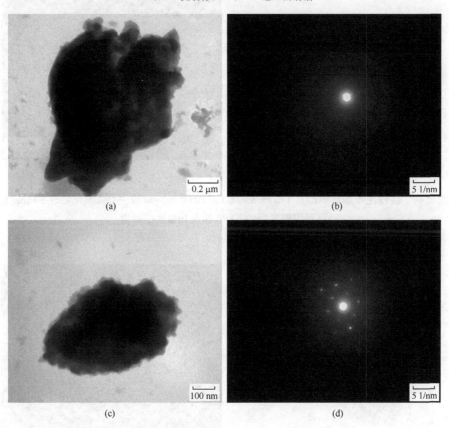

图 9.43　纯镁在添加 0.2 L/L TEA 的基础电解液中微弧氧化处理 10 min 后得到
陶瓷涂层的 TEM 像及其选区衍射谱
(a)和(c) 亮场像；(b)和(d) 选区衍射谱

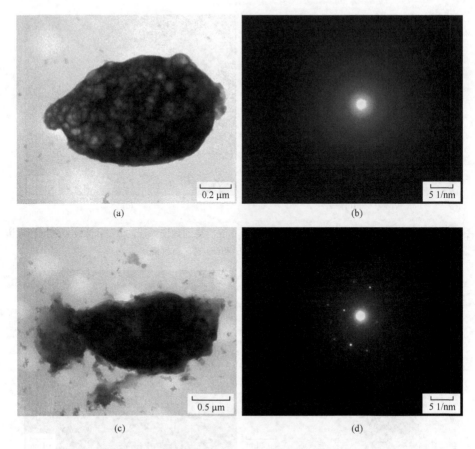

图 9.44 纯镁在添加 0.2 L/L TEA+8 g/L CaO 的基础电解液中微弧氧化处理 10 min 后
得到陶瓷涂层的 TEM 像及其选区衍射谱
(a)和(c) 亮场像;(b)和(d) 选区衍射谱

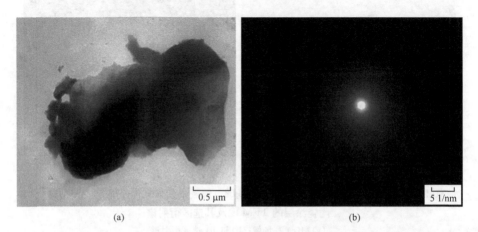

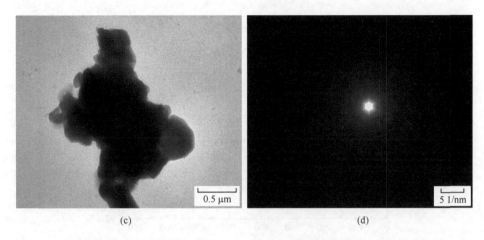

图 9.45　纯镁在添加 0.2 L/L TEA＋8 g/L CaCO₃ 的基础电解液中微弧氧化处理 10 min 后
得到陶瓷涂层的 TEM 像及其选区衍射谱
(a)和(c) 亮场像；(b)和(d) 选区衍射谱

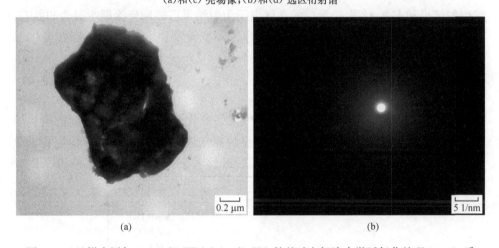

图 9.46　纯镁在添加 0.2 L/L TEA＋8 g/L HA 的基础电解液中微弧氧化处理 10 min 后
得到陶瓷涂层的 TEM 像及其选区衍射谱
(a) 亮场像；(b) 选区衍射谱

3. 热重-差示扫描量热分析

纯镁试样在基础电解液中微弧氧化处理 10 min 后,用刀片将陶瓷涂层刮下得到的涂层粉末的热重-差示扫描量热分析(TG-DSC)结果如图 9.47 所示。

由图 9.47 可见,对于陶瓷涂层粉末的差示扫描量热法(DSC)曲线,在 720 ℃ 附近的温度范围内,存在一个明显的放热峰。根据热重(TG)曲线,在 720 ℃ 附近的温度范围内试样的质量不再发生变化。另外,根据图 9.41 中陶瓷涂层的 X 射

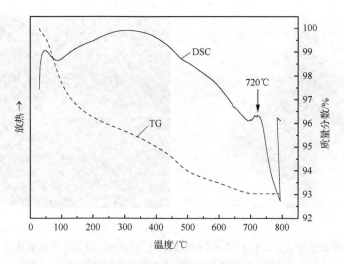

图 9.47　纯镁在基础电解液中行微弧氧化 10 min 得到的陶瓷涂层的 TG-DSC 图谱

线衍射结果和图 9.42 陶瓷涂层的选区电子衍射结果已知陶瓷涂层主要为非晶态，因此推断图 9.47 中 720 ℃附近的放热峰为陶瓷涂层由非晶态向晶态转变的晶化峰。

4. 陶瓷涂层的晶化行为

由图 9.47 可知,纯镁在基础电解液中微弧氧化处理 10 min 后得到的陶瓷涂层在 720 ℃附近的温度范围内存在着明显的晶化放热峰。为此,将该涂层粉末分别在 560 ℃、680 ℃和 750 ℃保温 15 min 后进行 X 射线衍射分析,结果如图 9.48

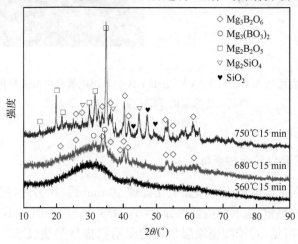

图 9.48　纯镁在基础电解液中进行微弧氧化得到的陶瓷涂层在不同温度晶化后
的 X 射线衍射图谱

所示。可见,陶瓷涂层在 560 ℃ 晶化 15 min 后,涂层的 XRD 图谱仍为一个很宽的漫散射峰,即陶瓷涂层仍保持着非晶态结构。这说明陶瓷涂层在 560 ℃ 仍具有非常好的热稳定性。当陶瓷涂层在 680 ℃ 晶化 15 min 后,涂层的 XRD 图谱仍存在着明显的漫散射峰,但也出现了强度较低的晶化相的衍射峰。经标定晶化相主要为 $Mg_3B_2O_6$,同时还有少量的 $Mg_3(BO_3)_2$ 相存在。该结果说明陶瓷涂层在 680 ℃ 晶化 15 min 后,已有部分非晶态物质发生了晶化。当陶瓷涂层在 750 ℃ 晶化 15 min后,涂层的 XRD 图谱中的漫散射峰已基本消失,陶瓷涂层已被完全晶化,并且晶化相主要由 $Mg_3B_2O_6$、$Mg_2B_2O_5$、Mg_2SiO_4 和 SiO_2 等组成。

9.6.3　微弧氧化陶瓷涂层的血液相容性评价

目前用于评价生物医用材料血液相容性的试验方法有动态凝血试验、血小板黏附试验和溶血试验[258],本节使用其中的溶血试验方法来检测纯镁和覆盖有微弧氧化陶瓷涂层的纯镁试样的血液相容性。

结果如下:未进行微弧氧化处理的纯镁试样的溶血率为 9.359%,而纯镁在分别添加 0.2 L/L TEA、0.2 L/L TEA＋8 g/L CaO、0.2 L/L TEA＋8 g/L CaCO$_3$ 和 0.2 L/L TEA＋8 g/L HA 的基础电解液中微弧氧化处理 10 min 又经硅酸钠水溶液封孔后的溶血率则分别为 0.566%、3.791%、0.174% 和 2.963%。可见,未经微弧氧化处理的纯镁试样的溶血率大于 5%,不符合生物医用材料的溶血要求,血液相容性不好;而经过微弧氧化处理的纯镁试样的溶血率均低于 5%,符合生物医用材料的溶血要求,因而具有良好的血液相容性。

9.7　添加剂粉末参与微弧氧化陶瓷涂层生长机理

为了提高微弧氧化陶瓷涂层的耐蚀性,向基础电解液中添加 TEA 以及 CaO、CaCO$_3$ 和 HA 粉末。试验结果表明,无论是在基础电解液中单独添加 CaO、CaCO$_3$ 和 HA 粉末还是同时添加 TEA 和 CaO、CaCO$_3$ 或 HA 粉末,均会提高陶瓷涂层的耐蚀性。另外,从陶瓷涂层的表面 EDS 能谱分析结果和截面的线扫描分析结果中均探测到了添加剂粉末中所含有的 Ca、P 元素,说明添加到基础电解液中的 CaO、CaCO$_3$ 和 HA 粉末确实参与了微弧氧化过程中陶瓷涂层的生成过程。

按照微弧氧化过程中的电压、氧析出和火花行为的不同,整个微弧氧化过程可分为传统的阳极氧化阶段(生成钝化膜阶段)、微弧氧化阶段、弧氧化阶段和熄弧阶段。当向电解液中添加 CaO、CaCO$_3$ 或 HA 粉末后,这些粉末颗粒只能在微弧氧化和弧氧化阶段参与陶瓷涂层的生成反应,而在钝化膜生成阶段和熄弧阶段由于没有瞬间高温的存在而不能参与陶瓷涂层的生成过程,具体如图 9.49 所示。

由图 9.49(a)可见,在传统的阳极氧化阶段,在纯镁试样表面有钝化膜生成并

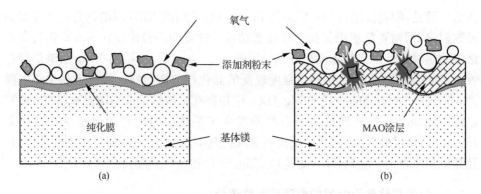

图 9.49　添加剂粉末参与微弧氧化陶瓷涂层生长示意图
(a)传统的阳极氧化阶段；(b)微弧氧化和弧氧化阶段

伴随着氧气的析出，但此时试样表面的钝化膜还没有被击穿，因此没有火花出现。添加到电解液中的 CaO、$CaCO_3$ 或 HA 粉末在搅拌的作用下会与试样表面发生接触，但并不会参与钝化膜的生成过程。当微弧氧化电压超过试样表面钝化膜的击穿电压后，试样表面开始出现火花，微弧氧化阶段和弧氧化阶段便相继开始。在此过程中，由于火花放电，试样表面局部区域出现瞬间高温，温度甚至可达 10 000～20 000 K[257]。在如此高的温度的作用下，接触到火花的添加剂粉末颗粒瞬间便被熔化，并与向电解液中喷发的熔体混合在一起。当这种混合熔融物在电解液的冷淬作用下凝固后，添加剂粉末颗粒便成为陶瓷涂层的一部分[图 9.49(b)]。添加剂粉末颗粒除以熔体的形式参与陶瓷涂层的生成过程外，在熔融物喷发和凝固过程中，也可能将部分添加剂颗粒包裹，从而使添加剂以颗粒的形式沉积在试样表面[259]。当然，在此过程中添加剂颗粒(如 $CaCO_3$、HA)也可能发生分解，从而使添加剂以分解产物的形式参与陶瓷涂层的生成。

　　由于添加剂粉末颗粒参与了微弧氧化陶瓷涂层的生成过程，因此单位时间内生成的陶瓷涂层的体积增加。陶瓷涂层体积的增加一方面体现在相同的微弧氧化时间内得到的陶瓷涂层的厚度有所增加[图 9.7(b)、图 9.15(b)、图 9.22(b)、图 9.31(b)]，另一方面体现在陶瓷涂层的致密度也有所增加[图 9.6(a)、图 9.14(a)、图 9.21(a)、图 9.30(a)]。这两方面的因素使得向基础电解液中添加 CaO、$CaCO_3$ 或 HA 粉末后进行微弧氧化处理得到的陶瓷涂层能够对基体金属提供更有效的保护作用，从而显著提高基体金属在腐蚀介质中的耐蚀性。

9.8　小　结

　　本章主要研究了添加剂对微弧氧化陶瓷涂层显微组织、耐蚀性及在模拟体液中诱导 Ca、P 沉积能力等的影响，得到如下结论：

（1）向基础电解液液中添加一定数量三乙醇胺后，微弧氧化陶瓷层表面光洁度得到显著提高，表面微孔的数量有所下降，微孔的尺寸也有所减小。同时，试样的耐蚀性也得到一定程度提高。

（2）向基础电解液液中同时添加三乙醇胺和一定数量的 CaO、$CaCO_3$ 或 HA 粉末后，这些粉末添加剂均参与了微弧氧化陶瓷层的生成反应，使得陶瓷层的生长效率得到提高。XRD 衍射结果表明陶瓷层具有非晶态的相结构。另外，较单纯添加三乙醇胺相比，混合添加三乙醇胺和 CaO、$CaCO_3$ 或 HA 粉末，陶瓷层的耐蚀性得到进一步提高。

（3）陶瓷层经硅酸钠水溶液封孔处理后，陶瓷层表面孔隙显著减少，试样的耐蚀性也得到显著提高。

（4）试样经模拟体液浸泡试验后，试样表面均能有效诱导 Ca、P 沉积，表明陶瓷层具有较好的生物相容性。

（5）溶血试验结果表明，经过微弧氧化处理的纯镁试样的溶血率均低于 5%，符合生物医用材料的溶血要求，具有良好的血液相容性。

第10章 生物医用Mg4Zn合金微弧氧化陶瓷涂层的制备及性能研究

10.1 Mg4Zn合金的显微组织、力学性能及其在模拟体液中的耐蚀性

10.1.1 Mg4Zn合金的显微组织

1. 铸态Mg4Zn合金的显微组织

铸态纯镁和铸态Mg4Zn合金的金相照片如图10.1所示。可见,铸态纯镁的晶粒非常粗大,即使是较小的晶粒粒径也在200 μm左右,而铸态Mg4Zn合金的晶粒粒径则显著缩小,这主要是由于添加的合金元素Zn起到了细化晶粒的作用。根据成分过冷原则,当向镁中加入合金元素后,在固液界面前部的扩散层会形成成分过冷区,从而导致溶质元素扩散减慢,抑制晶粒的生长[161,260]。合金元素细化晶粒的效果可使用二元合金相图通过计算合金元素的生长抑制因子(GRF)来确定[161,260]。生长抑制因子(GRF)的计算公式如下所示[260]:

$$GRF = \sum_i m_i C_{o,i}(k_i - 1) \tag{10.1}$$

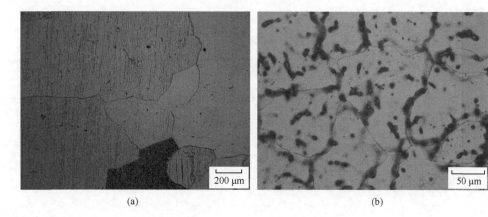

(a)   (b)

图10.1 铸态纯镁和Mg4Zn合金的显微组织

(a)纯镁;(b)Mg4Zn合金

式中，m_i 为液相线的斜率（假定为直线）；k_i 为分配系数；$C_{o,i}$ 为元素 i 的初始浓度。

镁合金中不同合金元素的生长抑制因子（GRF）如表 10.1 所示。可见，Zr 元素具有最高的生长抑制参数 $m(k-1)$，因此细晶效果最显著，其次是 Ca 和 Si 元素。Lee 等[260] 的研究也证明 Zr、Ca 和 Si 元素对于镁合金具有良好的细晶作用。Zn 元素的生长抑制参数 $m(k-1)$ 值为 9.31，低于 Zr、Ca 和 Si，但高于 Al、Ce、Y 和 Sn 等，这表明 Zn 元素也能够有效地抑制晶粒生长从而起到细化晶粒的作用。Zn 元素对镁合金的晶粒细化作用如图 10.1 所示。

表 10.1　镁中不同合金元素的液相线斜率(m)、平衡分配系数(k)和生长抑制参数 $m(k-1)$[260]

元素	m	k	$m(k-1)$	体系
Zr	6.90	6.55	38.29	包晶
Ca	−12.67	0.06	11.94	共晶
Si	−9.25	约 0.00	9.25	共晶
Ni	−6.13	约 0.00	6.13	共晶
Zn	−6.04	0.12	9.31	共晶
Al	−6.87	0.37	4.32	共晶
Ce	−2.86	0.04	2.74	共晶
Y	−3.40	0.50	1.70	共晶
Sn	−2.41	0.39	1.47	共晶

图 10.2 为铸态 Mg4Zn 合金的扫描电镜照片和 EDS 能谱分析结果。可见，铸态 Mg4Zn 合金中明显存在着两种不同的相结构，其中基体相为含 Zn 1.04%（原子分数）的镁固溶体，第二相为非连续相，主要分布在基体相的晶粒内。EDS 能谱分析结果表明第二相的 Zn 含量较基体相明显增加，达 9.76%（原子分数）。

2. 固溶态 Mg4Zn 合金的显微组织

铸态 Mg4Zn 合金在 380 ℃分别固溶处理 2 h、8 h、16 h 和 48 h 后的金相照片如图 10.3 所示。可见，铸态 Mg4Zn 合金经过固溶处理 2 h 后即观察不到第二相的存在，说明此时第二相已溶解到镁基体中，从而使得合金成为具有单一相结构的过饱和固溶体。图 10.4 所示的 X 射线衍射结果也证明了这一点。当固溶时间延长至 8 h、16 h 和 48 h 后，Mg4Zn 合金的显微组织没有发生明显变化，晶粒尺寸也没有随着固溶时间的延长而显著增大。

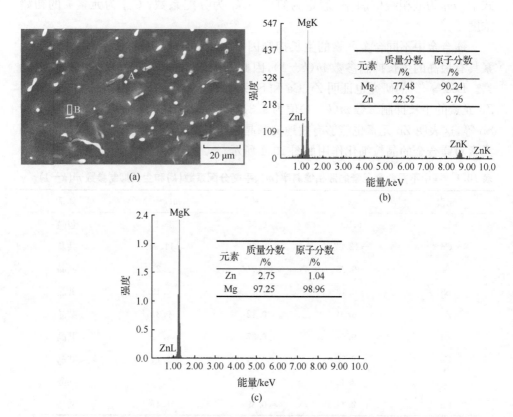

元素	质量分数/%	原子分数/%
Mg	77.48	90.24
Zn	22.52	9.76

元素	质量分数/%	原子分数/%
Zn	2.75	1.04
Mg	97.25	98.96

图 10.2　铸态 Mg4Zn 合金的 SEM 照片和 EDS 能谱分析结果

(a) Mg4Zn 铸态组织；(b) 图(a)中点 A 的 EDS 能谱；(c) 图(a)中矩形区域 B 的 EDS 能谱

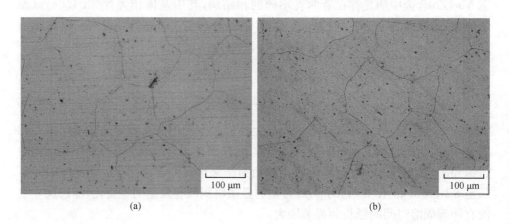

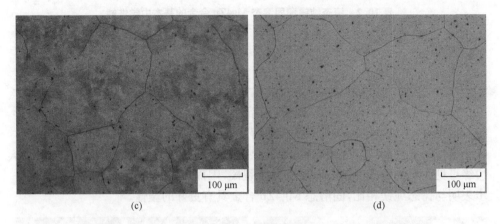

图 10.3　经 380 ℃固溶处理不同时间后 Mg4Zn 合金的显微组织

(a) 2 h；(b) 8 h；(c) 16 h；(d) 48 h

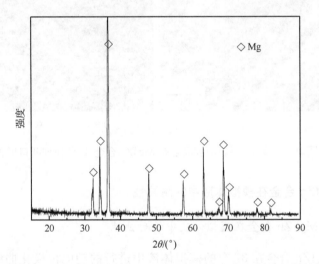

图 10.4　经 380 ℃固溶处理 2 h 后 Mg4Zn 合金的 X 射线衍射结果

10.1.2　Mg4Zn 合金的基本力学性能

铸态 Mg4Zn 合金经 380 ℃固溶处理 8 h 后测得的基本力学性能如表 10.2 所示。为了进行对比,将铸态纯镁的基本力学性能也列于表 10.2 中。可见,Mg4Zn 合金经固溶处理后,其显微硬度(HV)值为 59.5,较铸态纯镁的显微硬度值(41.6)有所增加。另外,固溶态 Mg4Zn 合金的拉伸强度为 209.5 MPa,约为铸态纯镁的两倍;固溶态 Mg4Zn 合金的拉伸率为 12.6%,较铸态纯镁也有所提高。综合上述试验结果可知,向纯镁中加入的合金元素 Zn 不仅对合金起到了明显的强化作用,对改善合金的塑性也起到了较好的作用。

表 10.2　铸态纯镁和固溶态 Mg4Zn 合金的基本力学性能

试样	显微硬度(HV)	拉伸强度/MPa	拉伸率/%
铸态纯镁	41.6	100.4	7.1
固溶态 Mg4Zn 合金	59.5	209.5	12.6

图 10.5 为铸态纯镁和经 380 ℃固溶处理 8 h 后 Mg4Zn 合金的拉伸断口形貌。可见,铸态纯镁的断口具有明显的解理断裂特征,台阶状的解理面非常明显,属于典型的脆性断口。固溶态 Mg4Zn 合金的断口则存在较多蜂窝状的韧窝,韧窝边缘可见明显的因塑性撕裂而形成的撕裂棱,因而属于延性断口。该结果也进一步表明与铸态纯镁相比,固溶态 Mg4Zn 合金具有更好的塑性。

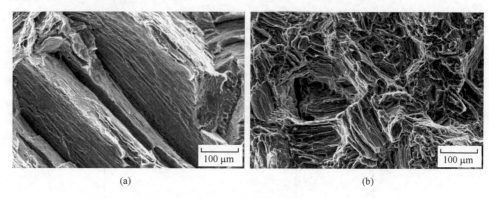

　　　　　　　　(a)　　　　　　　　　　　　　　　　　　(b)

图 10.5　铸态纯镁(a)和固溶态 Mg4Zn 合金(b)的拉伸断口形貌

10.1.3　Mg4Zn 合金在模拟体液中的耐蚀性

1. 铸态 Mg4Zn 合金在模拟体液中的耐蚀性

铸态 Mg4Zn 合金在 37 ℃的模拟体液中进行的动电位极化曲线测量结果如图 10.6 所示,极化曲线的电化学参数列于表 10.3 中。为了进行比较,将铸态纯镁在 37 ℃的模拟体液中的极化曲线也绘于图 10.6 中。

由图 10.6 和表 10.3 可见,铸态 Mg4Zn 合金的腐蚀电位(E_{corr})为 -1.64 V_{SCE},较铸态纯镁的腐蚀电位(E_{corr})正移了 210 mV,说明铸态 Mg4Zn 合金在模拟体液中更不易发生腐蚀。另外,铸态 Mg4Zn 合金的腐蚀电流密度(I_{corr})为 9.25×10^{-6} A/cm²,较铸态纯镁的腐蚀电流密度(I_{corr})降低了一个数量级,说明铸态 Mg4Zn 合金在模拟体液中具有更好的耐蚀性。综合上述试验结果可知合金化元素 Zn 能够显著提高镁在模拟体液中的腐蚀电位,并同时降低其在模拟体液中的降解速率。

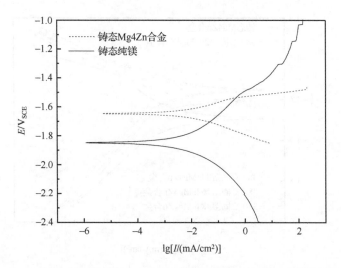

图 10.6　铸态纯镁和 Mg4Zn 合金在模拟体液中的动电位极化曲线

表 10.3　铸态纯镁和 Mg4Zn 合金在模拟体液中的极化曲线的电化学参数

试样	E_{corr} /V$_{SCE}$	I_{corr} /(A/cm^2)	β_a	β_c	R_p /(k$\Omega\cdot$cm^2)	E_{pt} /V$_{SCE}$	ΔE /V$_{SCE}$
纯美	-1.85	3.84×10^{-5}	0.189	0.339	1.37	-1.48	0.37
Mg4Zn 合金	-1.64	9.25×10^{-6}	0.0539	0.0688	2.50	-1.54	0.10

相关文献[261,262]认为 Zn 能够提高镁合金的耐蚀性是由于 Zn 能减少杂质元素如 Fe、Ni 等在镁中的不利作用，并能一定程度地提高对杂质 Cu 的容许极限。另外，Zn 还能够提高镁合金的与电化学反应相关的电荷转移电阻，从而降低镁合金的腐蚀速率[160,263]。

2. 固溶态 Mg4Zn 合金在模拟体液中的耐蚀性

铸态 Mg4Zn 合金经 380℃固溶处理 2 h、8 h、16 h 和 48 h 后在 37℃模拟体液中的动电位极化曲线如图 10.7 所示，各极化曲线的电化学参数列于表 10.4 中。为了进行比较，将未经固溶处理的铸态 Mg4Zn 在 37℃模拟体液中的极化曲线也绘于图 10.7 中。

由图 10.7 和表 10.4 可见，铸态 Mg4Zn 合金经固溶处理后其腐蚀电位（E_{corr}）较固溶处理前正移了 40～60 mV，腐蚀电流密度（I_{corr}）也有所变化，其中固溶处理 8 h 后的试样具有最小的腐蚀电流密度，为 2.90×10^{-6} A/cm^2，该值约为固溶处理前铸态 Mg4Zn 合金腐蚀电流密度的 31.5%。可见，选择适宜的固溶处理时间可一定程度上提高 Mg4Zn 合金的耐蚀性。

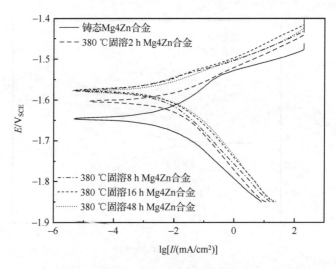

图 10.7　固溶态 Mg4Zn 合金在模拟体液中的动电位极化曲线

表 10.4　固溶态 Mg4Zn 合金在模拟体液中的极化曲线的电化学参数

试样	E_{corr} /V_{SCE}	I_{corr} /(A/cm^2)	β_a	β_c	R_p /$(k\Omega \cdot cm^2)$	E_{pt} /V_{SCE}	ΔE /V_{SCE}
铸态 Mg4Zn	−1.64	9.25×10^{-6}	0.0539	0.0688	2.50	−1.54	0.10
380℃ 固溶 2h Mg4Zn	−1.60	8.32×10^{-6}	0.0354	0.0853	1.31	−1.52	0.08
380℃ 固溶 8h Mg4Zn	−1.58	2.90×10^{-6}	0.0239	0.0782	2.74	−1.54	0.04
380℃ 固溶 16h Mg4Zn	−1.58	9.85×10^{-6}	0.0271	0.0845	1.52	−1.52	0.06
380℃ 固溶 48h Mg4Zn	−1.58	9.16×10^{-6}	0.0294	0.0875	1.04	−1.51	0.07

10.2　Mg4Zn 合金在基础电解液中微弧氧化处理后的显微组织和耐蚀性

10.2.1　铸态 Mg4Zn 合金在基础电解液中进行微弧氧化处理对耐蚀性的影响

为了研究微弧氧化处理对铸态 Mg4Zn 合金耐蚀性的影响,将铸态 Mg4Zn 合金在 20℃的基础电解液(30 g/L NaOH+160 g/L $Na_2SiO_3 \cdot 9H_2O$+160 g/L $Na_2B_4O_7 \cdot 10H_2O$)中以 40 mA/cm^2 的电流密度进行微弧氧化处理。

1. 微弧氧化电压-时间的关系曲线

图 10.8 为铸态 Mg4Zn 合金在基础电解液中微弧氧化处理 10 min 过程中的

电压-时间关系曲线。可见,在微弧氧化最初的几十秒内,微弧氧化电压迅速线性
升高直至击穿电压(图 10.8 点 A)。在此过程中试样表面没有火花出现,只观察到
一些微小的氧气泡析出。当微弧氧化电压超过击穿电压以后,试样表面开始出现
细小的火花。随着火花在试样表面快速移动,试样表面上生成了一层白色的微弧
氧化陶瓷涂层。随着陶瓷涂层的不断生成,微弧氧化电压也持续缓慢地升高,并且
微弧氧化时间越长,涂层越厚越致密,微弧氧化电压也升得越高。当微弧氧化结束
(10 min)时,微弧氧化电压已爬升至 232 V。

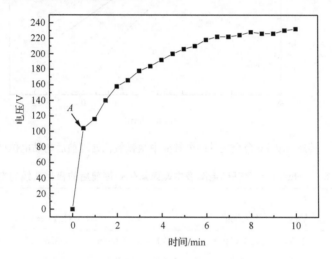

图 10.8　铸态 Mg4Zn 合金在基础电解液中微弧氧化处理 10 min 的电压-时间曲线

2. 极化曲线

图 10.9 为铸态 Mg4Zn 合金在基础电解液中微弧氧化处理 10 min 后在 37 ℃
模拟体液中测得的动电位极化曲线。为了进行比较,将未经微弧氧化处理的铸态
Mg4Zn 在 37 ℃模拟体液中测得的极化曲线也绘于图 10.9 中。图 10.9 中各极化
曲线的电化学参数列于表 10.5 中。

由图 10.9 和表 10.5 可见,铸态 Mg4Zn 合金经微弧氧化处理后,腐蚀电位
(E_{corr})负移了约 10 mV,腐蚀电流密度(I_{corr})降低到 2.37×10^{-7} A/cm²,约为微弧
氧化处理前试样腐蚀电流密度(I_{corr})的 2.5%。另外,与腐蚀电流密度相应的极化
电阻(R_p)也由 2.50 kΩ·cm² 升高至 91.2 kΩ·cm²。可见,Mg4Zn 合金经微弧氧
化处理后,试样表面微弧氧化陶瓷涂层有效地将合金基体与腐蚀介质隔离,从而显
著提高了试样在模拟体液中的耐蚀性。另外由图 10.9 和表 10.5 还观察到
Mg4Zn 合金经微弧氧化处理后,其坑蚀电位 E_{pt}升高至 -1.47 V_{SCE},较微弧氧化处
理前正移了 70 mV,这表明试样表面覆盖上微弧氧化陶瓷涂层后其耐坑蚀能力也

得到了提高。

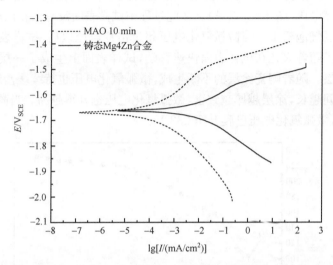

图 10.9　铸态 Mg4Zn 合金在基础电解液中微弧氧化处理前后的动电位极化曲线

表 10.5　铸态 Mg4Zn 合金基础电解液中微弧氧化处理前后的极化曲线的电化学参数

试样	E_{corr} /V_{SCE}	I_{corr} /(A/cm^2)	β_a	β_c	R_p /(k$\Omega \cdot$ cm^2)	E_{pt} /V_{SCE}	ΔE /V_{SCE}
铸态 Mg4Zn	−1.64	9.25×10^{-6}	0.0539	0.0688	2.50	−1.54	0.10
MAO 10 min	−1.65	2.37×10^{-7}	0.0916	0.109	91.2	−1.47	0.18

10.2.2　固溶态 Mg4Zn 合金在基础电解液中进行微弧氧化对耐蚀性的影响

1. 微弧氧化电压-时间的关系曲线

图 10.10 为固溶态 Mg4Zn 合金在基础电解液中微弧氧化处理 10 min 过程中的电压-时间关系曲线。为了进行比较,将铸态 Mg4Zn 合金在基础电解液中进行微弧氧化处理的电压-时间曲线也绘于图 10.10 中。可见,固溶态 Mg4Zn 合金在微弧氧化过程中的电压-时间关系曲线与铸态的 Mg4Zn 相比差别很小,5 条曲线几乎重合在一起。这表明对 Mg4Zn 合金进行固溶处理后,合金显微组织的变化对微弧氧化过程中的电压影响很小。另外,在试验过程中还发现固溶处理后的 Mg4Zn 合金在微弧氧化处理过程中的氧析出行为和火花行为与铸态 Mg4Zn 合金相比也没有明显差别。

2. 极化曲线

微弧氧化处理前后的固溶态 Mg4Zn 合金在 37℃模拟体液中测得的动电位极

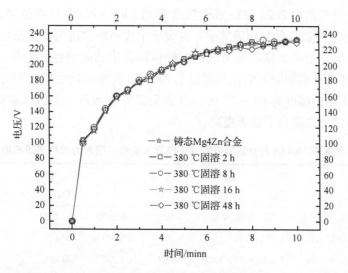

图 10.10　固溶态 Mg4Zn 合金在基础电解液中微弧氧化处理 10 min 的电压-时间曲线

化曲线如图 10.11 所示,各极化曲线的电化学参数列于表 10.6 中。由图 10.11 和表 10.6 可见,固溶态 Mg4Zn 合金经微弧氧化处理后,其腐蚀电位(E_{corr})与未经微弧氧化处理的试样相比均发生了负移,负移的幅度为 40~70 mV。另外,微弧氧化处理后的固溶态 Mg4Zn 合金的腐蚀电流密度(I_{corr})也显著下降,其中固溶处理 8 h 后的 Mg4Zn 的腐蚀电流密度最小,达到 9.59×10^{-8} A/cm^2,极化电阻(R_p)也

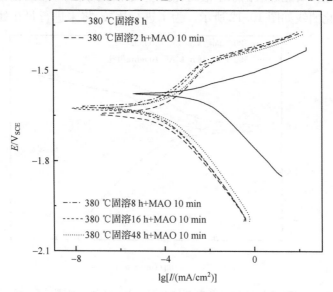

图 10.11　固溶态 Mg4Zn 合金在基础电解液中微弧氧化处理前后的动电位极化曲线

由微弧氧化处理前的 2.74 kΩ·cm² 升高至 313 kΩ·cm²。这些结果表明固溶态 Mg4Zn 合金经微弧氧化处理后能够在其表面生成一层致密的陶瓷涂层,利用该涂层的物理屏障作用从而显著提高试样在模拟体液中的耐蚀性。另外,从图 10.11 和表 10.6 还可观察到微弧氧化处理后的 Mg4Zn 合金的坑蚀电位(E_{pt})也明显发生了正移,正移的幅度为 60~70 mV,这表明试样表面覆盖上微弧氧化陶瓷涂层后其抗坑蚀能力也得到了显著提高。

表 10.6　固溶态 Mg4Zn 合金基础电解液中微弧氧化处理前后的极化曲线的电化学参数

试样	E_{corr} /V_{SCE}	I_{corr} /(A/cm²)	β_a	β_c	R_p /(kΩ·cm²)	E_{pt} /V_{SCE}	ΔE /V_{SCE}
固溶 8h	−1.58	2.90×10^{-6}	0.0239	0.0782	2.74	−1.54	0.04
固溶 2h+MAO 10 min	−1.65	7.13×10^{-8}	0.0735	0.0912	248	−1.48	0.17
固溶 8h+MAO 10 min	−1.62	9.59×10^{-8}	0.069	0.097	313	−1.47	0.15
固溶 16h+MAO 10 min	−1.63	9.93×10^{-8}	0.0718	0.0946	299	−1.48	0.15
固溶 48h+MAO 10 min	−1.63	1.39×10^{-7}	0.0761	0.0987	135	−1.47	0.16

10.2.3　封孔处理对固溶态 Mg4Zn 合金微弧氧化陶瓷涂层耐蚀性的影响

380℃固溶处理 8 h 的固溶态 Mg4Zn 合金在 20 ℃的基础电解液中微弧氧化处理 10 min 后,又经硅酸钠水溶液封孔处理,最后试样在 37 ℃的模拟体液中测得的动电位极化曲线如图 10.12 所示。为了进行比较,将未进行封孔处理而只经过

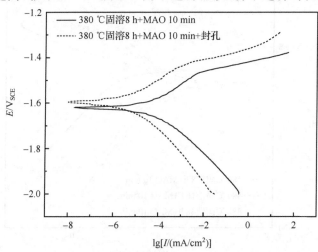

图 10.12　固溶态 Mg4Zn 合金在基础电解液中微弧氧化处理前后又经硅酸钠
水溶液封孔处理前后的动电位极化曲线

微弧氧化处理的固溶态 Mg4Zn 合金在 37 ℃的模拟体液中的极化曲线也绘于图 10.12中。图 10.12 中各极化曲线的电化学参数列于表 10.7 中。

表 10.7　试样在硅酸钠水溶液中封孔处理前后的极化曲线的电化学参数

试样	E_{corr}/V_{SCE}	I_{corr}/(A/cm^2)	β_a	β_c	R_p/(kΩ·cm^2)	E_{pt}/V_{SCE}	ΔE/V_{SCE}
固溶 8h+MAO 10 min	-1.62	9.59×10^{-8}	0.069	0.097	313	-1.47	0.15
固溶 8h+MAO 10 min ＋封孔	-1.60	9.53×10^{-9}	0.064	0.127	1939	-1.43	0.17

由图 10.12 和表 10.7 可见,封孔处理后试样的腐蚀电位(E_{corr})较封孔前正移了 20 mV,腐蚀电流密度(I_{corr})较封孔前下降了一个数量级,降为 9.53×10^{-9} A/cm^2,极化电阻(R_p)也由封孔前的 313 kΩ·cm^2 激增至 1939 kΩ·cm^2。这些数据表明经封孔处理后的试样在模拟体液中的耐蚀性得到了显著提高。另外,试样经封孔处理后,其坑蚀电位也正移了 40 mV,说明封孔处理后试样的抗坑蚀能力也得到了提高。

10.2.4　微弧氧化陶瓷涂层的显微结构观察

380 ℃固溶处理 8 h 后的 Mg4Zn 合金在 20 ℃的基础电解液中微弧氧化处理 10 min 后的表面形貌如图 10.13(a)所示,陶瓷涂层又经硅酸钠水溶液封孔处理后的形貌如图 10.13(b)所示。可见,封孔处理前 Mg4Zn 合金表面的陶瓷涂层表面粗糙,凹凸不平,且有很多较大的孔隙存在。陶瓷涂层经封孔处理后,其表面孔隙的尺寸显著缩小,表面光洁度得到明显提高。从 EDS 能谱分析结果来看,无论试样是否经过封孔处理,在试样的表面均探测到了 O、Zn、Na、Mg、Si 和 Au 元素的存在。在这些元素中,Mg 和 Zn 来源于合金基体,O、Na 和 Si 来源于基础电解液,而 Au 则是扫描观察前为了增加试样的导电性而使用金离子溅射仪溅射在试样表面的。在涂层表面 O、Zn、Na、Mg 和 Si 的存在,说明微弧氧化过程中基体金属和电解液中的离子均参与了陶瓷涂层的生成反应。

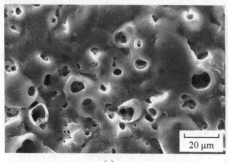
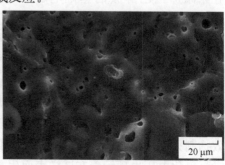

(a)　　　　　　　　　　　　　　　(b)

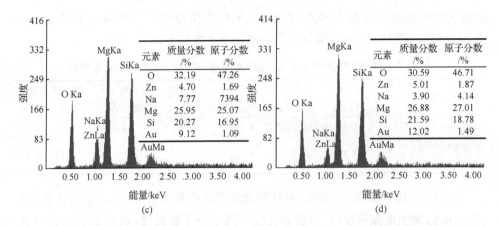

图 10.13　陶瓷涂层在硅酸钠水溶液中封孔处理前后的表面形貌及 EDS 能谱

(a) 封孔前；(b) 封孔后；(c) 图(a)中试样表面的 EDS 能谱；(d) 图(b)中试样表面的 EDS 能谱

10.3　三乙醇胺对 Mg4Zn 合金微弧氧化陶瓷涂层显微组织和耐蚀性的影响

为了进一步提高微弧氧化陶瓷涂层的耐蚀性，参照第 5 章的研究结果，向基础电解液($30\ \mathrm{g/L\ NaOH}+160\ \mathrm{g/L\ Na_2SiO_3 \cdot 9H_2O}+160\ \mathrm{g/L\ Na_2B_4O_7 \cdot 10H_2O}$)中添加 0.2 L/L 的三乙醇胺(TEA)添加剂，并在 20 ℃ 和 40 $\mathrm{mA/cm^2}$ 电流密度的条件下对经 380 ℃ 固溶处理 8 h 的 Mg4Zn 合金试样进行微弧氧化处理，考察三乙醇胺对微弧氧化陶瓷涂层显微结构和耐蚀性能的影响。

10.3.1　三乙醇胺对微弧氧化电压的影响

固溶态 Mg4Zn 合金在添加 0.2 L/L 三乙醇胺的基础电解液中进行微弧氧化处理的电压-时间关系曲线如图 10.14 所示。为了进行比较，将固溶态 Mg4Zn 合金在未添加三乙醇胺的基础电解液中进行微弧氧化的电压-时间曲线也绘于图 10.14 中。可见，向基础电解液中添加三乙醇胺后，试样的微弧氧化电压较添加三乙醇胺前得到了显著提高。首先，试样的击穿电压由添加三乙醇胺前的 100 V 提高至 178 V。在随后进行的微弧氧化过程中，添加三乙醇胺的试样电压也始终高于未添加三乙醇胺的。尤其是当微弧氧化结束时，添加三乙醇胺的试的电压已升至 300 V，而未添加三乙醇胺的试样电压仅升至 232 V。向基础电解液中添加三乙醇胺后，试样具有较高的微弧氧化电压是由于三乙醇胺在微弧氧化过程中能够有效抑制火花放电，具有显著的抑弧作用[245,246]。另外，微弧氧化过程中出现较高的微弧氧化电压也预示着在试样表面生成的陶瓷涂层较厚较致密，因而试样具有更好的耐蚀性。

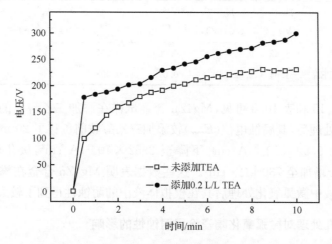

图 10.14　固溶态 Mg4Zn 合金在添加和未添加三乙醇胺的基础电解液中
微弧氧化的电压-时间曲线

10.3.2　三乙醇胺对微弧氧化陶瓷涂层耐蚀性的影响

固溶态 Mg4Zn 合金试样在添加了 0.2 L/L 三乙醇胺的基础电解液中微弧氧化处理 10 min 后,在 37 ℃ 的模拟体液中进行的动电位极化曲线测量结果如图 10.15所示。为了进行比较,将 Mg4Zn 合金在未添加三乙醇胺的基础电解液中微弧氧化处理 10 min 后在 37 ℃ 的模拟体液中的极化曲线也绘于图 10.15 中。图 10.15中各极化曲线的电化学参数列于表 10.8 中。

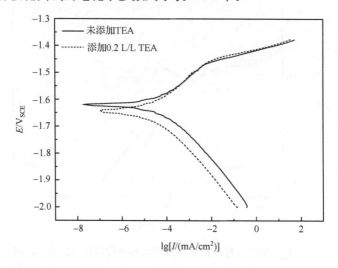

图 10.15　试样在添加和未添加三乙醇胺的基础电解液中微弧氧化后的动电位极化曲线

表 10.8   试样在添加和未添加三乙醇胺的基础电解液中微弧氧化后的极化曲线的电化学参数

试样	E_{corr} /V_{SCE}	I_{corr} /(A/cm^2)	β_a	β_c	R_p /(kΩ·cm^2)	E_{pt} /V_{SCE}	ΔE /V_{SCE}
未添加 TEA	−1.62	9.59×10^{-8}	0.069	0.097	313	−1.47	0.15
添加 0.2 L/L TEA	−1.64	2.52×10^{-8}	0.078	0.093	730	−1.47	0.17

由图 10.15 和表 10.8 可见,Mg4Zn 合金试样在添加三乙醇胺的基础电解液中微弧氧化处理后,其腐蚀电位(E_{corr})较添加三乙醇胺前负移了 20 mV,腐蚀电流密度(I_{corr})由 9.59×10^{-8} A/cm^2 下降至 2.52×10^{-8} A/cm^2,极化电阻(R_p)由 313 kΩ·cm^2 增加至 730 kΩ·cm^2。这些数据表明 Mg4Zn 合金在添加三乙醇胺的基础电解液中微弧氧化处理后其在模拟体液中的耐蚀性得到了较大提高。

10.3.3   封孔处理对微弧氧化陶瓷涂层耐蚀性的影响

图 10.16 为 Mg4Zn 合金试样首先在添加 0.2 L/L 三乙醇胺的基础电解液中微弧氧化 10 min 后又经硅酸钠水溶液封孔处理,之后在 37℃模拟体液(SBF)中测量的极化曲线,极化曲线的电化学参数列于表 10.9 中。为了进行比较,将未经封孔处理的试样的极化曲线也绘于图 10.16 中。可见,陶瓷涂层经封孔处理后,试样的腐蚀电位(E_{corr})较封孔前正移了 90 mV,预示着试样在模拟体液中更不易于腐蚀。另外,封孔后试样的腐蚀电流密度(I_{corr})由 2.52×10^{-8} A/cm^2 下降至 6.00×10^{-9} A/cm^2,极化电阻由 730 kΩ·cm^2 增加至 1740 kΩ·cm^2,表明试样经封孔处理后其耐蚀性得到了极大提高。

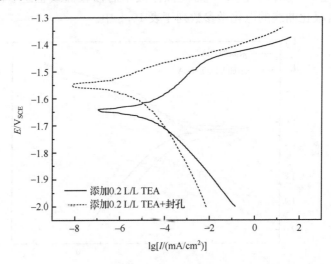

图 10.16   试样在硅酸钠水溶液中封孔前后的动电位极化曲线

表 10.9　试样在硅酸钠水溶液中封孔处理前后的极化曲线的电化学参数

试样	E_{corr} /V_{SCE}	I_{corr} /(A/cm^2)	β_a	β_c	R_p /(kΩ·cm^2)	E_{pt} /V_{SCE}	ΔE /V_{SCE}
添加 0.2 L/L TEA	−1.64	2.52×10^{-8}	0.078	0.093	730	−1.47	0.17
添加 0.2 L/L TEA+封孔	−1.55	6.00×10^{-9}	0.0285	0.154	1740	−1.48	0.07

10.3.4　微弧氧化陶瓷涂层的显微结构观察

经 380 ℃固溶 8 h 的 Mg4Zn 合金在添加 0.2 L/L 三乙醇胺的基础电解液中微弧氧化处理 10 min 后的表面和截面形貌以及表面的 EDS 能谱分析结果如图 10.17所示。可见，Mg4Zn 合金在添加三乙醇胺的电解液中微弧氧化处理后，试样表面具有较低的孔隙率，并且大孔隙较少，因而具有较高的光洁度。这主要是

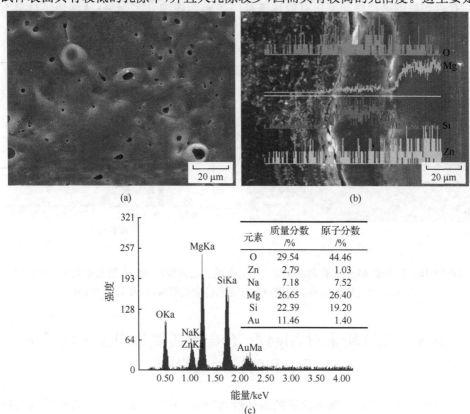

图 10.17　固溶态 Mg4Zn 合金在添加 0.2 L/L 的三乙醇胺的基础电解液中微弧氧化处理
10 min 后的表面和截面形貌及 EDS 能谱
(a) 表面形貌；(b) 表面形貌及线扫描分析结果；(c) 图(a)中试样表面的 EDS 能谱

由于微弧氧化过程中三乙醇胺具有抑弧作用,能够有效避免大火花的出现,从而使涂层能够均匀生长。从 EDS 能谱分析结果来看,在试样表面探测到了 O、Na、Si、Zn、Mg 和 Au 的存在。Au 元素是利用金离子溅射仪溅射在试样表面的,Zn、Mg、O、Na 和 Si 元素则来源于金属基体和电解液。另外,从涂层截面[图 10.17(b)]的线扫描分析结果来看,在涂层截面上也探测到了 O、Mg、Si 和 Zn 元素的存在。结合涂层表面的 EDS 能谱分析结果可知,微弧氧化过程中基体金属和电解液中的离子均参与了陶瓷涂层的生成反应。

　　经 380 ℃固溶 8 h 的 Mg4Zn 合金在添加 0.2 L/L 三乙醇胺的基础电解液中微弧氧化处理 10 min 后又经硅酸钠水溶液封孔处理后的表面形貌如图 10.18 所示。可见,与封孔前[图 10.17(a)]相比,陶瓷涂层经封孔处理后其表面孔隙的数量显著减少,孔隙的尺寸也明显下降,涂层的表面光洁度得到显著提高。由此可知封孔处理后的试样将能够更有效地将基体金属与腐蚀介质隔离,从而使试样具有更好的耐蚀性。

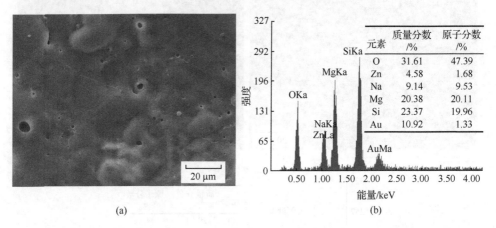

元素分析数据:

元素	质量分数/%	原子分数/%
O	31.61	47.39
Zn	4.58	1.68
Na	9.14	9.53
Mg	20.38	20.11
Si	23.37	19.96
Au	10.92	1.33

(a)　　　　　　　　　　　　(b)

图 10.18　固溶态 Mg4Zn 合金在添加 0.2 L/L 的三乙醇胺的基础电解液中微弧氧化处理
10 min 后又经硅酸钠水溶液封孔处理后的表面形貌(a)及 EDS 能谱(b)

10.4　CaO 粉末对 Mg4Zn 合金微弧氧化陶瓷涂层显微组织和耐蚀性的影响

　　为了提高微弧氧化陶瓷涂层的耐蚀性,拟向已添加 0.2 L/L 三乙醇胺的基础电解液(30 g/L NaOH+160 g/L Na₂SiO₃·9H₂O+160 g/L Na₂B₄O₇·10H₂O)中再添加 8 g/L CaO 粉末,并在 20 ℃和 40 mA/cm² 电流密度的条件下对经 380 ℃固溶 8 h 的 Mg4Zn 合金试样进行微弧氧化处理,考察 CaO 粉末对微弧氧化陶瓷涂层显微结构和耐蚀性能的影响。

10.4.1　添加 CaO 粉末对微弧氧化电压的影响

经 380 ℃固溶 8 h 的 Mg4Zn 合金试样在单独添加三乙醇胺和同时添加三乙醇胺与 CaO 粉末的基础电解液中微弧氧化处理 10 min 过程中的电压-时间曲线如图 10.19所示。

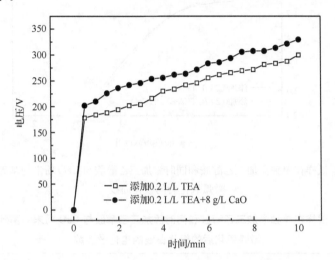

图 10.19　固溶态 Mg4Zn 合金在单独添加三乙醇胺和同时添加三乙醇胺与 CaO 粉末的基础电解液中微弧氧化的电压-时间曲线

由图 10.19 可见,无论是否向电解液中添加 CaO 粉末,试样的微弧氧化电压均迅速线性升高,直至到达各自的击穿电压。但添加 CaO 粉末后,试样的击穿电压更高些,达到了 202 V,较未添加 CaO 粉末前提高了 24 V。在随后进行的微弧氧化过程中,随着试样表面火花的出现和陶瓷涂层的不断生成,微弧氧化电压也不断爬升。但添加 CaO 粉末的试样微弧氧化电压始终高于未添加 CaO 粉末的。当微弧氧化结束时,添加 CaO 粉末的试样电压达到了 330 V,而未添加 CaO 粉末的试样电压仅爬升到 300 V。由此可见,向已添加三乙醇胺的基础电解液中再添加 CaO 粉末能够进一步提高微弧氧化过程的电压,而微弧氧化过程中出现较高的电压值预示着在试样表面生成的陶瓷涂层更厚更致密,因而试样在腐蚀介质中也将具有更好的耐蚀性。

10.4.2　添加 CaO 粉末对微弧氧化陶瓷涂层耐蚀性的影响

经 380 ℃固溶 8 h 的 Mg4Zn 合金试样在单独添加三乙醇胺和同时添加三乙醇胺与 CaO 粉末的基础电解液中微弧氧化处理 10 min 后,在 37 ℃模拟体液中测量的动电位极化曲线如图 10.20 所示,各极化曲线的电化学参数列于表 10.10 中。

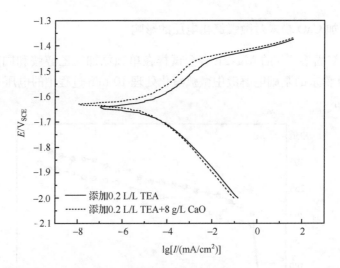

图 10.20　试样在单独添加三乙醇胺和同时添加三乙醇胺与 CaO 粉末的基础电解液中
微弧氧化后的极化曲线

表 10.10　试样在单独添加三乙醇胺和同时添加三乙醇胺与 CaO 粉末的基础电解液中
微弧氧化后的极化曲线的电化学参数

试样	E_{corr} /V$_{SCE}$	I_{corr} /(A/cm^2)	β_a	β_c	R_p /(k$\Omega \cdot$ cm^2)	E_{pt} /V$_{SCE}$	ΔE /V$_{SCE}$
添加 0.2 L/L TEA	−1.64	2.52×10^{-8}	0.078	0.093	730	−1.47	0.17
添加 0.2 L/L TEA+ 8 g/L CaO	−1.63	1.76×10^{-8}	0.077	0.103	1088	−1.46	0.17

　　由图 10.20 和表 10.10 可见,Mg4Zn 合金试样在同时添加 CaO 粉末和三乙醇
胺的电解液中微弧氧化处理后,其腐蚀电位(E_{corr})与仅添加三乙醇胺的试样的腐
蚀电位(E_{corr})相比发生了小幅度的正移,腐蚀电流密度(I_{corr})也有所降低,达到了
1.76×10^{-8} A/cm^2。另外,极化电阻(R_p)也由 730 k$\Omega \cdot$ cm^2 增加到 1088 k$\Omega \cdot$
cm^2。可见,向基础电解液中同时添加 CaO 粉末和三乙醇胺后进行微弧氧化,可一
定程度地提高陶瓷涂层的耐蚀性。陶瓷涂层耐蚀性的提高,是由于添加的 CaO 粉
末在微弧氧化过程中也参与了陶瓷涂层的生成反应,使得生成的涂层更厚也更加
致密,从而能够更有效地将基体金属与腐蚀介质隔离。

10.4.3　封孔处理对微弧氧化陶瓷涂层耐蚀性的影响

　　经 380 ℃固溶 8 h 的 Mg4Zn 合金试样在同时添加三乙醇胺与 CaO 粉末的基
础电解液中微弧氧化处理 10 min 后经硅酸钠水溶液封孔处理,之后在 37 ℃的模拟体液中测量的极化曲线如图 10.21 所示。为了进行比较,将未经封孔处理的试样的极化曲线也绘于图 10.21 中。图 10.21 中各极化曲线的电化学参数列于表 10.11 中。

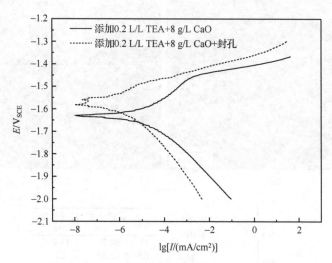

图 10.21　试样在硅酸钠水溶液中封孔前后的动电位极化曲线

表 10.11　试样封孔前后动电位极化曲线的电化学参数

试样	E_{corr} /V_{SCE}	I_{corr} /(A/cm^2)	β_a	β_c	R_p /(kΩ·cm^2)	E_{pt} /V_{SCE}	ΔE /V_{SCE}
添加 0.2 L/L TEA +8 g/L CaO	−1.63	1.76×10^{-8}	0.077	0.103	1088	−1.46	0.17
添加 0.2 L/L TEA +8 g/L CaO+封孔	−1.58	1.45×10^{-9}	0.056	0.131	11 732	−1.48	0.10

由图 10.21 和表 10.11 可见,陶瓷涂层经封孔处理后,试样的腐蚀电位(E_{corr})正移了约 50 mV,预示着试样在模拟体液中更不易于发生腐蚀破坏。从腐蚀电流密度(I_{corr})看,封孔处理后试样的腐蚀电流密度较封孔前降低了一个数量级,达到 1.45×10^{-9} A/cm^2,该值约为封孔处理前试样腐蚀电流密度的 8%。另外,封孔处理后试样的极化电阻(R_p)也由封孔前的 1088 kΩ·cm^2 激增到 11 732 kΩ·cm^2。这些试验结果表明经过封孔处理后的陶瓷涂层能够更有效地将基体金属和腐蚀介质隔离,从而对基体金属起到更好的保护作用。

10.4.4　微弧氧化陶瓷涂层的显微结构观察

经 380℃固溶 8 h 的 Mg4Zn 合金在添加 0.2 L/L 三乙醇胺和 8 g/L CaO 的

基础电解液中微弧氧化处理 10 min 后的表面和截面形貌以及表面的 EDS 能谱分析结果如图 10.22 所示。

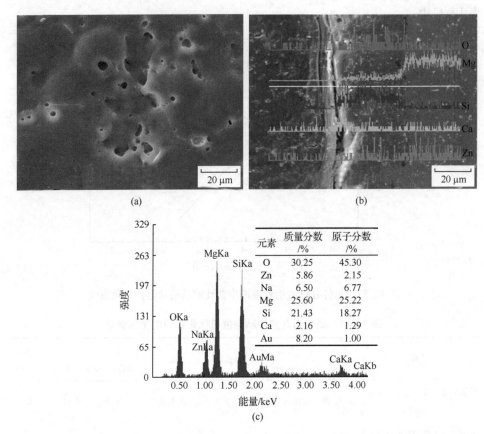

(a)　　　　　　　　　　　　　　　(b)

元素	质量分数 /%	原子分数 /%
O	30.25	45.30
Zn	5.86	2.15
Na	6.50	6.77
Mg	25.60	25.22
Si	21.43	18.27
Ca	2.16	1.29
Au	8.20	1.00

(c)

图 10.22　固溶态 Mg4Zn 合金在添加 0.2 L/L 三乙醇胺和 8 g/L CaO 的基础电解液中
微弧氧化处理 10 min 后的表面和截面形貌及 EDS 能谱
(a) 表面形貌；(b) 截面形貌和线扫描分析结果；(c) 图(a)中试样表面的 EDS 能谱

　　由图 10.22 可见，Mg4Zn 合金在添加三乙醇胺和 CaO 粉末的电解液中微弧氧化处理后，试样表面的孔隙主要分为两种，一种是孔径约 5 μm 的较大孔隙，另一种是孔径约 2 μm 的较小孔隙。从整体上看，试样表面的孔隙率较低，具有较高的光洁度。这主要归因于微弧氧化过程中三乙醇胺对火花的有效抑制，从而避免较大火花的出现，使得陶瓷涂层能够均匀生长。从 EDS 能谱结果来看，在试样表面探测到了 O、Na、Si、Ca、Zn、Mg 和 Au 的存在。Au 元素是扫描电镜观察前为了提高试样的导电性而利用金离子溅射仪溅射在试样表面的，Zn、Mg、O、Na 和 Si 元素来源于金属基体和电解液，而 Ca 元素则只能来源于添加到电解液中的 CaO 粉末。另外，在涂层截面[图 10.22(b)]上除探测到 O、Mg、Si 和 Zn 元素外，也探到了 Ca 元素的存在。陶瓷涂层中 O、Na、Si、Ca、Zn、Mg 等元素的存在表明在微弧氧化过程中,不仅基体金属和电解液中的离子参与了陶瓷涂层的生成反应,而且添加到基础电解液中的 CaO 粉末也参与了陶瓷涂层的生成反应。

经 380 ℃固溶 8 h 的 Mg4Zn 合金在添加 0.2 L/L 三乙醇胺和 8 g/L CaO 粉末的基础电解液中微弧氧化处理 10 min,随后又经硅酸钠水溶液封孔处理后的表面形貌以及试样表面的 EDS 能谱分析结果如图 10.23 所示。可见,陶瓷涂层经封孔处理后,试样表面上基本观察不到较大孔隙的存在,孔隙率也较封孔前[图 10.22(a)]显著下降。这些均表明封孔处理后陶瓷涂层的致密度得到了显著提高。陶瓷涂层致密度的提高,表明该涂层在腐蚀介质中将对基体金属提供更有效的保护作用。另外,从 EDS 能谱结果来看,封孔处理后在涂层表面探测到的元素种类与封孔处理前在试样表面探测到的元素种类类似,均探测到了 O、Na、Si、Ca、Zn、Mg 和 Au 的存在。

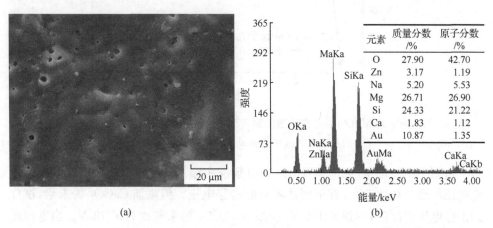

元素	质量分数/%	原子分数/%
O	27.90	42.70
Zn	3.17	1.19
Na	5.20	5.53
Mg	26.71	26.90
Si	24.33	21.22
Ca	1.83	1.12
Au	10.87	1.35

(a)　　　　　　　　　　(b)

图 10.23　固溶态 Mg4Zn 合金在添加 0.2 L/L 三乙醇胺和 8 g/L CaO 的基础电解液中微弧氧化处理 10 min 后又经硅酸钠水溶液封孔处理后的表面形貌(a)及 EDS 能谱(b)

10.5　CaCO₃ 粉末对 Mg4Zn 合金微弧氧化陶瓷涂层显微组织和耐蚀性的影响

为了提高微弧氧化陶瓷涂层的耐蚀性,拟向已添加 0.2 L/L 三乙醇胺的基础电解液(30 g/L NaOH$+160$ g/L Na₂SiO₃ · 9H₂O$+160$ g/L Na₂B₄O₇ · 10H₂O)中再添加 8 g/L CaCO₃ 粉末,并在 20 ℃和 40 mA/cm² 电流密度的条件下对经 380 ℃固溶 8 h 的 Mg4Zn 合金试样进行微弧氧化处理,考察 CaCO₃ 粉末对微弧氧化陶瓷涂层显微结构和耐蚀性能的影响。

10.5.1　添加 CaCO₃ 粉末对微弧氧化电压的影响

经 380 ℃固溶 8 h 的 Mg4Zn 合金试样在单独添加三乙醇胺和同时添加三乙醇胺与 CaCO₃ 粉末的基础电解液中微弧氧化处理 10 min 过程中的电压-时间曲线如图 10.24 所示。

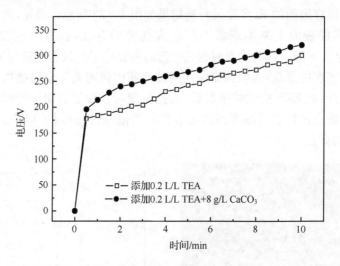

图 10.24　固溶态 Mg4Zn 合金在单独添加三乙醇胺和同时添加三乙醇胺与 CaCO₃ 粉末的基础电解液中微弧氧化的电压-时间曲线

由图 10.24 可见,无论是否向基础电解液中添加 CaCO₃ 粉末,试样的微弧氧化电压均迅速线性升高,直至到达各自的击穿电压。但添加 CaCO₃ 粉末后,试样的击穿电压更高些,达到了 196 V,较添加 CaCO₃ 粉末前提高了 18 V。当电压超过击穿电压后,试样表面开始出现火花。随着火花在试样表面的快速移动,试样表面生成了一层白色的陶瓷涂层。随着陶瓷涂层的不断生成,微弧氧化电压也继续缓慢爬升。但添加 CaCO₃ 粉末的试样的微弧氧化电压始终高于未添加 CaCO₃ 粉末的。当微弧氧化结束时,添加 CaCO₃ 粉末的试样电压达到了 320 V,而未添加 CaCO₃ 粉末的试样电压仅爬升到 300 V。由此可见,向已添加三乙醇胺的基础电解液中再添加 CaCO₃ 粉末能够进一步提高微弧氧化过程的电压,而微弧氧化过程中出现较高的电压值预示着在试样表面生成的陶瓷涂层更厚更致密,从而能够对基体金属起到更好的保护作用。

10.5.2　添加 CaCO₃ 粉末对微弧氧化陶瓷涂层耐蚀性的影响

经 380 ℃固溶 8 h 的 Mg4Zn 合金试样在单独添加三乙醇胺和同时添加三乙醇胺与 CaCO₃ 粉末的基础电解液中微弧氧化处理 10 min 后,在 37 ℃模拟体液中测量的动电位极化曲线如图 10.25 所示,各极化曲线的电化学参数列于表 10.12 中。

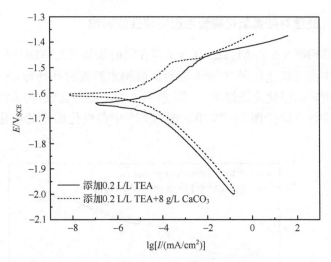

图 10.25　试样在单独添加三乙醇胺和同时添加三乙醇胺与 CaCO₃ 粉末的基础
电解液中微弧氧化后的极化曲线

表 10.12　试样在单独添加三乙醇胺和同时添加三乙醇胺与 CaCO₃ 粉末的基础
电解液中微弧氧化后的极化曲线的电化学参数

试样	E_{corr} /V_{SCE}	I_{corr} /(A/cm²)	β_a	β_c	R_p /(kΩ·cm²)	E_{pt} /V_{SCE}	ΔE /V_{SCE}
添加 0.2 L/L TEA	−1.64	2.52×10⁻⁸	0.078	0.093	730	−1.47	0.17
添加 0.2 L/L TEA+8 g/L CaCO₃	−1.61	1.46×10⁻⁸	0.079	0.096	1287	−1.48	0.13

由图 10.25 和表 10.12 可见,Mg4Zn 合金试样在同时添加了三乙醇胺和 CaCO₃ 粉末的电解液中微弧氧化处理后,其腐蚀电位(E_{corr})与仅添加三乙醇胺的试样的腐蚀电位(E_{corr})相比正移了约 30 mV,预示着试样在腐蚀介质中将更不易于发生腐蚀。另外,从极化曲线上看,同时添加三乙醇胺和 CaCO₃ 粉末后,试样的阴极电流密度较仅添加三乙醇胺的试样有所增加,而阳极电流密度则较仅添加三乙醇胺的显著下降。这表明试样在同时添加三乙醇胺和 CaCO₃ 粉末的基础电解液中微弧氧化处理后在模拟体液中发生腐蚀时,阴极析氢速率有所增加,而阳极镁的溶解速率则明显下降,总的结果是使试样的腐蚀电流密度(I_{corr})也有所降低,达到了 1.46×10⁻⁸ A/cm²。该结果说明向已添加三乙醇胺到基础电解液中再添加 CaCO₃ 粉末后进行微弧氧化,可一定程度地提高陶瓷涂层的耐蚀性。陶瓷涂层耐

蚀性提高,是由于添加的 $CaCO_3$ 粉末在微弧氧化过程中也参与了涂层的生成反应,使得生成的涂层能够更有效地将基体金属与腐蚀介质隔离。

10.5.3　封孔处理对微弧氧化陶瓷涂层耐蚀性的影响

经 380 ℃固溶 8 h 的 Mg4Zn 合金试样在同时添加三乙醇胺与 $CaCO_3$ 粉末的基础电解液中微弧氧化处理 10 min 后经硅酸钠水溶液封孔处理,之后在 37 ℃的模拟体液中测量的极化曲线如图 10.26 所示。为了进行比较,将未经封孔处理的试样的极化曲线也绘于图 10.26 中。图 10.26 中各极化曲线的电化学参数列于表 10.13 中。

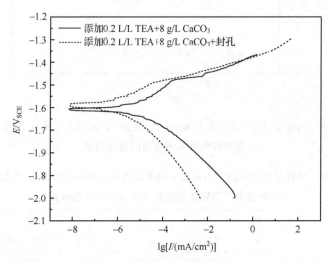

图 10.26　试样在硅酸钠水溶液中封孔前后的动电位极化曲线

表 10.13　试样封孔前后动电位极化曲线的电化学参数

试样	E_{corr} /V_{SCE}	I_{corr} /(A/cm²)	β_a	β_c	R_p /(kΩ·cm²)	E_{pt} /V_{SCE}	ΔE /V_{SCE}
添加 0.2 L/L TEA+8 g/L $CaCO_3$	−1.61	1.46×10^{-8}	0.079	0.096	1287	−1.48	0.13
添加 0.2 L/L TEA+ 8g/L $CaCO_3$+封孔	−1.59	2.28×10^{-9}	0.047	0.130	6568	−1.49	0.10

由图 10.26 和表 10.13 可见,陶瓷涂层经封孔处理后,试样的腐蚀电位(E_{corr})发生了小幅度的正移,预示着试样在模拟体液中的腐蚀倾向有所减小。从电流密度(I_{corr})看,封孔处理后试样的阴极和阳极的电流密度均较封孔前有所下降,从而使试样的腐蚀电流密度降低到了 2.28×10^{-9} A/cm²。另外,封孔处理后试样的极

化电阻(R_p)也显著增加,由封孔前的 1287 kΩ · cm^2 增加到 6568 kΩ · cm^2。这些试验结果表明陶瓷涂层经过封孔处理后能够更有效地将基体金属和腐蚀介质隔离,从而对基体金属起到更好的保护作用。

10.5.4　微弧氧化陶瓷涂层的显微结构

经 380 ℃固溶 8 h 的 Mg4Zn 合金在同时添加 0.2 L/L 三乙醇胺和 8 g/L CaCO$_3$ 的基础电解液中微弧氧化处理 10 min 后的表面和截面形貌以及表面的 EDS 能谱分析结果如图 10.27 所示。可见,Mg4Zn 合金经微弧氧化处理后其表面的孔隙主要分为两种:一种是数量较少的孔径约为 5 μm 的较大孔隙,另一种是数量较多的孔径约为 2 μm 的较小孔隙。另外,涂层表面还存在着明显的熔融物及冷凝固留下的痕迹。从 EDS 能谱结果来看,在试样表面探测到了 O、Na、Si、Ca、Zn、Mg 和 Au 的存在。Au 元素是扫描观察前为了提高试样的导电性而利用金离

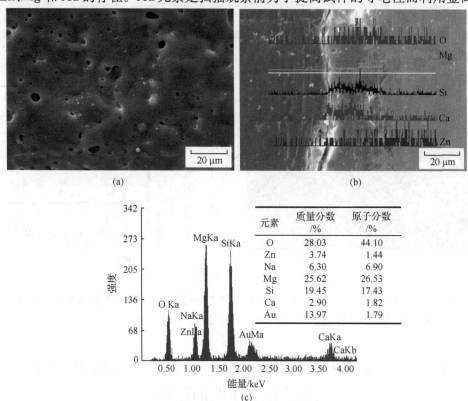

图 10.27　固溶态 Mg4Zn 合金在添加 0.2 L/L 三乙醇胺和 8 g/L CaCO$_3$ 的基础电解液中微弧氧化处理 10 min 后的表面和截面形貌及 EDS 能谱

(a) 表面形貌;(b) 截面形貌及线扫描分析结果;(c) 图(a)中试样表面的 EDS 能谱

子溅射仪溅射在试样表面的,Zn、Mg、O、Na 和 Si 元素来源于金属基体和电解液,而 Ca 元素则来源于添加到电解液中的 $CaCO_3$ 粉末。另外,在涂层截面[图 10.27(b)]上也探测到了 O、Mg、Si、Zn 和 Ca 元素。结合涂层表面的 EDS 能谱结果[图 10.27(a)]可知,在微弧氧化过程中除基体金属和电解液中的离子参与了陶瓷涂层的生成反应外,添加到基础电解液中的 $CaCO_3$ 粉末也参与了陶瓷涂层的生成过程。

　　经 380℃固溶 8 h 的 Mg4Zn 合金在同时添加 0.2 L/L 三乙醇胺和 8 g/L $CaCO_3$ 的基础电解液中微弧氧化处理 10 min,随后又经硅酸钠水溶液封孔处理后的表面形貌以及试样表面的 EDS 能谱分析结果如图 10.28 所示。可见,陶瓷涂层经封孔处理后,试样表面上虽然仍存在一些较大孔隙,但部分较大孔隙的深度明显变浅,同时试样表面上小孔隙的数量也显著减少。这表明封孔处理提高了陶瓷涂层的致密度。陶瓷涂层致密度的提高,预示着涂层在腐蚀介质中将对基体金属提供更有效的保护作用,从而使试样具有更好的耐蚀性。另外,从 EDS 能谱结果来看,封孔处理后在涂层表面探测到的元素种类与封孔处理前在试样表面探测到的元素种类类似,均探测到了 O、Na、Si、Ca、Zn、Mg 和 Au 的存在。

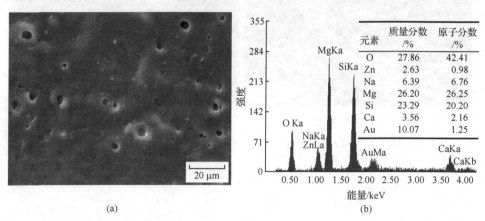

元素	质量分数/%	原子分数/%
O	27.86	42.41
Zn	2.63	0.98
Na	6.39	6.76
Mg	26.20	26.25
Si	23.29	20.20
Ca	3.56	2.16
Au	10.07	1.25

(a)　　　　　　　　　　(b)

图 10.28　固溶态 Mg4Zn 合金在添加 0.2 L/L 三乙醇胺和 8 g/L $CaCO_3$ 的基础电解液中微弧氧化处理 10 min 后又经硅酸钠水溶液封孔处理后的表面形貌(a)及 EDS 能谱(b)

10.6　HA 粉末对 Mg4Zn 合金微弧氧化陶瓷涂层显微组织和耐蚀性的影响

　　为了提高微弧氧化陶瓷涂层的耐蚀性,拟向已添加 0.2 L/L 三乙醇胺的基础电解液(30 g/L NaOH＋160 g/L $Na_2SiO_3 \cdot 9H_2O$＋160 g/L $Na_2B_4O_7 \cdot 10H_2O$)中再添加 8 g/L HA 粉末,并在 20℃和 40 mA/cm² 电流密度的条件下对经 380℃

固溶 8 h 的 Mg4Zn 合金试样进行微弧氧化处理,考察 HA 粉末对微弧氧化陶瓷涂层显微结构和耐蚀性能的影响。

10.6.1　添加 HA 粉末对微弧氧化电压的影响

经 380 ℃固溶 8 h 的 Mg4Zn 合金试样在单独添加三乙醇胺和同时添加三乙醇胺与 HA 粉末的基础电解液中微弧氧化处理 10 min 过程中的电压-时间曲线如图 10.29所示。可见,向基础电解液中同时添加三乙醇胺和 HA 粉末后,试样在微弧氧化过程中的电压明显高于只添加三乙醇胺的。例如,向基础电解液中同时添加三乙醇胺和 HA 粉末后,试样的膜击穿电压由 178 V 升高至 194 V,当微弧氧化结束时试样的电压也由 300 V 升高至 334 V。一般而言,微弧氧化过程中较高电压的出现预示着在试样表面生成的陶瓷涂层将具有更好的耐蚀性。

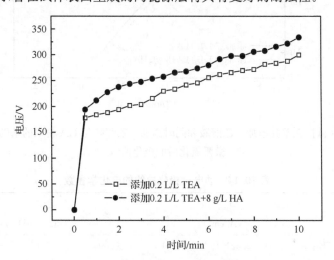

图 10.29　固溶态 Mg4Zn 合金在单独添加三乙醇胺和同时添加三乙醇胺与 HA 粉末的基础电解液中微弧氧化的电压-时间曲线

10.6.2　添加 HA 粉末对微弧氧化陶瓷涂层耐蚀性的影响

经 380 ℃固溶 8 h 的 Mg4Zn 合金试样在单独添加三乙醇胺和同时添加三乙醇胺与 HA 粉末的基础电解液中微弧氧化处理 10 min 后,在 37 ℃模拟体液中测量的动电位极化曲线如图 10.30 所示,各极化曲线的电化学参数列于表 10.14 中。由图 10.30 和表 10.14 可见,Mg4Zn 合金试样在同时添加了三乙醇胺和 HA 粉末的基础电解液中微弧氧化处理后,其腐蚀电位(E_{corr})与仅添加三乙醇胺的试样的腐蚀电位(E_{corr})相比正移了约 20 mV,腐蚀电流密度(I_{corr})则下降了一个数量级,达到了 9.52×10^{-9} A/cm²。另外,与腐蚀电流密度相关的极化电阻(R_p)也由添加

HA 粉末前的 730 kΩ·cm² 增加到 3501 kΩ·cm²。可见,向基础电解液中同时添加三乙醇胺和 HA 粉末后进行微弧氧化,可显著提高陶瓷涂层的耐蚀性。陶瓷涂层耐蚀性的提高,是由于添加的 HA 粉末在微弧氧化过程中也参与了涂层的生成反应,使得生成的涂层能够更有效地将基体金属与腐蚀介质隔离。

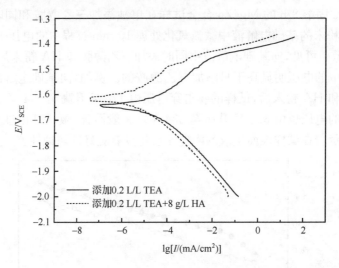

图 10.30　试样在单独添加三乙醇胺和同时添加三乙醇胺与 HA 粉末的基础电解液中
微弧氧化后的极化曲线

表 10.14　动电位极化曲线的电化学参数

试样	E_{corr} /V_{SCE}	I_{corr} /(A/cm²)	β_a	β_c	R_p /(kΩ·cm²)	E_{pt} /(V_{SCE})	ΔE /V_{SCE}
添加 0.2 L/L TEA	−1.64	2.52×10⁻⁸	0.078	0.093	730	−1.47	0.17
添加 0.2 L/L TEA+ 8 g/L HA	−1.62	9.52×10⁻⁹	0.083	0.096	3501	−1.48	0.14

10.6.3　封孔处理对微弧氧化陶瓷涂层耐蚀性的影响

经 380 ℃固溶 8 h 的 Mg4Zn 合金试样在同时添加三乙醇胺与 HA 粉末的基础电解液中微弧氧化处理 10 min 后经硅酸钠水溶液封孔处理,之后在 37 ℃的模拟体液中测量的极化曲线如图 10.31 所示。为了进行比较,将未经封孔处理的试样的极化曲线也绘于图 10.31 中。图 10.31 中各极化曲线的电化学参数列于表 10.15中。

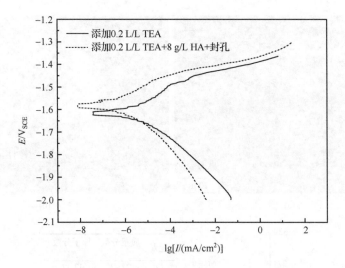

图 10.31　试样在硅酸钠水溶液中封孔前后的动电位极化曲线

表 10.15　试样封孔前后动电位极化曲线的电化学参数

试样	E_{corr} /V_{SCE}	I_{corr} /(A/cm²)	β_a	β_c	R_p/(kΩ· cm²)	E_{pt} /V_{SCE}	ΔE /V_{SCE}
添加 0.2L/L TEA +8g/L HA	−1.62	9.52×10⁻⁹	0.083	0.096	3501	−1.48	0.14
添加 0.2L/L TEA +8g/L HA ＋封孔	−1.58	1.75×10⁻⁹	0.058	0.133	10044	−1.46	0.12

　　由图 10.31 和表 10.15 可见,陶瓷涂层经封孔处理后,试样的腐蚀电位(E_{corr})正移了约 40 mV,较高的腐蚀电位预示着试样在模拟体液中具有较低的腐蚀倾向。从极化曲线看,封孔处理后试样的阴极和阳极极化曲线的电流密度均较封孔前有所下降,这表明试样在模拟体液中的阴极析氢和阳极镁溶解速率均低于封孔前试样的相应速率。较低的析氢和镁溶解速率使得封孔后试样的腐蚀电流密度降低到 $1.75×10^{-9}$ A/cm²,相应地,极化电阻(R_p)也由封孔前的 3501 kΩ· cm² 激增到 10 044 kΩ· cm²。这些试验结果表明陶瓷涂层经过封孔处理后能够更有效地将基体金属和腐蚀介质隔离,从而减缓试样在腐蚀介质中的腐蚀速率。

10.6.4　微弧氧化陶瓷涂层的显微结构观察

　　经 380℃固溶 8 h 的 Mg4Zn 合金在添加 0.2 L/L 三乙醇胺和 8 g/L HA 粉末的基础电解液中微弧氧化处理 10 min 后的表面和截面形貌以及表面的 EDS 能谱分析结果如图 10.32 所示。

　　由图 10.32 可见,Mg4Zn 合金经微弧氧化处理后其表面的孔隙主要分为三

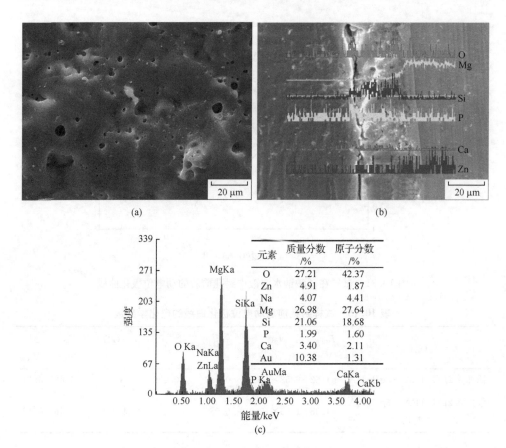

图 10.32　固溶态 Mg4Zn 合金在添加 0.2 L/L 三乙醇胺和 8 g/L HA 的基础电解液中
微弧氧化处理 10 min 后的表面和截面形貌及 EDS 能谱
(a) 表面形貌；(b) 截面形貌及线扫描分析结果；(c) 图(a)中试样表面的 EDS 能谱

种：一种是数量较少的孔径约为 6 μm 的较大孔隙，一种是数量较多的孔径约为
2 μm 的较小孔隙，除此之外试样表面还存在一些小于 1 μm 的微小孔隙。从整体
上看，涂层表面具有较高的孔隙率，表面光洁度也较差。除此之外，涂层表面还明
显存在着熔融物及冷凝固留下的痕迹。从 EDS 能谱结果来看，在试样表面探测到
了 O、Na、Si、Ca、P、Zn、Mg 和 Au 的存在。Au 元素是扫描电镜观察前为了提高试
样的导电性而利用金离子溅射仪溅射在试样表面的，Zn、Mg、O、Na 和 Si 元素来
源于金属基体和电解液，而 Ca 和 P 元素则来源于添加到电解液中的 HA 粉末。
另外，在涂层截面[图 10.32(b)]上也探测到了 O、Mg、Si、Zn、P 和 Ca 元素。结合
涂层表面的 EDS 能谱结果[图 10.32(c)]可知，在微弧氧化过程中不仅基体金属和
电解液中的离子参与了陶瓷涂层的生成反应，添加到基础电解液中的 HA 粉末也
参与了陶瓷涂层的生成过程。

　　经 380℃固溶 8 h 的 Mg4Zn 合金在添加 0.2 L/L 三乙醇胺和 8 g/L HA 的基础电解液中微弧氧化处理 10 min,随后又经硅酸钠水溶液封孔处理后的表面形貌以及试样表面的 EDS 能谱分析结果如图 10.33 所示。可见,陶瓷涂层经封孔处理后,试样表面上较大孔隙的孔径相比封孔前有所下降,孔径约 2 μm 的较小孔隙和孔径小于 1 μm 的微小孔隙数量也显著减小,即封孔处理后陶瓷涂层的致密度得到了明显提高。陶瓷涂层致密度的提高,预示着涂层在腐蚀环境中将对基体金属提供更有效的保护作用。

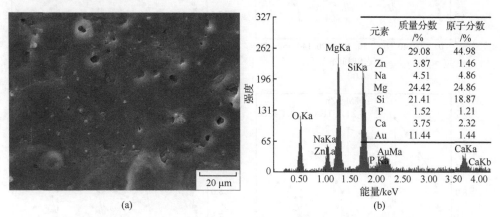

元素	质量分数/%	原子分数/%
O	29.08	44.98
Zn	3.87	1.46
Na	4.51	4.86
Mg	24.42	24.86
Si	21.41	18.87
P	1.52	1.21
Ca	3.75	2.32
Au	11.44	1.44

图 10.33　固溶态 Mg4Zn 合金在添加 0.2 L/L 三乙醇胺和 8 g/L HA 的基础电解液中微弧氧化处理 10 min 后又经硅酸钠水溶液封孔处理后的表面形貌(a)及 EDS 能谱(b)

　　从 EDS 能谱结果来看,封孔处理后在涂层表面探测到了 O、Na、Si、Ca、Zn、Mg 和 Au 的存在,这与封孔处理前在试样表面探测到的元素种类类似。

10.7　模拟体液浸泡试验

　　为了进一步考察覆盖有微弧氧化陶瓷涂层的固溶态 Mg4Zn 合金试样在模拟体液中的耐蚀性以及试样在模拟体液中的 Ca、P 沉积能力,将在添加不同添加剂的基础电解液中于 20℃和 40 mA/cm^2 条件下微弧氧化处理 10 min 且经硅酸钠水溶液封孔后的 Mg4Zn 合金试样在 37℃的模拟体液中进行浸泡试验。

10.7.1　浸泡过程中模拟体液 pH 的变化

　　经 380℃固溶 8 h 的 Mg4Zn 合金在分别添加 0.2 L/L TEA、0.2 L/L TEA+8 g/L CaO、0.2 L/L TEA+8 g/L CaCO$_3$ 和 0.2 L/L TEA+8 g/L HA 的基础电解液中微弧氧化处理 10 min 后经硅酸钠水溶液封孔处理,最后在 37℃的模拟体液进行浸泡试验。图 10.34 为微弧氧化处理前后的 Mg4Zn 合金试样在模拟体液浸泡 7 天过程中溶液 pH 的变化情况（模拟体液每两天更换一次）。

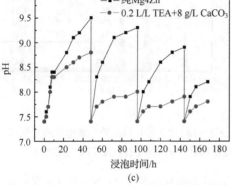

(a)

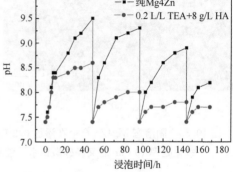

(b)

(c)　　　　　　　　　(d)

图 10.34　浸泡过程中模拟体液 pH 的变化

镁或镁合金在腐蚀溶液中发生腐蚀时会生成碱性的 $Mg(OH)_2$，并且根据反应方程式（8.16），1 mol 的镁发生腐蚀就会生成 1 mol 的 $Mg(OH)_2$，因此镁腐蚀越严重，生成的 $Mg(OH)_2$ 越多，溶液的 pH 也越高。因此，当镁或镁合金在溶液中发生腐蚀时可用溶液 pH 的变化来考察镁或镁合金试样发生腐蚀的程度。

由图 10.34 可见，在浸泡开始的最初 8 h 内无论 Mg4Zn 合金试样是否经过微弧氧化处理，模拟体液的 pH 均迅速升高，其中浸泡着未进行微弧氧化处理的 Mg4Zn 合金试样的模拟体液 pH 升至 8.4，而浸泡着经过微弧氧化处理的 Mg4Zn 合金试样的模拟体液 pH 按照图 10.34(a)～图 10.34(d) 的顺序分别升至 8.4、8.3、8.3 和 8.3。在随后进行的浸泡过程中，所有模拟体液的 pH 均继续缓慢升高，但浸泡着经过微弧氧化处理的 Mg4Zn 合金试样的模拟体液 pH 明显偏低。当浸泡 48 h 时，浸泡着未进行微弧氧化处理的 Mg4Zn 合金试样的模拟体液 pH 升至 9.5，而浸泡着经过微弧氧化处理的 Mg4Zn 合金试样的模拟体液 pH 按照

图 10.34(a)～图 10.34(d)的顺序分别升至 9.1、8.9、8.8 和 8.6。在随后几天的浸泡过程中,浸泡着经过微弧氧化处理的 Mg4Zn 合金试样的模拟体液 pH 也始终显著低于浸泡着未进行微弧氧化处理的 Mg4Zn 合金试样的模拟体液 pH。经过微弧氧化处理后的镁合金试样在浸泡过程中使模拟体液的 pH 升高的幅度较小,说明覆盖着微弧氧化陶瓷涂层的镁合金基体发生腐蚀的程度较小,即陶瓷涂层能够有效地将基体金属与腐蚀介质隔离,从而对基体金属起到保护作用。

根据经过微弧氧化处理的 Mg4Zn 合金试样在模拟体液浸泡过程中溶液 pH 的变化情况,同时参考微弧氧化处理后的铸态纯镁在模拟体液浸泡过程中发生腐蚀的两个不同阶段(图 9.33),可推断出覆盖着陶瓷涂层的镁合金试样在模拟体液中的腐蚀过程也可分为两个阶段:在第一阶段也就是在浸泡最初的 8 h 内,模拟体液通过微弧氧化陶瓷涂层的微型孔隙或微裂纹与基体合金发生接触,导致基体合金发生腐蚀,并使溶液的 pH 持续增加;在第二阶段,部分微型孔隙或微裂纹被腐蚀产物所填充,从而导致陶瓷涂层的孔隙率下降,基体合金的腐蚀程度减轻,进而使得溶液的 pH 增加缓慢。而对于未经微弧氧化处理的 Mg4Zn 合金试样,由于其表面没有覆盖陶瓷涂层,其在模拟体液中的腐蚀情况与未经微弧氧化处理的铸态纯镁在模拟体液中发生腐蚀的情况(图 9.34)类似,即合金表面的腐蚀产物层同样疏松、不致密,因而腐蚀产物层不能对基体合金起到足够的保护作用,导致基体合金持续发生严重腐蚀并使得模拟体液的 pH 持续升高。

10.7.2　浸泡不同时间后试样的表面形貌

经 380℃固溶 8 h 的 Mg4Zn 合金试样在 37℃的模拟体液中浸泡 3 天和 7 天后的表面形貌如图 10.35 所示。固溶态 Mg4Zn 合金试样在分别添加不同添加剂的基础电解液中微弧氧化处理 10 min 后又经硅酸钠水溶液封孔处理,然后在 37℃的模拟体液中浸泡 3 天和 7 天后的表面形貌如图 10.36～图 10.39 所示。

可见,无论 Mg4Zn 合金是否经过微弧氧化处理,它们在模拟体液中浸泡后表面均变得异常粗糙,并伴有大量裂纹产生。裂纹产生的原因可能是试样在模拟体液中浸泡结束后进行的干燥处理和在扫描电镜观察前为了增加试样的导电性对试样进行的喷金处理以及扫描电镜观察过程中的高真空状态等使试样表面的沉积层在应力作用下发生破裂。

对于未经微弧氧化处理的 Mg4Zn 合金,当其在模拟体液中浸泡 3 天后,试样表面便沉积了大量颗粒状的沉积物;当浸泡 7 天后,沉积物颗粒进一步长大。EDS 能谱结果表明这些颗粒状的沉积物中富含大量的 Ca、P 元素,尤其是当试样在模拟体液中浸泡 7 天,沉积物颗粒中的 Ca、P 元素含量进一步提高。Mg4Zn 合金试样在浸泡过程中之所以沉积 Ca、P 元素,是因为镁合金在浸泡过程中发生腐蚀而导致溶液的 pH 升高(图 10.34)从而使得 HAp、β-TCP 和 OCP 等磷酸钙盐的溶解度降低(图 9.40),这些磷酸盐更容易在试样表面发生沉积。

图 10.35　Mg4Zn 合金经模拟体液浸泡 3 天和 7 天后的表面形貌及 EDS 能谱

(a)和(b) 3 天;(c)和(d) 7 天;(e) 图(b)中矩形区域的 EDS 能谱;(f) 图(d)中矩形区域的 EDS 能谱

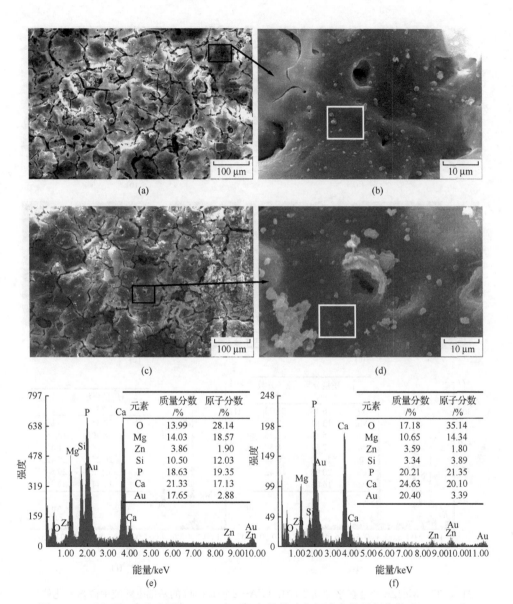

图 10.36　Mg4Zn 合金在添加 0.2 L/L TEA 的基础电解液中微弧氧化处理 10 min 和 Na₂SiO₃ 水溶液封孔后经模拟体液浸泡 3 天和 7 天后的表面形貌及 EDS 能谱

(a)和(b) 3 天;(c)和(d) 7 天;(e) 图(b)中矩形区域的 EDS 能谱;(f) 图(d)中矩形区域的 EDS 能谱

图 10.37　Mg4Zn 合金在添加 0.2 L/L TEA+8 g/L CaO 的基础电解液中微弧氧化处理
10 min 和 Na₂SiO₃ 水溶液封孔后经模拟体液浸泡 3 天和 7 天后的表面形貌及 EDS 能谱
(a)和(b) 3 天；(c)和(d) 7 天；(e) 图(b)中矩形区域的 EDS 能谱；(f) 图(d)中矩形区域的 EDS 能谱

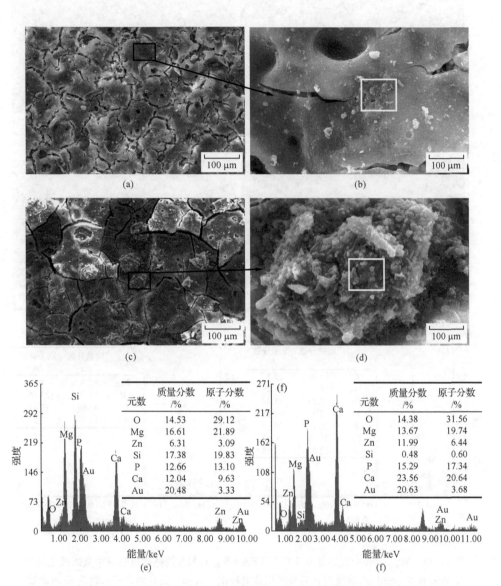

图 10.38　Mg4Zn 合金在添加 0.2 L/L TEA＋8 g/L CaCO₃ 的基础电解液中微弧氧化处理
10min 和 Na₂SiO₃ 水溶液封孔后经模拟体液浸泡 3 天和 7 天后的表面形貌及 EDS 能谱
(a)和(b) 3 天；(c)和(d) 7 天；(e) 图(b)中矩形区域的 EDS 能谱；(f) 图(d)中矩形区域的 EDS 能谱

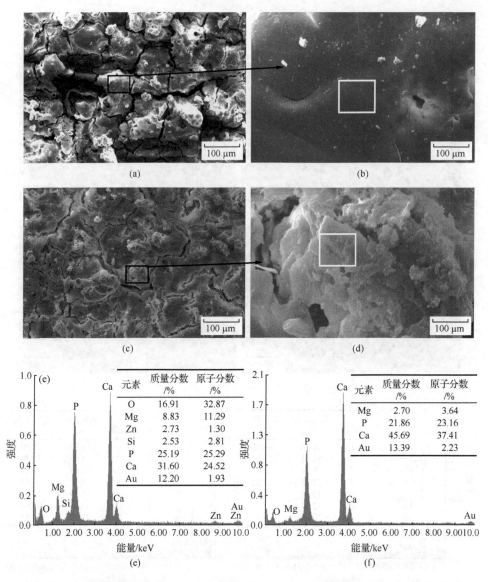

图 10.39　Mg4Zn 合金在添加 0.2 L/L TEA＋8 g/L HA 的基础电解液中微弧氧化处理
10 min 和 Na₂SiO₃ 水溶液封孔后经模拟体液浸泡 3 天和 7 天后的表面形貌及 EDS 能谱
(a)和(b) 3 天；(c)和(d) 7 天；(e) 图(b)中矩形区域的 EDS 能谱；(f) 图(d)中矩形区域的 EDS 能谱

　　对于经过微弧氧化处理的 Mg4Zn 合金，当其在模拟体液中浸泡后，在试样表面的沉积层中也探测到了 Ca、P 元素的存在，该结果进一步说明覆盖在试样表面的陶瓷涂层不能将基体金属与腐蚀介质完全隔离。当腐蚀介质通过涂层中的微孔隙或微裂纹与基体金属接触后就会使基体镇合金发生腐蚀，从而引起溶液 pH 的升高(图 10.34),进而较高的 pH 使得模拟体液中的钙、磷酸根等离子以不同形式的磷酸盐沉积在试样表面。例如,在图 10.39(d)的白色矩形方框中探测到的沉积物的 Ca/P(原子比)=1.62,非常接近于羟基磷灰石的理论 Ca/P 原子比(1.67)。

综合上述分析可见,Mg4Zn 合金无论是否经过微弧氧化处理,当其在模拟体液中浸泡后在试样表面均能有效诱导钙磷化合物的沉积。随着浸泡时间的延长,钙磷化合物还将转变为更稳定的羟基磷灰石[160,263]。临床证明,若植入体表面能够快速自生钙磷化合物,将加快骨愈合的过程[258]。可见,无论 Mg4Zn 合金是否经过微弧氧化处理均具有良好的生物活性。

10.7.3　试样在模拟体液浸泡过程中的腐蚀速率

微弧氧化处理前后的 Mg4Zn 合金试样在 37℃的模拟体液中浸泡 7 天后使用公式(9.3)计算了各试样的腐蚀速率,其中未进行微弧氧化处理的 Mg4Zn 合金具有最快的腐蚀速率,为 2.43 mg/(cm² · d)。其他分别在添加 0.2 L/L TEA、0.2 L/L TEA+8 g/L CaO、0.2 L/L TEA+8 g/L CaCO₃ 和 0.2 L/L TEA+8 g/L HA 的基础电解液中微弧氧化处理 10 min 后又经硅酸钠水溶液封孔处理的 Mg4Zn 合金的腐蚀速率则均为 0.86 mg/(cm² · d)。可见,经过微弧氧化处理后的 Mg4Zn 合金在模拟体液浸泡过程中具有更小的腐蚀速率。

注意:Mg4Zn 合金试样经模拟体液浸泡后并未使用铬酸清洗试样以除去腐蚀产物,这是因为试验中发现微弧氧化陶瓷涂层在铬酸中会发生严重的溶解。

10.8　陶瓷涂层的显微硬度、相结构和血液相容性评价

10.8.1　微弧氧化陶瓷涂层的显微硬度

经 380℃固溶 8 h 的 Mg4Zn 合金试样在添加 0.2 L/L TEA 的基础电解液中微弧氧化处理 10 min 后得到的陶瓷涂层的显微硬度(HV)值为 296,而在分别添加 0.2 L/L TEA+8 g/L CaO、0.2 L/L TEA+8 g/L CaCO₃ 和 0.2 L/L TEA+8 g/L HA 的基础电解液中微弧氧化处理 10 min 后得到的陶瓷涂层的显微硬度(HV)值则分别为 365、340 和 407。可见,在微弧氧化过程中向基础电解液中加入的 CaO、CaCO₃ 和 HA 粉末对于提高陶瓷涂层的显微硬度非常有帮助,尤其是加入 HA 粉末后效果更明显。

除测量陶瓷涂层的硬度值外,还对未进行微弧氧化处理的 Mg4Zn 合金试样也进行了显微硬度测量,结果显示经 380℃固溶 8 h 的 Mg4Zn 合金试样的显微硬度值仅为 59.5,但比铸态纯镁的略高。可见,Mg4Zn 合金经微弧氧化处理后,其表面覆盖着一层陶瓷涂层,使得试样表面的硬度值得到了显著提高。

10.8.2　微弧氧化陶瓷涂层的相结构

1. XRD 衍射分析

经 380℃固溶 8 h 的 Mg4Zn 合金试样在基础电解液中和分别添加 0.2 L/L TEA、0.2 L/L TEA＋8 g/L CaO、0.2 L/L TEA＋8 g/L CaCO$_3$ 和 0.2 L/L TEA ＋8 g/L HA 的基础电解液中微弧氧化处理 10 min 后,用刀片将陶瓷涂层刮下得到的涂层粉末的 XRD 衍射图谱如图 10.40 所示。可见,Mg4Zn 合金在无论是否添加添加剂的基础电解液中微弧氧化处理后得到的陶瓷涂层的衍射图谱都表现为一个很宽的漫散射峰,这表明这些陶瓷涂层都是非晶态的。该结果与铸态纯镁试样在添加和未添加 TEA、CaO、CaCO$_3$ 和 HA 等添加剂的基础电解液中微弧氧化处理后得到的陶瓷涂层的 X 射线衍射图谱相一致。可见,非晶态陶瓷涂层是否生成与基体金属的化学成分关系不大,可能主要与微弧氧化过程中熔体的冷却速率有关。Yerokhin 等[257]提出微弧氧化过程中等离子体放电区域的冷却速率可高达 10^8 K/s,该冷速甚至高于快速凝固技术中的冷却速率(10^4～10^6 K/s)。在如此高的冷却速率下,由于熔体中的晶核尚来不及形成熔体便被冷却,于是就形成了非晶态的陶瓷涂层。

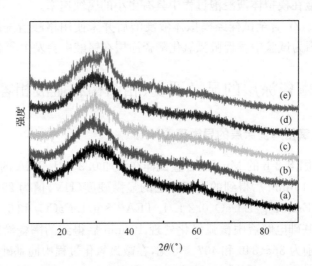

图 10.40　Mg4Zn 合金在添加和未添加添加剂的基础电解液中进行微弧氧化得到的
陶瓷涂层的 XRD 图谱

(a)基础电解液;(b) 0.2 L/L TEA;(c) 0.2 L/L TEA＋8 g/L CaO;(d) 0.2 L/L TEA＋8 g/L CaCO$_3$;
(e)0.2 L/L TEA＋8 g/L HA

2. TEM 电子衍射分析

经 380 ℃固溶 8 h 的 Mg4Zn 合金试样在基础电解液中和分别添加 0.2 L/L TEA、0.2 L/L TEA＋8 g/L CaO、0.2 L/L TEA＋8 g/L CaCO₃ 和 0.2 L/L TEA ＋8 g/L HA 的基础电解液中微弧氧化处理 10 min 后,用刀片将陶瓷涂层刮下得到的涂层粉末的 TEM 像及其相应的选区衍射谱分别如图 10.41～图 10.45 所示。可见,在所有涂层中均观察到了非晶态的陶瓷颗粒。另外,在部分陶瓷涂层中还发现了晶态物质的存在。结合图 10.40 陶瓷涂层的 X 射线衍射结果可知,Mg4Zn 合金在基础电解液中和添加不同添加剂的基础电解液中通过微弧氧化方法制备得到的陶瓷涂层主要以非晶态存在,但涂层中也存在着微量的晶态物质。陶瓷涂层中

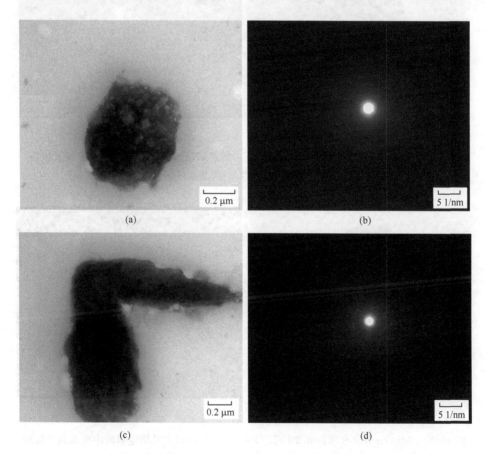

图 10.41　Mg4Zn 合金在基础电解液中微弧氧化处理 10 min 后得到陶瓷涂层的
TEM 像及其选区衍射谱(保持原样)
(a)和(c) 亮场像;(b)和(d) 选区衍射谱

的晶态物质主要是高温稳定相[179,257]，一般在微弧氧化初期形成，即在陶瓷涂层与金属基体的界面附近存在较多的晶态物质[264]。另外，在试样表面电击穿密度较高的局部区域，由于熔体的冷却速率较低也可能形成晶态物质[264]。陶瓷涂层中的非晶态成分则较多存在于远离基体的涂层区域，即存在于较厚的陶瓷涂层中[264,265]。这可能是由于随着陶瓷涂层的不断增厚，要击穿涂层需要更多的能量，试样表面出现较多的大火花而使得熔体的冷却速率增大。

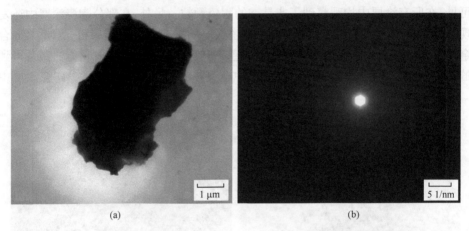

　　　　　　　　(a)　　　　　　　　　　　　　　　　　(b)

图 10.42　Mg4Zn 合金在添加 0.2 L/L TEA 的基础电解液中微弧氧化处理 10 min 后
得到陶瓷涂层的 TEM 像(a)及其选区衍射谱(b)

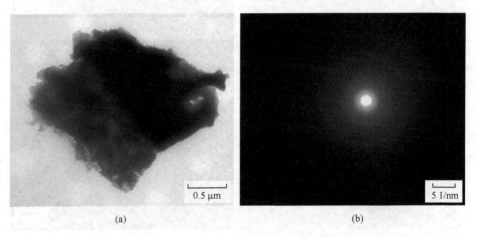

　　　　　　　　(a)　　　　　　　　　　　　　　　　　(b)

图 10.43　Mg4Zn 合金在添加 0.2 L/L TEA＋8 g/L CaO 的基础电解液中微弧氧化处理
10 min 后得到陶瓷涂层的 TEM 像(a)及其选区衍射谱(b)

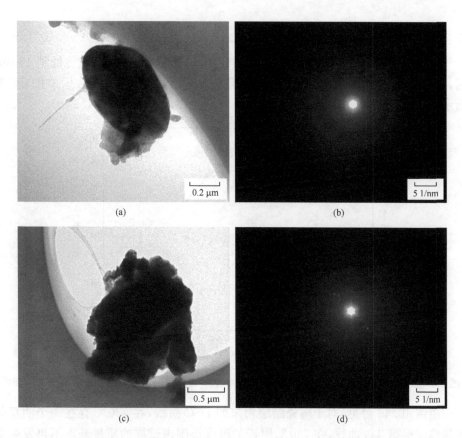

图 10.44　Mg4Zn 合金在添加 0.2 L/L TEA＋8 g/L CaCO₃ 的基础电解液中微弧氧化

处理 10 min 后得到陶瓷涂层的 TEM 像及其选区衍射谱

(a)和(c)亮场像；(b)和(d)选区衍射谱

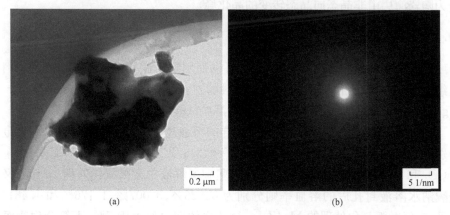

图 10.45　Mg4Zn 合金在添加 0.2 L/L TEA＋8 g/L HA 的基础电解液中微弧氧化处理

10 min 后得到陶瓷涂层的 TEM 像(a)及其选区衍射谱(b)

3. DSC 分析

经 380℃ 固溶 8 h 的 Mg4Zn 合金试样在基础电解液中微弧氧化处理 10 min 后,用刀片将陶瓷涂层刮下得到的涂层粉末的 TG-DSC 分析结果如图 10.46 所示。

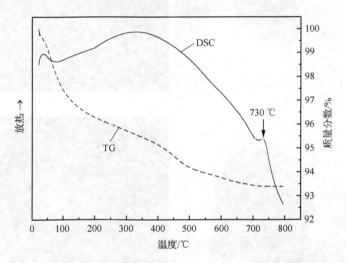

图 10.46　Mg4Zn 合金在基础电解液中微弧氧化 10 min 后得到的陶瓷涂层的 TG-DSC 图谱

由图 10.46 可见,对于陶瓷涂层粉末的 DSC 曲线,在 730℃ 存在一个明显的放热峰。根据 TG 曲线,在 730℃ 附近的温度范围内试样的质量基本不再发生变化。另外,根据图 10.40 中陶瓷涂层的 X 射线衍射结果和图 10.41 陶瓷涂层的选区电子衍射结果已知陶瓷涂层主要为非晶态,因此推断图 10.46 中 730℃ 的放热峰为陶瓷涂层由非晶态向晶态转变的晶化峰。

10.8.3　微弧氧化陶瓷涂层的溶血率

溶血是指红细胞破裂溶解的现象,可以使用溶血试验来检测生物医用材料与红细胞的相互作用情况,进而评价材料的血液相容性。经 380℃ 固溶 8 h 的 Mg4Zn 合金在进行微弧氧化处理前后的溶血试验结果如下所示:

未进行微弧氧化处理的 Mg4Zn 试样的溶血率为 9.185%,而 Mg4Zn 合金在分别添加 0.2 L/L TEA、0.2 L/L TEA＋8 g/L CaO、0.2 L/L TEA＋8 g/L CaCO₃ 和 0.2 L/L TEA＋8 g/L HA 的基础电解液中微弧氧化处理 10 min 又经硅酸钠水溶液封孔后的溶血率则分别为 0.828%、3.007%、1.176% 和 1.481%。可见,未经微弧氧化处理的 Mg4Zn 合金试样的溶血率大于 5%,不符合生物医用材料的溶血要求,血液相容性较差;而经过微弧氧化处理的 Mg4Zn 合金试样的溶血率则均低于 5%,符合生物医用材料的溶血要求,因而具有良好的血液相容性。

10.9 小　结

本章主要研究了 Mg4Zn 合金经微弧氧化处理后得到的陶瓷涂层的显微组织、耐蚀性及在模拟体液中诱导 Ca、P 沉积能力等,得到如下结论:

(1) 合金元素 Zn 对纯镁具有明显的晶粒细化作用。固溶态 Mg4Zn 合金的力学性能较铸态纯镁有较大程度的提高。另外,Mg4Zn 合金的耐蚀性较铸态纯镁也有一定程度的提高。

(2) Mg4Zn 合金经微弧氧化处理后,合金元素 Zn 以及电解液中的添加剂 CaO、$CaCO_3$ 及 HA 粉末等均参与了陶瓷层的生成反应,且得到的陶瓷层具有非晶态的相结构。Mg4Zn 合金经微弧氧化处理后,其耐蚀性得到不同程度的提高。

(3) 陶瓷层经硅酸钠水溶液封孔处理后,陶瓷层表面孔隙显著减少,试样的耐蚀性也得到进一步提高。

(4) 覆盖陶瓷层的 Mg4Zn 合金经模拟体液浸泡后,试样表面能有效诱导 Ca、P 沉积,表明陶瓷层具有较好的生物相容性。

(5) 溶血试验结果表明,经过微弧氧化处理的 Mg4Zn 合金的溶血率均低于 5%,符合生物医用材料的溶血要求,具有良好的血液相容性。

第 11 章　结　　论

作者依据金属镁、锌等元素的金属学特性、物理化学特性及其生物特性进行了生物降解镁合金的合金设计、阻燃防氧化冶炼制备方法和镁合金表面原位合成陶瓷薄层可控生物降解材料制备的试验研究。使用现代电子显微镜技术对镁合金铸态组织、热处理组织、微弧氧化涂层组织及其界面微结构的组织进行了观察与分析。依据材料在各种状态下的微观组织观察结果,理论分析了镁合金中间相析出和表面处理与可控生物降解等生物特性的关系与规律,研究了镁合金生物降解材料和镁合金表面原位合成陶瓷薄层可控生物降解材料的制备原理、微弧氧化陶瓷涂层在基础电解液中的晶体生长机理和耐蚀性特性,研究了添加剂对生物医用 Mg4Zn 合金及纯镁微弧氧化陶瓷涂层显微结构和性能的影响机制,阐述了材料制备工艺与材料微观组织、界面微结构、材料生物相容性及生物降解特性之间的关系与规律,得出主要研究结论如下:

(1) 根据 X 射线衍射及扫描电镜能谱分析结果可以看出,制备的 Mg-Sn 合金形成固溶体 α-Mg 和晶界 Mg_2Sn 两相,即随着合金冷却时,部分 Sn 元素固溶在 Mg 的晶格中,同时随着 Sn 元素添加量的增多,第二相 Mg_2Sn 的含量也增多。

(2) 通过对镁合金的显微硬度和拉伸试验结果可以看出,随着含 Sn 量的增加,合金的显微硬度一直增加,此过程沉淀强化起主导作用。由于细晶强化和沉淀强化作用,当含 Sn 量≤5％,随着含 Sn 量的增加,合金的抗拉强度与延伸率不断增加,当含 Sn 量为 10％时,由于晶粒粗化,合金的抗拉强度和延伸率又急剧下降,此过程细晶强化起主要作用。

(3) 通过对镁合金进行模拟体液培养,可以得出结论,未经预处理的镁合金,在含 Sn 量≤3％时,经过模拟体液培养可以沉积花状、针片状和颗粒状组织的 Ca/P 层,而含 Sn 量≥4％的合金不能沉积 Ca/P 层,生物相容性较差。经过 SN3 碱处理后所有的合金均能沉积 Ca/P 层,明显改善了镁合金的生物相容性。经过碱热处理后所有镁合金表面均能沉积 Ca/P 层,并且有联结在一起长大的趋势,生物相容性得到明显改善。

(4) 通过生物腐蚀试验结果可以看出,Mg-Sn 合金经过模拟体液浸泡后会使模拟体液的 pH 升高,并且 pH 会随着镁合金含 Sn 量的增多而增大,各种合金的质量也会随着在模拟体液中浸泡时间的延长而减少,含 Sn 量越多的镁合金质量损失率越大。合金经过碱处理和碱热处理后,能够明显减缓其 pH 增大,并降低合金试样质量损失,其中纯镁 MS0 降解最慢,合金 MS3 降解最稳定。

(5) 使用原位反应合成及热处理方法可以在铸态纯镁表面制备出 MgO 涂层。当热处理温度低于 500 ℃时,纯镁表面的 MgO 涂层能够有效地阻止基体金属与氧的接触,从而对基体金属起到一定的保护作用。但在生理盐水中,该涂层却不能阻止基体金属与腐蚀介质发生接触,金属基体会被严重腐蚀,并且热处理温度越高,金属基体被腐蚀得越严重。

(6) 采用恒电流方式对纯镁和 Mg4Zn 合金进行微弧氧化处理。使用正交试验方法确定微弧氧化基础电解液的配方为 30 g/L NaOH+160 g/L $Na_2SiO_3 \cdot 9H_2O$+160 g/L $Na_2B_4O_7 \cdot 10H_2O$,电流密度为 40 mA/cm²。通过考察微弧氧化电解液温度对陶瓷涂层耐蚀性的影响,发现电解液的温度保持 20 ℃时进行微弧氧化处理,最有利于得到耐蚀性良好的陶瓷涂层。

(7) 整个微弧氧化过程可分为钝化膜生成阶段、微弧氧化阶段、弧氧化阶段和熄弧阶段,陶瓷涂层主要在微弧氧化阶段和弧氧化阶段生成。在微弧氧化阶段初期,试样表面生成的陶瓷涂层很薄且不连续。随着微弧氧化的进行,陶瓷涂层逐渐变得致密并持续增厚。尤其在弧氧化阶段,陶瓷涂层生长得最快,最大厚度可达 30~40 μm。此时陶瓷涂层能够对基体金属提供有效的保护作用。当微弧氧化进入熄弧阶段以后,陶瓷涂层不再生长。相反地,在强碱性的电解液中陶瓷涂层会迅速溶解,从而失去对基体金属的保护作用。

(8) 向基础电解液中添加三乙醇胺添加剂后进行微弧氧化处理,由于 TEA 能够有效抑制火花放电,具有明显的抑弧作用,因此会使钝化膜的击穿电压和随后微弧氧化过程中的电压显著升高。另外,TEA 还会使试样表面生成的陶瓷涂层孔隙细小、表面光洁,因而一定程度上提高了陶瓷涂层的耐蚀性能。

(9) 向基础电解液中添加 CaO、$CaCO_3$ 和羟基磷灰石粉末后,这些无机添加剂均能参与微弧氧化陶瓷涂层的生成反应。但单独添加 CaO、$CaCO_3$ 或 HA 粉末对微弧氧化过程中的电压影响很小,对生成陶瓷涂层的耐蚀性影响也不大。若向基础电解液中同时添加 TEA 和 CaO、$CaCO_3$ 或 HA 粉末,则能一定程度上提高微弧氧化过程中的电压,同时还能显著提高陶瓷涂层的耐蚀性。

(10) 微弧氧化陶瓷涂层经硅酸钠水溶液封孔处理后,涂层表面孔隙尺寸和孔隙率均显著下降。相应地,陶瓷涂层的耐蚀性也获得了极大提高。

(11) 纯镁和 Mg4Zn 合金无论是否经过微弧氧化处理,其在模拟体液中浸泡后均能有效沉积 Ca、P 元素,这将有利于受损骨组织的愈合过程。

(12) 纯镁和 Mg4Zn 合金在基础电解液和分别添加 0.2 L/L TEA、0.2 L/L TEA+8 g/L CaO、0.2 L/L TEA+8 g/L $CaCO_3$ 和 0.2 L/L TEA+8 g/L HA 的基础电解液中微弧氧化处理后得到的陶瓷涂层经 X 射线衍射分析证明为非晶态结构。该非晶态陶瓷涂层经高温(约 750 ℃)晶化处理后为不同种类硼酸盐和硅酸盐等的混合物。

(13) 纯镁和 Mg4Zn 合金在分别添加 0.2 L/L TEA、0.2 L/L TEA＋8 g/L CaO、0.2 L/L TEA＋8 g/L CaCO$_3$ 和 0.2 L/L TEA＋8 g/L HA 的基础电解液中微弧氧化处理后得到的陶瓷涂层的显微硬度值（HV）为 300～400，较纯镁和 Mg4Zn 合金的显微硬度值（40～50）显著提高。

(14) 纯镁和 Mg4Zn 合金在分别添加 0.2 L/L TEA、0.2 L/L TEA＋8 g/L CaO、0.2 L/L TEA＋8 g/L CaCO$_3$ 和 0.2 L/L TEA＋8 g/L HA 的基础电解液中微弧氧化处理后进行溶血试验，结果表明覆盖陶瓷涂层的纯镁和 Mg4Zn 合金的溶血率均低于 5％，具有良好的血液相容性。

参 考 文 献

[1] 李世普. 生物医用材料导论. 武汉:武汉工业大学出版社,2000:1

[2] 俞耀庭,张兴栋. 生物医用材料. 天津:天津大学出版社,2000:40

[3] 袭迎祥,王迎军,郑岳华. 可降解生物医用材料的降解机理. 硅酸盐通报,2000,(3):40-44

[4] 付东伟,闫玉华. 生物可降解医用材料的研究进展. 生物骨科材料与临床研究,2005,2(2):39-42

[5] 郑玉峰,刘彬,顾雪楠. 可生物降解医用金属材料的研究进展. 材料导报,2009,23(1):1-6

[6] 王建. 生物可降解高分子及其应用. 四川纺织科技,2003,(3):14-17

[7] 任杰. 可降解与吸收材料. 北京:化学工业出版社,2003:9

[8] 李浩莹,陈运法,谢裕生. 可生物降解的医用高分子矫形材料. 材料科学与工程,2000,18(2):120-124

[9] 王周玉,岳松,蒋珍菊,等. 可生物降解高分子材料的分类及应用. 四川工业学院学报增刊,2003:145-147

[10] 崔福斋. 可降解医用介入支架的研发进展. 国外塑料,2005,23(11):58-64

[11] 马永富,刘阳. 生物可降解支架的研究和应用. 军医进修学院学报,2008,29(1):66-68

[12] 任杰. 可降解与吸收材料. 北京:化学工业出版社,2003:234-236

[13] 俞耀庭,张兴栋. 生物医用材料. 天津:天津大学出版社,2000:48

[14] 顾其胜. 天然降解性生物材料在整形外科中的应用. 上海生物医学工程,2002,23(2):49-52

[15] 顾其胜,严凯. 蛋白胶原在组织工程及临床中的应用. 上海生物医学工程,1999,20(3):35-38

[16] 任元元,兰建武. 可生物降解医用缝合线的研究进展. 合成纤维工业,2007,30(1):47-50

[17] 任杰. 可降解与吸收材料. 北京:化学工业出版社,2003:258

[18] 杨记,张佩华. 几种常用的可生物降解医用材料. 上海纺织科技,2001,29(4):10-11

[19] 阳元娥,罗发兴. 壳聚糖及其衍生物在医药中的应用. 中国医药工业杂志,2002,33(8):408-411

[20] 王真,陈西广,郎刚华,等. 甲壳质及其衍生物生理活性研究进展. 海洋科学,2000,24(9):30-32

[21] 陈煜,窦桂芳,罗运军,等. 甲壳素和壳聚糖在伤口敷料中的应用. 高分子通报,2005,(1):94-99

[22] 赖坤平. 甲壳素和壳聚糖在医药领域的应用. 今日药学,2009,19(11):14-16

[23] 方敏,曹朝晖,李邦良. 甲壳素及其衍生物对糖尿病的作用. 胰腺病学,2005,5(4):255-256

[24] 刘文辉,刘晓亚,陈明清,等. 壳聚糖基生物医用材料及其应用研究进展. 功能高分子学报,2001,14(4):
493-498

[25] 车小琼,孙庆申,赵凯. 甲壳素和壳聚糖作为天然生物高分子材料的研究进展. 高分子通报,2008,(2):
45-49

[26] Di Martino A,Sittinger M,Risbud M V. Chitosan：A versatile biopolymer for orthopaedic tissue-engi-
neering. Biomaterials,2005,26 (30)：5983-5990

[27] 单程,孙晓丹,战景林. 胶原-壳聚糖制备仿生多层结构软骨支架. 医用生物力学,2010,25(1):26-31

[28] 杨艾玲. 壳聚糖的研究进展. 山西化工,2010,30(1):30-34

[29] Madihally S V,Matthew H W T. Porous chitosan scaffolds for tissue engineering. Biomaterials,1999,
20(12)：1133-1142

[30] Gupta K C,Ravi Kumar M N V. Drug release behavior of beads and microgranules of chitosan. Biomate-
rials,2000,21(11):1115-1119

[31] 孙秀珍,贾建东,张碧珍,等. 壳聚糖药膜及其制备工艺研究. 中国海洋药物,2000,(3):40-43

[32] 王学军,许振良. 可生物降解高分子材料研究进展. 上海化工,2005,30(1):30-32

[33] 高凤玲,许竞跃,贺治国,等. 生物合成高分子材料及其应用现状. 江苏化工,2007,35(2):1-5

[34] 杨宇,徐爱玲,张燕飞,等. 生物合成材料聚 β-羟基丁酸(PHB)的研究进展. 生命科学研究,2006,10(4):61-67

[35] 苏涛,周河治,梁静娟. 微生物合成可降解塑料聚羟基链烷酸(PHA). 工业微生物,1997,27(3):37-44

[36] 陈坚,任洪强,堵国成,等. 环境生物技术应用与发展. 北京:中国轻工业出版社,2001:321

[37] 包崇云,陈治清. 聚羟基丁酸酯(PHB)在医学中的应用研究. 中国口腔种植学杂志,1999,4(1):43-45

[38] 徐军,贺文楠,张增民. 微生物合成聚羟基脂肪酸. 现代塑料加工应用,2001,13(1):55-57

[39] 唐明宇. 聚 β-羟基丁酸酯的微生物合成. 文山师范高等专科学校学报,2003,16(3):232-234

[40] 刘宝全,蒋本国. 聚 β羟基丁酸(PHB)的研究进展. 大连民族学院学报,2000,2(4):15-20

[41] 于慧敏,沈忠耀. 可生物降解塑料聚-β-羟基丁酸酯(PHB)的研究与发展. 精细与专用化学品,2001,(8):11-14

[42] 蔡志江,成国祥. 聚羟基丁酸酯在组织工程中的应用. 功能高分子学报,2001,14(3):355-359

[43] 任杰,吴志刚,潘可风. 可降解高分子材料在骨、软骨组织工程中的应用. 同济大学学报(医学版),2002,24(1):62-65

[44] 翟美玉,彭茜. 生物可降解高分子材料. 化学与黏合,2008,30(5):66-69

[45] 陈永忻,陈秀娟. 生物可降解高分子材料在医学领域的应用. 中国疗养医学,2003,12(6):434-437

[46] 傅杰,李世谱. 生物可降解高分子材料在医学领域的应用(Ⅰ)——生物可降解高分子材料. 武汉工业大学学报,1999,21(2):1-4

[47] 田小艳,张敏,张恺,等. 化学合成生物降解高分子材料的研究现状. 化工新型材料,2010,38(2):1-3

[48] 倪秀元,胡建华,府寿宽. 可生物降解的高分子材料. 自然杂志,1998,20(6):339-341

[49] 王身国. 可生物降解的高分子类型、合成和应用. 化学通报,1997,(2):45-48

[50] 林建平,吴札光,岑沛霖. 医用可生物降解高分子材料. 功能高分子学报,1996,9(4):631-638

[51] Reed A M, Gilding D K. Biodegradable polymers for use in surgery-poly(glycolic)/poly(lactic acid) homo and copolymers: 2. *In vitro* degradation. Polymer,1981,22(4): 494-498

[52] 蔡机敏. 生物可降解高分子的合成及其应用研究进展. 中国科技信息,2008,(2):250-252

[53] 谢德明. 药用合成可降解高分子材料研究. 材料科学与工程学报,2004,22(4):623-626

[54] 张颂培,王锡臣. 生物降解性医用高分子材料——聚乳酸. 化工新型材料,1995,(8):9-11

[55] 王九成,梁丹,梁正国. 聚乳酸类可生物降解型高分子材料在制备载药微球或微囊中的研究和应用. 材料导报,2008,22(10):95-99

[56] 郝国庆. 可降解高分子材料聚乳酸综述. 重点实验室建设,2006,(10):13-14

[57] 崔秀敏,王彭延. 医用合成可降解生物材料的新进展. 国外医学生物医学工程分册,1995,18(6):324-329

[58] 俞耀庭,张兴栋. 生物医用材料. 天津:天津大学出版社,2000:55

[59] Yeol Lee S,Park J W,Yoo Y T,et al. Hydrolytic degradation behaviour and microstructural changes of poly(ester-co-amide)s. Polymer Degradation and Stability,2002,78 (1): 63-71

[60] Okada M. Chemical syntheses of biodegradable polymers. Progress in Polymer Science,2002,27 (1): 87-133

[61] 张海连,王璐,钱志勇,等. 可生物降解脂肪族聚酰胺酯的合成与表征. 合成树脂及塑料,2003,20(6):10-12

[62] Han S,Kim B S,Kang S W,et al. Cellular interactions and degradation of aliphatic poly(ester amide)s derived from glycine and/or 4-amino butyric acid. Biomaterials,2003,24 (20): 3453-3462

[63] 张勇,张爱英,冯增国,等. 聚乙二醇/聚对苯二甲酸丁二醇酯聚醚酯弹性体的合成与表征——不同硬段

长度对材料性能的影响. 高分子学报,2002,(2):167-172

[64] Bezemer J M,Grijpma D W,Dijkstra P J,et al. A controlled release system for proteins based on poly (ether ester) block-copolymers：Polymer network characterization. Journal of Controlled Release,1999, 62 (3)：393-405

[65] 张勇,张爱英,冯增国. 聚乙二醇共聚对苯二甲酸丁二醇酯的合成及在生物材料中的应用. 化学通报, 2002,(5):304-11

[66] Blitterswijk C A V,Brink J V D,Leenders H,et al. The effect of PEO ratio on degradation,calcification and bone bonding of PEO/PBT copolymer (polyactive®). Cells and Materials,1993,3 (1)：23-36

[67] Radder A M,Davies J E,Sodhi R N S,et al. Post-operative carbonate-apatite formation in PEO/PBT copolymers (polyactive®). Cells and Materials,1995,5 (1):55-62

[68] Li P,Bakker D,Blitterswijk C A V. The bone-bonding polymer polyactive® 80/20 induces hydroxycarbonate apatite format ion *in vitro*. Journal of Biomedical Materials Research,1997,34 (1)：79-86

[69] Radder A M,Leenders H,Blitterswijk C A V. Interface reactions to PEO/ PBT copolymers (polyactive ®) after implantation in cortical bone. Journal of Biomedical Materials Research,1994 ,28 (2) :141-151

[70] Radder A M,Davies J E,Leenders H,et al. Interfacial behavior of PEO/ PBT copolymer (polyactive®) in a calvarial system：An *in vitro* study. Journal of Biomedical Materials Research,1994 ,28 (2) : 269-277

[71] 张勇,吴春红,冯增国,等. 聚(对苯二甲酸丁二醇酯-co-对苯二甲酸环己烷二甲醇酯)-b-聚乙二醇嵌段共聚物的合成与表征. 高等学校化学学报,2004,25(2):376-381

[72] 王连才,陈祝琼,刘厚利,等. 可降解聚醚酯弹性体 PTCG 的合成及初步生物学评价. 北京理工大学学报,2004,24(5):454-457

[73] 陈祝琼,王连才,周建业,等. 聚醚酯材料的生物相容性评价和水解降解实验研究. 生命科学仪器,2004, (3):14-18

[74] 刘庆丰,冯胜山,褚衡,等. 医用可生物降解聚氨酯材料研究及进展. 工程塑料应用,2007,35(8):66-69

[75] 冯亚凯,吴珍珍. 可生物降解聚氨酯在医学中的应用. 材料导报,2006,20(6):115-118

[76] 李宝强,胡巧玲,方征平,等. 组织工程用聚氨酯的研究进展. 高分子通报,2003,(2):1-7

[77] 谭红梅,汪建新,张俊良. 医用聚氨酯的改性及应用. 化学推进剂与高分子材料,2009,7(2):23-26

[78] 李洁华,谢兴益,何成生,等. 医用聚氨酯生物相容性研究新进展. 生物医学工程杂志,2002,19(2): 315-319

[79] 詹红彬,陈红. 聚氨酯表面性能对其生物相容性的影响. 材料科学与工程学报,2007,25(4):640-643

[80] 杜民慧,李建树,魏阳,等. 生物医用脂肪族聚氨酯的合成、表征及血液相容性研究. 生物医学工程杂志, 2003,20(2):273-276

[81] Szycher M,Poirier V L,Dempsey D J. Development of an aliphatic biomedical-grade polyurethane elastomer. Journal of Elastomers and Plastics,1983,15(2): 81-95

[82] 王学敏. 医用聚氨酯材料的研究进展及发展方向. 热固性树脂,2009,24(4):47-49

[83] Zhang J Y,Beckman E J,Piesco N P,et al. A new peptide-based urethane polymer：Synthesis,biodegradation,and potential to support cell growth *in vitro*. Biomaterials,2000,21 (12): 1247-1258

[84] 王东贤,亢茂青,王心葵. 二氧化碳合成脂肪族聚碳酸酯. 化学进展,2002,14(6):462-468

[85] Inoue S,Koinuma H,Tsuruta T. Copolymerization of carbon dioxide and epoxide. Journal of Polymer Science Part B：Polymer letter,1969,7 (4): 287-292

[86] 于涛,王笃金,王佛松. 脂肪族聚碳酸酯共聚物的研究进展. 高分子通报,2007,(5):23-44

[87] 申景强,诸泉,蒋文真. 脂肪族聚碳酸酯可降解材料的研究进展. 塑料工业,2009,37(8):1-6

[88] 陈立班. 脂肪族聚碳酸酯研究现状. 高分子材料科学与工程,1991,(1):7-13

[89] 卢凌彬,黄可龙. 二氧化碳/环氧丙烷/γ-丁内酯的三元共聚合和表征. 高分子学报,2005,(3):384-388

[90] Kawaguchi T,Nakano M,Juni K,et al. Examination of biodegradability of poly(ethylene carbonate) and poly poly(propylene carbonate) in the peritoneal cavity in rats. Chemical and Pharmaceutical Bulletin, 1983,31:1400-1403

[91] 卢凌彬,刘素琴,黄可龙,等. 二氧化碳/环氧丙烷/γ-丁内酯的三元共聚物微球降解性的研究. 高分子学报,2005,(4):621-624

[92] 俞耀庭,张兴栋. 生物医用材料. 天津:天津大学出版社,2000:62

[93] Thomson L A M,Duncan R. Poly(amino acid) copolymers as a potential soluble drug delivery system. 1. Pinocytic uptake and lysosomal degradation measured *in vitro*. Journal of Bioactive and Compatible Polymers,1989,4 (3): 242-251

[94] Aiba S,Minoura N,Fujiwara Y,et al. Laminates composed of polypeptides and elastomers as a burn wound covering. Physicochemical properties. Biomaterials,1985,6 (5): 290-296

[95] Heeswijk W A R V,Hoes C J T,Stoffer T,et al. The synthesis and characterization of polypeptide-adriamycin conjugates and its complexes with adriamycin. Part I. Journal of Controlled Release,1985,1 (4): 301-315

[96] Eloy R,Brack A,Dorme N,et al. Physical and biological properties of a new synthetic amino acid copolymer used as wound dressing. Journal of Biomedical Materials Research,1992,26 (6): 695-835

[97] 汤谷平,陈启琪. 聚氨基酸材料中药物控释系统中的应用. 生物医学工程学杂志,2001,18(2):169-172

[98] 黄岳山,赵修华,吴效明,等. 氨基酸类聚合物材料及其在药物控释系统中的应用. 中国医学物理学杂志,2003,20(1):39-42

[99] 姚军燕,杨青芳,范晓东,等. 聚(乳酸-氨基酸)共聚物的合成及性能研究进展. 材料科学与工程学报,2006,24(2):297-300

[100] 张国林,吴秋华,宋溪明,等. 聚氨基酸共聚物合成研究进展. 高分子材料科学与工程,2006,22(4):10-14

[101] 黄霞,郑元锁,高积强,等. 生物降解氨基酸衍生聚合物的研究进展. 化工新型材料,2007,35(1):22-25

[102] 俞耀庭,张兴栋. 生物医用材料. 天津:天津大学出版社,2000:63,64

[103] 王士斌,翁连进,郑昌琼. 新型药物载体——聚/假聚氨基酸. 生物医学工程学杂志,1999,(S1):96-97

[104] 黄霞,郑元锁,高积强,等. 一种新的可生物降解聚碳酸酯及其加速降解的研究. 现代化工,2007,27(7):32-35

[105] 俞耀庭,张兴栋. 生物医用材料. 天津:天津大学出版社,2000:58

[106] 周志彬,黄开勋,陈泽宪,等. 生物可降解高分子材料——聚酸酐. 北京生物医学工程,2001,20(1):76-79

[107] 傅杰,卓仁禧,范昌烈. 新型生物可降解医用高分子材料——聚酸酐. 功能高分子学报,1998,11(2):302-310

[108] 陈德敏. 生物陶瓷材料. 口腔材料器械杂志,2005,14(3):157-158

[109] 焦永峰,赵磊. 生物陶瓷材料的研究进展. 江苏陶瓷,2008,41(2):7-10

[110] 谈国强,贺中亮,刘剑. 生物陶瓷的应用和研究现状. 陶瓷,2008,(9):10-12

[111] 王宙,李智,蔡军. 生物陶瓷材料的发展与现状. 大连大学学报,2001,22(6):57-62

[112] 秦祥. 生物陶瓷的应用和发展. 内蒙古石油化工,2009,(1):13-15

[113] 曾绍先. 医用生物陶瓷及临床应用. 化学进展,1997,9(1):90-98

[114] 刘庆,张洪. 惰性生物陶瓷在人工髋关节的应用. 中国医疗器械信息,2006,13(2):5-9

[115] 杨晓鸿,王志宏. 生物陶瓷种植体研究概述——从致密到多孔. 大自然探索,1998,17(65):51-56

[116] 刘齐海,崔磊. 生物陶瓷材料中骨组织工程中的应用. 组织工程与重建外科杂志,2009,5(2):114-116

[117] 俞耀庭,张ว栋. 生物医用材料. 天津:天津大学出版社,2000:122

[118] 袁鸿宾,侯春林. 生物降解吸收型钙磷陶瓷材料. 中国矫形外科杂志,1996,3(3):220-222

[119] 黄占杰. 磷酸钙陶瓷生物降解研究的进展. 功能材料,1997,28(1):1-4

[120] 李小溪,闫玉化. 可降解磷酸钙生物陶瓷的研究进展. 现代技术陶瓷,2002,(2):24-28

[121] Klein C P A T,Driessen A A,Groot K D. Relationship between the degradation behaviour of calcium phosphate ceramics and their physical-chemical characteristics and ultrastructural geometry. Biomaterials,1984,5 (3): 157-160

[122] 方芳,闫玉化. β-TCP 陶瓷的生物降解过程及机理探讨. 硅酸盐通报,2003,(4):75-77

[123] 戴红莲,李世普,闫玉华,等. 多孔磷酸三钙陶瓷人工骨在体内的新陈代谢过程研究. 硅酸盐学报,2003,31(12):1161-1165

[124] Jarcho M. Calcium phosphate ceramics as hard tissue prosthetics. Clinical Orthopaedics and Related Research,1981,157: 259-278

[125] 郑启新,杜靖远,朱通伯,等. 多孔磷酸三钙陶瓷人工骨生物降解的实验观察. 同济医科大学学报,1996,25(1):37-40

[126] 江昕,方芳,闫玉华. 磷酸钙多孔生物陶瓷的降解机理. 国外建材科技,2001,22(4):11-15

[127] 夏志道,李世普. 从无生命到有生命——可降解钙磷人工骨的生物转化. 生命科学,1994,6(4):4-6

[128] 郑启新,杜靖远,夏志道,等. 破骨细胞对磷酸三钙陶瓷人工骨生物降解的研究. 中华实验外科杂志,1998,15(5):461-463

[129] Zheng Q X,Du J Y,Xia Z D,et al. Biodegradation of tricalcium phosphate ceramics by osteoclasts. Journal of Tongji Medical University,1998,18 (4): 257-261

[130] 郑启新,杜靖远,夏志道. 巨噬细胞对磷酸三钙陶瓷人工骨的降解——体外研究. 武汉工业大学学报,1995,17(4):124-127

[131] Mueller P P,May T,Perz A,et al. Control of smooth muscle cell proliferation by ferrous iron. Biomaterials,2006,27 (10): 2193-2200

[132] Peuster M,Hesse C,Schloo T,et al. Long-term biocompatibility of a corrodible peripheral iron stent in the porcine descending aorta. Biomaterials,2006,27 (28): 4955-4962

[133] 陆红梅. 锌基生物医用可降解材料的组织与性能研究. 哈尔滨:哈尔滨工程大学硕士学位论文,2008

[134] 段亚利,张治民,薛勇. 镁合金的应用及其塑性成形技术. 湖南有色金属,2007,23(1):38-41

[135] 任志远,范永革. 镁合金的阻尼性能研究进展. 热加工工艺,2006,35(18):64-67

[136] 刘静安,李建湘. 镁及镁合金材料的应用及其加工技术的发展. 四川有色金属,2007,(1):1-8

[137] 宋珂. 镁合金在汽车轻量化中的应用发展. 机械研究与应用,2007,20(1):14-16

[138] 杨晓飞,林文光,毛广雷. 镁合金表面处理的现状及趋势. 汽车工艺与材料,2007,(3):10-13

[139] Staiger M P,Pietak A M,Huadmai J,et al. Magnesium and its alloys as orthopedic biomaterials: A review. Biomaterials,2006,27(9): 1728-1734

[140] Song G L. Control of biodegradation of biocompatible magnesium alloys. Corrosion Science,2007,49(4): 1696-1701

[141] Nagels J,Stokdijk M,Rozing P M. Stress shielding and bone resorption in shoulder arthroplasty. Jour-

nal of Shoulder and Elbow Surgery,2003,12 (1)：35-39.

[142] 刘振东,范清宇.应力遮挡效应——寻找丢失的钥匙.中华创伤骨科杂志,2002,4 (1)：62-64

[143] Vormann J. Magnesium：Nutrition and metabolism. Molecular Aspects of Medicine,2003,24 (1-3)：27-37

[144] 邵美贞,罗德诚.镁的基础与临床.成都：四川科学技术出版社,1996：194

[145] 邵美贞,罗德诚.镁的基础与临床.成都：四川科学技术出版社,1996：7

[146] Witte F,Kaese V,Haferkamp H,et al. *In vivo* corrosion of four magnesium alloys and the associated bone response. Biomaterials,2005,26 (17)：3557-3563

[147] Li Z J,Gu X A,Lou S Q,et al. The development of binary Mg-Ca alloys for use as biodegradable materials within bone. Biomaterials,2008,29 (10)：1329-1344

[148] 陶海荣,张岩,何耀华,等.镁锌合金在动物体内降解及其相容性.中国组织工程研究与临床康复,2009,13(12)：2232-2236

[149] 何耀华,陶海荣,张岩,等.生物镁锌合金体内对心肝肾脾的生物相容性.科学通报,2008,53(16)：1981-1986

[150] 赵鸿金,张迎晖,康永林,等.镁合金阻燃元素氧化热力学及氧化物物性分析.特种铸造及有色金属,2006,26(6)：340-344

[151] 李龙川,高家诚,王勇.医用镁合金的腐蚀行为与表面改性.材料导报,2003,17(10)：29-32

[152] 张汉茹,郝远. AZ91D 镁合金在含 Cl⁻ 溶液中腐蚀机理的研究.铸造设备研究,2007,(3)：19-24

[153] Zhang Y J,Yan C W,Wang F H,et al. Electrochemical behavior of anodized Mg alloy AZ91D in chloride containing aqueous solution. Corrosion Science,2005,47 (11)：2816-2831

[154] 高家诚,伍沙,乔丽英,等.镁及镁合金在仿生体液中的腐蚀降解行为.中国组织工程研究与临床康复,2007,11(8)：3584-3586.

[155] Song G L,Atrens A,Stjohn D,et al. The electrochemical corrosion of pure magnesium in 1N NaCl. Corrosion Science,1997,39 (5)：855-875

[156] 任伊宾,黄晶晶,杨柯,等.纯镁的生物腐蚀研究.金属学报,2005,41(11)：1228-1232

[157] 宋光铃.镁合金腐蚀与防护.北京：化学工业出版社,2006：172-174

[158] 宁聪琴,周玉.医用钛合金的发展及研究现状.材料科学与工艺,2002,10(1)：100-106

[159] 阮建明,Grant M H,黄伯云.金属毒性研究.中国有色金属学报,2001,11(6)：960-965

[160] Zhang S X,Zhang X N,Zhao C L,et al. Research on an Mg-Zn alloy as a degradable biomaterial. Acta Biomaterialia,2010,6 (2)：626-640

[161] Zhang E L,Yin D S,Xu L P,et al. Microstructure,mechanical and corrosion properties and biocompatibility of Mg-Zn-Mn alloys for biomedical application. Materials Science and Engineering C,2009,29(3)：987-993

[162] Yin D S,Zhang E L,Zeng S Y. Effect of Zn on mechanical property and corrosion property of extruded Mg-Zn-Mn alloy. Transactions of Nonferrous Metals Society of China,2008,18 (4)：763-768

[163] Zhang E L,Yang L. Microstructure,mechanical properties and bio-corrosion properties of Mg-Zn-Mn-Ca alloy for biomedical application. Materials Science and Engineering A,2008,497 (1-2)：111-118

[164] Zhang E L,He W W,Du H,et al. Microstructure,mechanical properties and corrosion properties of Mg-Zn-Y alloys with low Zn content. Materials Science and Engineering A,2008,488 (1-2)：102-111

[165] Wan Y Z,Xiong G Y,Luo H L,et al. Preparation and characterization of a new biomedical magnesium-calcium alloy. Materials and Design,2008,29 (10)：2034-2037

[166] Quach N C, Uggowitzer P J, Schmutz P. Corrosion behaviour of an Mg-Y-RE alloy used in biomedical applications studied by electrochemical techniques. Comptes Rendus Chimie, 2008, 11 (9): 1043-1054

[167] Gray J E, Luan B. Protective coatings on magnesium and its alloys-a critical review. Journal of Alloys and Compounds, 2002, 336 (1): 88-113

[168] Liu C L, Xin Y C, Tang G Y, et al. Influence of heat treatment on degradation behavior of bio-degradable die-cast AZ63 magnesium alloy in simulated body fluid. Materials Science and Engineering A, 2007, 456 (1-2): 350-357

[169] 赵常利, 张绍翔, 何慈晖, 等. 生物医用镁合金表面 PLGA 涂层研究. 功能材料, 2008, 39(6): 987-990

[170] Zhang E L, Xu L P, Yang K. Formation by ion plating of Ti-coating on pure Mg for biomedical applications. Scripta Materialia, 2005, 53(5): 523-527

[171] 高家诚, 李龙川, 王勇. 镁表面改性及其在仿生体液中的耐蚀行为. 中国有色金属学报, 2004, 14(9): 1508-1513

[172] 高家诚, 李龙川, 王勇, 等. 碱热处理镁及其在仿生模拟体液中耐蚀性能. 金属热处理, 2005, 30(4): 38-42

[173] Li L C, Gao J C, Wang Y. Evaluation of cyto-toxicity and corrosion behavior of alkali-heat-treated magnesium in simulated body fluid. Surface & Coatings Technology, 2004, 185 (1): 92-98

[174] Gu X N, Zheng W, Cheng Y, et al. A study on alkaline heat treated Mg-Ca alloy for the control of the biocorrosion rate. Acta Biomaterialia, 2009, 5 (7): 2790-2799

[175] Cui F Z, Yang J X, Jiao Y P, et al. Calcium phosphate coating on magnesium alloy for modification of degradation behabior. Frontiers of Materials Science in China, 2008, 2(2): 143-148

[176] Merolli A, Moroni A, Faldini C, et al. Histomorphological study of bone response to hydroxyapatite coating on stainless steel. Journal of Materials Science: Materials in Medicine, 2003, 14 (4): 327-333

[177] Song Y W, Shan D Y, Han E H. Electrodeposition of hydroxyapatite coating on AZ91D magnesium alloy for biomaterial application. Materials Letters, 2008, 62 (17-18): 3276-3279

[178] Xu L P, Zhang E L, Yang K. Phosphating treatment and corrosion properties of Mg-Mn-Zn alloy for biomedical application. Journal of Materials Science: Materials in Medicine, 2009, 20 (4): 859-867

[179] 李颂. 镁合金微弧氧化膜的制备、表征及其性能研究. 吉林: 吉林大学博士学位论文, 2007

[180] 王艳秋. 镁基材料微弧氧化涂层的组织性能与生长行为研究. 哈尔滨: 哈尔滨工业大学博士学位论文, 2007

[181] Chen F, Zhou H, Yao B, et al. Corrosion resistance property of the ceramic coating obtained through microarc oxidation on the AZ31 magnesium alloy surfaces. Surface and Coatings Technology, 2007, 201 (9-11): 4905-4908.

[182] Duan H P, Du K Q, Yan C W, et al. Electrochemical corrosion behavior of composite coatings of sealed MAO film on magnesium alloy AZ91D. Electrochimica Acta, 2006, 51 (14): 2898-2908

[183] Shang W, Chen B Z, Shi X C, et al. Electrochemical corrosion behavior of composite MAO/sol-gel coatings on magnesium alloy AZ91D using combined micro-arc oxidation and sol-gel technique. Journal of Alloys and Compounds, 2009, 474 (1-2): 541-545

[184] Hsiao H Y, Tsai W T. Characterization of anodic films formed on AZ91D magnesium alloy. Surface & Coatings Technology, 2005, 190 (2-3): 299-308

[185] 吉蕾蕾, 耿浩然, 王瑞, 等. 新型镁合金覆盖剂熔体物性的研究. 中国基础科学, 2004, (5): 14-17

[186] 《电镀标准》编制组. HB5061-77, 镁合金化学氧化膜层质量检验. 北京: 中华人民共和国第三机械工业

部,1977

[187] Kokubo T,Takadama H. How useful is SBF in predicting *in vitro* bone bioactivity? Biomaterials, 2006,27(15): 2907-2915

[188] Hoy-Petersen N. Proceedings of 47th Annual World Magnesium Conference. International Magnesium Association,1990,118:18

[189] 陈振华,等. 镁合金. 北京:化学工业出版社,2004

[190] 吴婕,吴凤鸣. 新型口腔生物医用材料——镁及镁合金. 口腔医学,2007,27(3):159-161

[191] Kuroda D,Niinomi M,Morinaga M,et al. Design and mechanical properties of new β type titanium alloys for implant materials. Material Science and Engineering A,1998,243:244-249

[192] 刘江龙. 环境材料导论. 北京:冶金工业出版社,1999

[193] Baril G,Pebere N. The corrosion of pure magnesium in aerated and deaerated sodium sulphate solutions. Corrosion Society,2001,43:471

[194] 刘正,张奎,曾小勤,等. 镁基轻质合金理论基础及其应用. 北京:机械工业出版社,2002

[195] 张津,章宗和,等. 镁合金及应用. 北京:化学工业出版社,2004

[196] 胡中,张启勋,高以熹. 铝镁合金铸造工艺及质量控制. 北京:航空工业出版社,1990

[197] 陈萍. 镁合金燃点的测试研究. 特种铸造及有色合金,2002,压铸专利:323-325

[198] 汪正保. 镁合金的强化机理与高温氧化行为. 湖北:武汉科技大学硕士学位论文,2005

[199] Kim M H,Park W W,Chung I S. Effects of protective gased on the oxidation behavior of Mg-Ca base molten alloys. Materials Science Forum,2003:575-580

[200] 国家机械工业委员会. 有色金属熔炼工艺学. 北京:机械工业出版社,1988

[201] 顾学民,龚毅生,藏希文,等. 无机化学丛书(第二卷)铍、碱土金属、硼、铝、镓分族. 北京:科学出版社,1990

[202] 黄晓峰,周宏,何镇明. 镁合金的防燃研究及其进展. 中国有色金属学报,2000(10):271-274

[203] 黄伯云,李成功. 中国材料工程大典(第4卷):有色金属材料工程(上). 北京:化学工业出版社,2005

[204] Easton M,Stjohn D. Grain refinement of aluminum alloys. Metallurgical and MaterialsTransactions A, 1999,30 :613-1633

[205] 胡赓祥,钱苗根. 金属学. 上海:上海科学技术出版社,1980

[206] 刘红梅,陈云贵,唐永柏,等. 铸态 Mg-Sn 二元合金的显微组织与力学性能. 四川大学学报(工程科学版),2006,38(2):90-94

[207] Michael M A,Hugh B. ASM Specialty Handbook Magnesium Nd Magnesium Alloys. Ohio:ASM International,1999.

[208] 余刚,刘跃龙,李瑛,等. Mg 合金的腐蚀与防护. 中国有色金属学报,2002,12(6)1087-1098

[209] Pourbiax M. Atlas of electrochemical equilibria in aqueous solution. Houston:National Association of Corrosion Engineers,1974:141

[210] 赵立臣. 生物医用新型低弹性模量亚稳 β 钛合金的设计及性能研究. 天津:河北工业大学硕士学位论文,2007

[211] 霍宏伟,李华为,陈庆阳,等. AZ91D 镁合金锡酸盐转化膜形成机埋和腐蚀行为研究. 表面技术,2007,36(5):1-11

[212] Ambat R,Aung N N,Zhou W. Evaluation of microstructural effects on corrosion behaviour of AZ91D magnesium alloy. Corrosion Science,2000,42:1433-1455

[213] Yu X W,Yan C W,Cao C. Study on the rare earth sealing procedure of the porous film of anodized

Al606/SiC. Materials Chemistry and Physics,2002,76:228

[214] Takeno T,Yuasa S. Ignition of magnesium and magnesium-aluminum alloy by impinging hot-air stream. Combustion Science and Technology,1980,21 (3-4):109-121

[215] Czerwinski F. The oxidation behaviour of an AZ91D magnesium alloy at high temperatures. Acta Materialia,2002,50 (10):2639-2654

[216] 樊建锋,杨根仓,周尧知,等.纯镁的高温氧化特性研究.铸造技术,2006,27(6):605-608

[217] Song G L,Atrens A,St John D,et al. The anodic dissolution of magnesium in chloride and sulphate solutions. Corrosion Science,1997,39 (10-11):1981-2004

[218] Liu M,Schmutz P,Zanna S,et al. Electrochemical reactivity,surface composition and corrosion mechanisms of the complex metallic alloy Al_3Mg_2. Corrosion Science,2010,52 (2):562-578

[219] Song Y W,Shan D Y,Chen R S,et al. Corrosion characterization of Mg-8Li alloy in NaCl solution,Corrosion Science,2009,51 (5):1087-1094

[220] 宋光铃.镁合金腐蚀与防护.北京:化学工业出版社,2006:32-33

[221] Zhang Y J,Yan C W,Wang F H,et al. Electrochemical behavior of anodized Mg alloy AZ91D in chloride containing aqueous solution. Corrosion Science,2005,47 (11):2816-2831

[222] Yabuki A. Anodic films formed on magnesium in organic,silicate-containing electrolytes. Corrosion Science,2009,51 (4):793-798

[223] Cheng Y L,Wu H L,Chen Z H,et al. Corrosion properties of AZ31 magnesium alloy and protective effects of chemical conversion layers and anodized coatings. Transactions Nonferrous Metals Society of China,2007,17 (3):502-508

[224] Qian J G,Wang C,Li D,et al. Formation mechanism of pulse current anodized film on AZ91D Mg alloy. Transactions Nonferrous Metals Society of China,2008,18 (1):19-23

[225] Li W P,Zhu L Q,Li Y H,et al. Growth characterization of anodic film on AZ91D magnesium alloy in an electrolyte of Na_2SiO_3, and KF. Journal of University of Science and Technology Beijing,2006,13(5):450-455

[226] Shi P,Ng W F,Wong M H,et al. Improvement of corrosion resistance of pure magnesium in Hanks' solution by microarc oxidation with sol-gel TiO_2 sealing. Journal of Alloys and Compounds,2009,469 (1-2):286-292

[227] 陈显明,罗承萍,刘江文.镁合金微弧氧化中的传质研究.肇庆学院学报,2009,30(5):46-50

[228] 王立世,潘春旭,蔡启舟,等.镁合金表面微弧氧化陶瓷膜的腐蚀失效机理.中国腐蚀与防护学报,2008,28(4):219-224

[229] 李颂,刘耀辉,张继成,等.镁合金微弧氧化膜的相结构研究.航空材料学报,2008,28(6):10-15

[230] 李颂,刘耀辉,刘海峰,等.AZ91压铸镁合金在六偏磷酸盐体系中微弧氧化的工艺.吉林大学学报(工学版),2006,(1):46-51

[231] 吴昌胜,卢政明,蒋伟华.环保型 AZ31 镁合金微弧阳极氧化工艺的研究.材料保护,2008,41(11):31-34

[232] 李华.热水封孔对镁合金阳极氧化膜耐蚀性能的影响.化学工程师,2008,(7):65-67

[233] 蒋永锋,李均明,蒋百灵,等.铝合金微弧氧化陶瓷层形成因素的分析.表面技术,2001,30(2):37-39

[234] 阎峰云,林华,王胜.AZ91D 镁合金在硅酸盐体系下微弧氧化配方的优化.新技术新工艺,2006,(7):68-71

[235] 王燕华.镁合金微弧氧化膜的形成过程及腐蚀行为研究.青岛:中国科学院海洋研究所博士学位论

, Zhang S F, Formation of micro-arc oxidation coatings on AZ91HP magnesium alloys. Corro-
ence, 2009, 51 (12): 2820-2825

, M, Song G L, Atrens A. The corrosion performance of anodized magnesium alloys. Corrosion
ence, 2006, 48 (11): 3531-3546

ukuda H, Matsumoto Y. Effects of Na$_2$SiO$_3$ on anodization of Mg-Al-Zn alloy in 3 M KOH solution.
Corrosion Science, 2004, 46(9): 2135-2142

9] Shi Z M, Song G L, Atrens A. Influence of anodising current on the corrosion resistance of anodised
AZ91D magnesium alloy. Corrosion Science, 2006, 48(8): 1939-1959

[240] Yahalom J, Zahavi J. Experimental evaluation of some electrolytic breakdown hypotheses. Electrochimi-
ca Acta, 1971, 16(5): 603-607

[241] Xue W B, Deng Z W, Chen R Y, et al. Growth regularity of ceramic coatings formed by microarc oxida-
tion on Al-Cu-Mg alloy. Thin Solid Films, 2000, 372(1-2): 114-117

[242] Song G L, St John D. The effect of zirconium grain refinement on the corrosion behaviour of magnesi-
um-rare earth alloy MEZ. Journal of Light Metals, 2002, 2(1): 1-16

[243] Chang J W, Fu P H, Guo X W, et al. The effects of heat treatment and zirconium on the corrosion
behaviour of Mg-3Nd-0. 2Zn-0. 4Zr (wt. %) alloy. Corrosion Science, 2007, 49(6): 2612-2627

[244] Chang J W, Guo X W, Fu P H, et al. Effect of heat treatment on corrosion and electrochemical behavior
of Mg-3Nd-0. 2Zn-0. 4Zr (wt. %) alloy. Electrochimica Acta, 2007, 52(9): 3160-3167

[245] 欧爱良,余刚,胡波年,等. 三乙醇胺在镁合金阳极氧化中的作用. 化工学报,2009,60(8):2118-2123

[246] 丁玉荣,郭兴伍,丁文江,等. 三乙醇胺对镁合金氧化膜层性能和微观结构的影响. 表面技术,2005,
34(1):14-16

[247] 蔡启舟,王栋,骆海贺,等. 镁合金微弧氧化膜的 SiO$_2$ 溶胶封孔处理研究. 特种铸造及有色合金,2006,
26(10):612-615

[248] Tan A L K, Soutar A M, Annergren I F, et al. Multilayer sol-gel coatings for corrosion protection of
magnesium. Surface and Coatings Technology, 2005, 198(1-3): 478-482

[249] Schmeling E L, Roschenbleck B, Weidemann M H, et al. Method of preparing the surfaces of magnesi-
um and magnesium alloys: USA Patent, 4976830. 1990-12-11

[250] Schmeling E L, Roschenbleck B, Weidemann M H, et al. Method of producing protective coatings that
are resistant to corrosion and wear on magnesium and magnesium alloys: USA Patent, 4978432. 1990-
12-18

[251] Weng W J, Baptista J L. Sol-gel derived porous hydroxyapatite coatings. Journal of Materials Science:
Materials in Medicine, 1998, 9(3): 159-163

[252] Kim I S, Kumta P N. Sol-gel synthesis and characterization of nanostructured hydroxyapatite powder.
Materials Science and Engineering B, 2004, 111(2-3): 232-236

[253] 宋光铃. 镁合金腐蚀与防护. 北京:化学工业出版社,2006:40-41

[254] Okido M, Kuroda K, Ishikawa M, et al. Hydroxyapatite coating on titanium by means of thermal sub-
strate method in aqueous solutions. Solid State Ionics, 2002, 151(1-4): 47- 52

[255] Van T B, Brown S D, Wirtz G P. Mechanism of anodic spark deposition. American Ceramic Society Bul-
letin, 1997, 56(6): 563-566

[256] Krysmann W, Kurze P, Dittrich K H, et al. Process characteristics and parameters of anodic oxidation

by spark discharge. Crystal Research and Technology,1984,19 (7): 973-979

[257] Yerokhin A L, Nie X, Leyland A, et al. Plasma electrolysis for surface engineering. Surface and Coatings Technology,1999,122(2-3): 73-93

[258] 戚玉敏. 原位生成钛酸钾/钛合金梯度生物材料的制备及生物学评价. 天津:河北工业大学博士学位论文,2008

[259] 刘亚萍,段良辉,马淑仙,等. Al$_2$O$_3$ 粉末对镁合金微弧氧化陶瓷膜的显微结构及其耐蚀性的影响. 中国腐蚀与防护学报,2007,27(4):202-205

[260] Lee Y C, Dahle A K, St John D H. The role of solute in grain refinement of magnesium. Metallurgical and Materials Transactions A, Physical Metallurgy and Materials Science,2000,31 (11): 2895-2906

[261] 宋光铃. 镁合金腐蚀与防护. 北京:化学工业出版社,2006:162-163

[262] Song G L, Atrens A. Corrosion mechanisms of magnesium alloys. Advanced Engineering Materials, 2000,1 (1): 11-33

[263] Zhang S X, Li J A, Song Y, et al. *In vitro* degradation, hemolysis and MC3T3-E1 cell adhesion of biodegradable Mg-Zn alloy. Materials Science and Engineering C ,2009,29 (6): 1907-1912

[264] 东青. 微弧氧化陶瓷涂层的微观结构及生物活性研究. 济南:山东大学硕士学位论文,2007

[265] 赵晖. 镁合金的微弧氧化及真空高能束流处理研究. 洛阳:洛阳工业大学博士学位论文,2007